수리통계학 원리

정강모 지음

자유아카데미

머리말

수리통계학은 통계학의 기본 원리를 제공할 뿐만 아니라 응용통계학의 밑바탕이며, 또한 통계학 전공자와 통계분석을 수행하는 응용분야 종사자는 필수적으로 수강해야 하는 교과목이다. 교과목명이 말해 주듯 수리통계학은 수학을 기초로 하여 통계학 이론을 전개한다. 따라서 수학적 배경이 탄탄하지 못한 수강자들은 통계학의 기본 원리를 이해하는 데 있어 수학이라는 도구의 미숙함 때문에 많은 어려움을 겪는다. 이 책은 고등학교에서 배운 몇 가지 기초적인 수학적 사실을 숙지한 독자라면 충분히 통계학의 원리를 쉽게 깨우칠 수 있도록 하였고, 한 학기에 통계학의 원리를 요약적으로 배울 수 있는 분량이 되도록 하였으며, 예제를 중심으로 원리를 이해하고 적용할 수 있도록 집필하였다. 독자가 연습문제를 통하여 통계학의 원리를 적용, 확장할 수 있기를 기대한다.

이 책은 주요 정리를 상자로 처리하여 한눈에 띄게 배열하였다. 1~4장에서 확률론의 기초 부분을 다루었으며, 5~7장은 통계학의 원리에 치중하였다. 확률론의 여러 결과를 바탕으로 통계치의 여러 의미를 알 수 있으며, 그 결과를 통계방법론에 적용하여 통계학의 기본 원리를 알 수 있다. 5장에서는 표본분포, 특히 중심극한정리에 관하여 자세히 다루었다. 6장에서는 통계적 추론을 설명하고 좋은 추정량의 조건 등을 다루었다. 7장에서는 통계적 검정으로 여러 응용분야에서 시행하는 가설검정의 기본 원리에 대하여 설명하였다. 정규분포를 따르지 않은 표본에 대한 가설검정에 대해 설명함으로써 실제 자료의 분석에 도움을 주고자 하였다.

이 책의 출판에 도움을 주신 자유아카데미에 깊이 감사드리며, 출간 후에라도 수정사항이 있을 경우에는 자유아카데미 홈페이지(www.freeaca.com) 자료실에 제공할 예정이다.

2015년 1월
저 자

차례

3장 이산형 확률변수

4장 연속형 확률변수

5장 표본분포

6장 추정론

7장 검정론

1장

확률의 개념

현대인은 불확실성 시대의 정보의 대홍수 속에서 살아가고 있다. 다양하게 표현된 정보 가운데 많은 부분이 통계정보나 확률정보이다. 통계정보의 밑바탕에는 확률론이 존재한다. 그러므로 확률론은 통계정보를 정확하게 해석하기 위한 필수적인 도구라고 할 수 있다. 확률정보의 예를 들면, 기상청 발표에 따르면 “내일 비가 올 확률은 20%이다” 라거나 프로야구에서 “A라는 선수가 안타를 칠 확률은 3할이다” 등이다. 이와 같이 현대인은 확률이라는 개념을 생활 속에서 널리 사용하고 있다. 일반적으로 확률은 ‘어떤 사건에 대한 가능성의 척도’라고 할 수 있다. 이 장에서는 사건, 확률의 개념을 정의하고, 확률의 연산방법을 통하여 확률계산을 쉽게 할 수 있는 방법 등에 대하여 살펴본다.

1.1 표본공간과 사상

일반적으로 어떤 실험의 결과가 한 경우가 아니라 여러 경우로 나타날 수 있다. 특히 반복 가능한 실험이나 현상을 확률적 실험(確率的實驗)이라고 한다. 확률적 실험에서 가능한 모든 결과들의 집합을 표본공간(標本空間; sample space)이라고 한다. 흔히 표본공간을 Ω로 표기하며, 몇 가지 예를 들면 다음과 같다.

예제 1.1 동전을 한 번 던지는 실험을 한다. 이때 나올 수 있는 결과는 앞면 또는 뒷면이므로 표본공간은

$$\Omega_1 = \{H, T\}$$

이다. 단 여기에서 H는 앞면(head)을, T는 뒷면(tail)을 뜻한다. ■

예제 1.2 갑, 을 두 사람이 가위, 바위, 보를 하여 갑이 이길 때까지 시합을 하였다고 가정하자. 이 경우 관심사가 가위, 바위, 보를 시도한 횟수이므로 표본공간은

$$\Omega_2 = \{1, 2, \cdots\}$$

이다. ■

예제 1.3 형광등의 수명을 측정하는 실험을 할 경우 수명은 시간으로 표현되고, 시간은 실수상에서 양수이므로 표본공간은

$$\Omega_3 = \{x | x \geq 0\}$$

이다. ■

위의 예제에서 다음 사항을 알 수 있다. Ω_1, Ω_2는 표본공간의 형태가 이산표본공간이고, Ω_3은 연속표본공간이다. 그리고 Ω_1은 유한표본공간이고, Ω_2, Ω_3은 무한표본공간이다.

모든 가능한 결과들의 모임인 표본공간을 이루는 원소들을 근원사건(根源事件; elementary event)이라고 하고, 보통 w로 표기한다. 예를 들어 [예제 1.1]에서 H 또는 T가 근원사건이다. 표본공간의 부분으로 의미 있는 모임을 사건 또는 사상(event)이라고 하고, 보통 $A, B, C, \cdots$ 등을 사용한다. 예를 들어 [예제 1.2]에서 갑이 가위, 바위, 보를 두 번 이내에 이기는 사건을 A라고 하면 $A = \{1, 2\}$라고 표현할 수 있다. 한편 사건의 특수한 경우로 공사건(空事件; empty event)과 전사건(全事件; total event)이 있다. 공사건은 실험의 결과가 공집합에 해당하는 사건이고, 전사건은 실험의 결과가 전체집합에 해당되는 사건이다. 예를 들어 [예제 1.1]에서 동전이 세워지는 사건은 공사건이고, 동전이 앞면이나 뒷면이 나오는 사건은 전사건이다. 다시 말해, 공사건은 $A = \phi$이고 전사건은 $A = \Omega$이다. 공사건 ϕ는 결코 일어날 수 없는 결과를 뜻하는 것이고, 전사건 Ω는 일어날 수 있는 모든 결과, 즉 표본공간을 의미한다.

복잡한 사건은 간단한 사건들의 연산으로 표현할 수 있다. 사건의 기본연산은 다음의 세 가지로 요약할 수 있다. 첫째, 사건 A 또는 사건 B 중에서 적어도 어느 하나가 일어나는 사건을 A와 B의 합사건(合事件; union of events)이라고 하고, 이를 기호로 $A \cup B$를 쓴다. 둘째, 두 사건 A, B가 모두 일어나는 사건을 A와 B의 곱사건(積事件; intersection of events)이라고 하고, 이를 기호로 $A \cap B$ 를 쓴다. 마지막으로 A가 일어나지 않는 사상을 A의 여사건(餘事件; complementary event)이라고 하고 기호로는 A^c를 사용한다.

기본적인 사건의 연산 이외에 많이 사용되는 사건의 연산은 A는 일어나고 B는 일어나지 않는 사건으로, 이를 A에서 B의 차사건(差事件; difference of events)이라고 하며, 기호는 $A - B$로 표기한다. 한편, $A - B = A \cap B^c$이다. 여기에서 추론할 수 있는 것은 '모든 사건의 연산은 위의 3개의 기본연산으로 표현할 수 있다'라는 사실이다. 사건의 기본 연산을 정리하면 다음과 같다.

① 합사건: $A \cup B = \{w | w \in A \text{ 또는 } w \in B\}$

② 곱사건: $A \cap B = \{w | w \in A \text{ 그리고 } w \in B\}$

③ 여사건: $A^c = \{w | w \notin A\}$

표본공간 Ω의 임의 사건 A, B에 대한 사건의 기본 연산은 다음과 같다. 이를 그림으로 표시하면 [그림 1.1]과 같다.

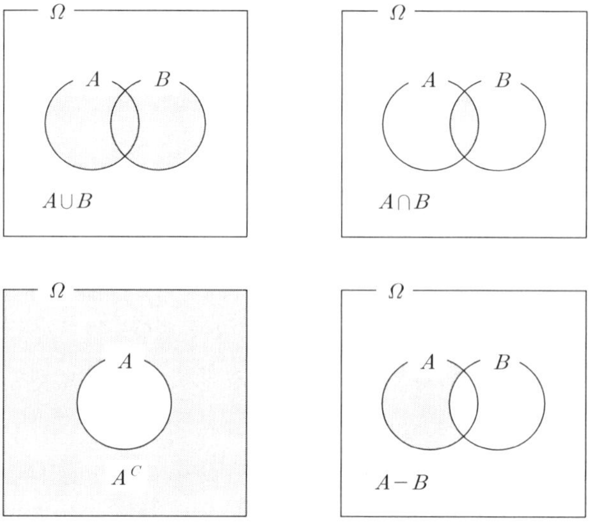

[그림 1.1] 사상의 기본 연산

정의 1.1 임의의 사건 A, B의 곱사건 $A \cap B$가 공사건일 때 사건 A, B는 서로 배반(disjoint)이라고 한다. 즉, $A \cap B = \phi$일 때 A, B는 서로 배반이다. 이것은 사건 A, B가 동시에 발생하지 않는다는 것을 의미한다.

예제 1.4 주사위를 한 번 던지는 실험에서 짝수의 눈이 나오는 사건을 A라고 하고, 홀수의 눈이 나오는 사건을 B라고 하자. 이때 사건 A, B는 서로 배반인가?

풀이 주사위를 한 번 던지는 실험의 표본공간은

$$\Omega = \{1, 2, 3, 4, 5, 6\}$$

이고, 사건 A, B는 다음과 같다.

$$A = \{1, 3, 5\}, B = \{2, 4, 6\}$$

$A \cap B = \phi$이므로 사건 A, B는 서로 배반이다. ■

복잡한 사건을 연산하는 데 다음의 사건 법칙은 유용하다.

① 교환법칙: $A \cup B = B \cup A$, $A \cap B = B \cap A$
② 결합법칙: $A \cap (B \cap C) = (A \cap B) \cap C$, $A \cup (B \cup C) = (A \cup B) \cup C$
③ 배분법칙:
$A \cup (B \cap C) = (A \cup B) \cap (A \cup C)$, $A \cap (B \cup C) = (A \cap B) \cup (A \cap C)$
④ 드모르강법칙: $(A \cup B)^c = A^c \cap B^c$, $(A \cap B)^c = A^c \cup B^c$

위의 법칙은 두 사건에 관한 것이지만 일반적으로 n개의 사건 $A_i (i = 1, \cdots, n)$에 대하여도 성립한다. 임의의 사건 A_i들의 합사건을 $\bigcup_{i=1}^{n} A_i$로 나타내고, 이는 A_i들 중 어느 하나의 사건이 일어남을 뜻한다. 이와 대비되는 개념으로는 임의의 사건 A_i들의 곱사건을 고려할 수 있는데, 이는 $\bigcap_{i=1}^{n} A_i$로 표기한다. 이러한 사건에 대하여 다음의 일반화된 사건 법칙이 성립한다.

$$B \cap \left(\bigcup_{i=1}^{n} A_i\right) = \bigcup_{i=1}^{n} (B \cap A_i), \quad B \cup \left(\bigcap_{i=1}^{n} A_i\right) = \bigcap_{i=1}^{n} (B \cup A_i),$$

$$\left(\bigcup_{i=1}^{n} A_i\right)^c = \bigcap_{i=1}^{n} A_i^c, \qquad \left(\bigcap_{i=1}^{n} A_i\right)^c = \bigcup_{i=1}^{n} A_i^c$$

1.2 확률의 정의

1.2.1 고전적 확률

확률의 개념을 도입하기 시작한 1800년대에 사용된 확률의 의미를 고전적 의미의 확률 또는 라플라스(Laplace)의 확률이라고 하며, 주로 표본공간의 형태가 유한하고 이산적인 경우에 적용된다. 유한 이산 표본공간은 근원사건의 개수를 셀 수 있으므로 사건 A의 확률을 다음과 같이 정의한다.

정의 1.2 표본공간 $\Omega = \{\omega_1, \cdots, \omega_n\}$일 때 사건 A의 확률은

$$P(A) = \frac{\#(A)}{\#(\Omega)}$$

로 정의한다. 단, $P(\omega_i) = \frac{1}{n}$ $(i = 1, \cdots, n)$이며, $\#(\cdot)$은 근원사건의 개수이다.

[정의 1.2]에서 정의한 고전적 의미의 확률은 각 근원사건의 확률은 모두 같다는 가정이 밑바탕에 함축되어 있다. 즉, 각 근원사건의 확률은 $\frac{1}{n}$이라는 사실이다. 이와 같은 확률모형을 등확률모형(等確率模型; equal probability model)이라고 한다.

예제 1.5 [예제 1.4]에서 고려한 주사위 실험에 대하여 A의 확률을 계산하라.

풀이 주사위 실험의 경우 각 눈이 나오는 사건, 예를 들어 주사위의 눈이 1이 나오는 사건이나 주사위의 눈이 2가 나오는 사건의 가능성은 같다. 그 이유는 주사위는 정육면체이기 때문이다. 각 근원사건의 확률은 $\frac{1}{6}$으로 등확률모형이다. 그러므로 [정의 1.2]에 의하여 $\#(\Omega) = 6, \#(A) = 3$이므로 사건 A의 확률은

$$P(A) = \frac{\#(A)}{\#(\Omega)} = \frac{3}{6} = \frac{1}{2}$$

이다. ■

고전적 의미에서 사건 A의 확률을 계산하기 위해서 표본공간 Ω와 사건 A의 경우의 수, 즉 근원사건의 개수를 효율적으로 계산하는 방법이 필요하다. 이를 조합분석(組合分析; combinatorial analysis)이라고 한다. 조합분석에는 다음 상자와 같은 법칙이 있다. 여기에서 순열과 조합의 차이는 선택된 원소의 순서를 고려하면 순열이고, 그렇지 않으면 조합이다.

1. 곱의 법칙: 사건 $A_1, A_2, \cdots, A_k$가 일어나는 경우의 수가 각각 n_1, n_2, $\cdots$, n_k일 때 각 사건이 동시에 일어나는 경우의 수는 다음과 같다.

$$n_1 \times n_2 \times \cdots \times n_k$$

2. 순열의 법칙: n개의 원소 중 서로 다른 k개를 골라 나열하는 순서열의 개수를 순열(順列; permutation)이라고 하고, 이러한 순열의 개수를 ${}_nP_k$로 표기하며 다음과 같다.

$$ {}_nP_k = n \times (n-1) \times \cdots \times (n-k+1) = \frac{n!}{(n-k)!} $$

3. 조합의 법칙: n개의 원소 중 서로 다른 k개를 골라내는 방법의 수를 (순서를 고려하지 않는다) 조합(組合; combination)이라고 하고, 이러한 조합의 개수를 ${}_nC_k$ 또는 $\binom{n}{k}$로 표기하며 다음과 같다.

$$ \binom{n}{k} = \frac{{}_nP_k}{k!} = \frac{n!}{k!(n-k)!} $$

예제 1.6 A, B, C 세 도시가 있다. A에서 B로 가는 길이 3가지이고 B에서 C로 가는 길은 2가지이다. A에서 C로 가는 방법은 몇 가지인가?

풀이 곱의 법칙에 의하여 A에서 B로 가는 방법 3가지와 B에서 C로 가는 방법 2가지이므로 A에서 C로 가는 경우의 수는 $3 \times 2 = 6$이다. ■

예제 1.7 1부터 5까지 표기된 카드를 일렬로 늘여놓을 때, 1부터 3까지의 카드가 연속하여 있을 확률은?

풀이 먼저 표본공간의 경우의 수는 서로 다른 5개의 카드를 늘여놓는 순열의 수이므로 순열의 법칙에 의하여 $5! = 20$이다. 한편, 1부터 3까지를 하나의 카드로 (여기에서는 A라고 하자) 생각하면 서로 다른 카드가 A, 4, 5를 일렬로 늘여놓는 방법이므로, 그 경우의 수는 $3! = 6$이다. 또한 A의 배열의 경우의 수는 1, 2, 3을 일렬로 늘여놓는 방법과 같으므로 $3!$이다. 그러므로 1부터 3까지의 카드가 연속하여 있을 확률은 $\frac{3!3!}{5!} = \frac{36}{120} = \frac{3}{10}$이다. ■

예제 1.8 어떤 공장에서 생산되는 10개의 전구 중에서 4개가 불량품이라고 알려져 있다. 10개의 전구 중 2개를 임의로 선택할 때 2개 모두 불량품일 확률은?

풀이 10개 중 2개를 택하는 경우의 수는 순서를 생각하지 않으므로 조합이며 그 경우의 수는 $\binom{10}{2} = 45$이다. 한편 골라낸 2개 모두 불량품인 경우의 수는 불량품 4

개 중 2개를 골라내는 경우 수는, 즉 $\binom{4}{2}=6$이다. 그러므로 구하고자 하는 확률은

$$\frac{\binom{4}{2}}{\binom{10}{2}}=\frac{6}{45}=\frac{2}{15}$$

이다. ■

항아리에 공이 n개 있을 때 k개의 공을 꺼내는 실험이 있다. 공을 추출하는 방법은 다음의 3가지가 존재한다.

1. 동시추출(同時抽出): 한꺼번에 여러 개를 추출하는 방법
2. 복원추출(復元抽出; sampling with replacement): 하나씩 추출하는데, 추출된 결과를 확인 후 원래 상태로 복원한 후 다시 추출하는 방법
3. 비복원추출(非復元抽出; sampling without replacement): 하나씩 추출하는데, 추출 후 원래 상태로 복원하지 않고 계속 추출하는 방법

이제 위의 추출방법에 따른 경우의 수를 생각해 보자. 먼저, 동시추출인 경우는 서로 다른 n개의 공 가운데 k개의 공을 추출하는 방법과 같으므로 조합의 법칙에 의해 경우의 수는 $\binom{n}{k}$이다. 둘째, 복원추출인 경우는 원래 상태에서 공을 추출하는 방법은 n가지이고 k번 반복하므로 그 경우의 수는 곱의 법칙에 의하여 $n\times n\times\cdots\times n=n^k$가지이다. 마지막으로, 비복원추출인 경우는 첫 번째 공을 하나 추출할 때 n개의 공 가운데 하나를 추출하면 되므로 그 방법의 수는 n가지이다. 두 번째 추출할 때 항아리에 $(n-1)$개의 공이 있으므로 그 방법의 수는 $(n-1)$가지이다. 이와 같은 추출방법을 계속 적용하면 k번째에는 항아리에 공이 $(n-k+1)$개가 있으므로 그 방법의 수는 $(n-k+1)$가지이다. 그러므로 비복원추출인 경우 총 경우의 수는 $n(n-1)\cdots(n-k+1)={}_nP_k$ 이다. 그러나 일반적으로 최종결과에 대한 상태는 각 순서에서 무엇이 추출되었는지는 중요하지 않으므로 선택된 k개의 공이 일렬로 늘여놓는 방법의 수인 $k!$로 나누어주면 비복원추출 방법의 경우의 수는 $\binom{n}{k}$이다.

n개에서 k개를 추출하는 경우의 수

1. 동시추출: $\binom{n}{k}$
2. 복원추출: n^k
3. 비복원추출: $\binom{n}{k}$

예제 1.9 항아리에 흰 공 4개와 검은 공 3개가 있다. 2개의 공을 꺼낼 때 2개 모두 흰 공일 확률을 동시추출, 복원추출, 비복원추출인 경우에 대하여 각각 구하라.

풀이 표본공간은 전체 7개의 공 가운데 2개를 꺼내는 실험의 결과이다. 그리고 사건 A를 흰 공 4개 가운데 2개를 꺼내는 사건이라고 가정한다.

(i) 동시추출: 표본공간의 경우의 수는 $\binom{7}{2}=21$이고, 사건 A의 경우의 수는 $\binom{4}{2}=6$이므로 확률은 다음과 같다.

$$P(A)=\frac{\binom{4}{2}}{\binom{7}{2}}=\frac{6}{21}=\frac{2}{7}$$

(ii) 복원추출: 마찬가지로 표본공간과 사건 A의 경우의 수를 계산하여 확률을 계산하면 다음과 같다.

$$P(A)=\left(\frac{4}{7}\right)^2=\frac{16}{49}$$

(iii) 비복원추출:

$$P(A)=\frac{\binom{4}{2}}{\binom{7}{2}}=\frac{2}{7}$$

■

고전적 확률은 표본공간이 도형인 경우에 많이 적용되었다. 다음은 수직선과 평면에서 등확률모형을 정의한 것이다.

1. 수직선: 표본공간 Ω가 수직선상에서 유한한 길이를 가질 때

$$P(A)=\frac{l(A)}{l(\Omega)}$$

로 정의한다. 여기에서 $l(\cdot)$는 수직선상의 길이를 의미한다.

2. 평면: 표본공간 Ω가 평면상에서 유한한 길이를 가질 때

$$P(A)=\frac{S(A)}{S(\Omega)}$$

로 정의한다. 여기에서 $S(\cdot)$는 평면상의 면적을 의미한다.

예제 1.10 버스가 20분 간격으로 출발한다고 할 때 어떤 사람이 5분 이상에 버스를 기다릴 확률은?

풀이 기다리는 시간은 최대 20분이므로, x를 기다리는 시간이라고 한다면 표본공간은

$$\Omega=\{x \mid 0\le x\le 20\}$$

이다. 5분 이상에 버스를 기다리는 사건을 A라 할 때

$$A=\{x \mid 5\le x\le 20\}$$

이다. 그러므로 A의 확률, 즉 5분 이상 기다릴 확률은 다음과 같다.

$$P(A)=\frac{l(A)}{l(\Omega)}=\frac{15}{20}=\frac{3}{4}$$ ■

예제 1.11 A, B 두 사람이 도서관에서 보고서를 작성하는 데 소요되는 시간은 30분이다. A, B는 2시에서 3시 사이에 도서관에 도착하여 보고서를 작성하기로 약속하였다. 두 사람이 도서관에서 만날 확률은?

풀이 A가 도서관에 도착하는 시간을 2시 x분이라고 하고, B가 도착하는 시간을 2시 y분이라 하자. 표본공간은

$$\Omega=\{(x,y) \mid 0\le x\le 60,\ 0\le y\le 60\}$$

이다. 두 사람이 만나는 사건을 E라고 하면 다음과 같이 표현할 수 있다.

$$E=\{(x,y) \mid |x-y|\le 30,\ 0\le x\le 60,\ 0\le y\le 60\}$$

E를 평면상에 그리면 [그림 1.2]와 같다. 그러므로 사건 E의 확률은

$$P(E) = \frac{S(E)}{S(\Omega)} = \frac{60^2 - 30^2}{60^2} = \frac{3}{4}$$

이다. ■

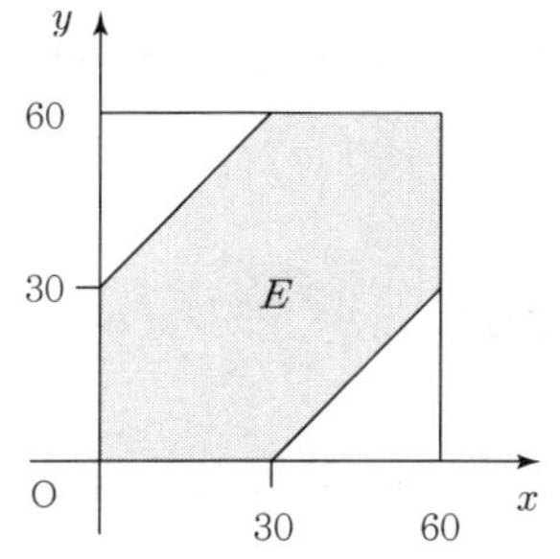

[그림 1.2] 평면에서의 확률

1.2.2 실험적 확률

고전적 확률은 실생활의 간단한 현상들을 잘 설명하고 있지만, 실제의 자연현상이나 사회현상에서 고전적 확률의 근거인 등확률모형이 적용되지 않는 경우가 있다. 표본공간이 유한하지 않는 경우도 있으며, 각 결과가 나타날 가능성이 같지 않은 경우도 있다. 따라서 고전적 확률의 틀을 확장시킬 필요가 있다.

실험을 반복적으로 시행할 때, 어떤 사건이 발생하는 상대도수는 일정한 값으로 접근한다는 사실을 경험적으로 알고 있다. 예를 들어 동전을 던져 앞면이 나오는 사건의 확률을 구한다고 하자. 직접 실험한 결과가 [표 1.1]과 같다.

이 실험을 통하여 만약 실험을 무한히 많이 시행한다면 동전 앞면이 나오는 사상의 상대도수가 $\frac{1}{2}$에 수렴함을 알 수 있다. 즉, 실험적 확률을 다음과 같이 정의한다.

[표 1.1] 동전 앞면의 상대도수

실험 횟수	10	100	1000	10000
앞면의 횟수	2	44	512	4948
상대도수	0.2	0.44	0.512	0.4948

정의 1.3 실험을 n번 시행했을 때 사건 A가 발생한 빈도수를 $f_n(A)$라고 하면 실험적 확률 $P(A)$를 다음과 같이 정의한다.

$$P(A) = \lim_{n \to \infty} \frac{f_n(A)}{n}$$

실험적 확률이 정의되려면 상대도수의 극한값이 존재해야 할 것이다. 또한, 실험적 확률은 실험이 무한히 반복 시행한다는 것이 가능하지 않기 때문에 그 의미가 무의미할 수 있다.

1.2.3 공리적 확률

정의 1.4 표본공간 Ω와 사건 A에 대해 다음을 만족하는 실함수 $P(A)$를 사건 A의 확률이라고 한다.

[A1] $P(A) \geq 0$

[A2] 전확률공리(全確率公理): $P(\Omega) = 1$

[A3] 가산가법성(加算加法性): 서로 배반인 사건 $A_1, A_2, \cdots, A_n, \cdots$은

$$P(\bigcup_{i=1}^{\infty} A_i) = \sum_{i=1}^{\infty} P(A_i)$$

를 만족한다.

실험적 확률을 토대로 콜모고로프(Kolmogorov, A. N.)는 [정의 1.4]와 같은 확률의 공리를 가정하였으며, 실험적 확률의 극한값이 존재한다는 것을 증명하였다.

공리적 확률은 고전적 확률 및 경험적 확률의 성질을 모두 수용하고 있다. 공리적 확률에 근거한 확률의 성질을 살펴보고, 공리에 근거하여 그 성질을 증명하여 보기로 한다.

정리 1.1 공사건의 확률은 0이다. 즉, $P(\phi) = 0$이다.

증명 가산가법성 공리에서 $A_1 = \Omega, A_2 = A_3 = \cdots = \phi$이라고 하면, A_i들은 서로 배반이므로

$$P(\Omega) = P(\bigcup_{i=1}^{\infty} A_i) = \sum_{i=1}^{\infty} P(A_i) = P(\Omega) + \sum_{i=2}^{\infty} P(\phi)$$

이다. 따라서 $\sum_{i=2}^{\infty} P(\phi) = 0$ 이다. 따라서 $P(\phi) = 0$이다. ■

정리 1.2 가산가법성의 특수한 경우로 유한개의 가법성질을 유한가법성(有限加法性)이라고 한다.

$$P(\bigcup_{i=1}^{n} A_i) = \sum_{i=1}^{n} P(A_i) \quad \text{단, } A_i\text{들은 서로 배반이다.}$$

증명 가산가법성에서 $A_n = A_{n+1} = \cdots = \phi$이라고 하면

$$P(\bigcup_{i=1}^{n}) = P(\bigcup_{i=1}^{\infty} A_i) = \sum_{i=1}^{\infty} P(A_i) = \sum_{i=1}^{n} P(A_i) + \sum_{i=n+1}^{\infty} P(A_i) = \sum_{i=1}^{n} P(A_i) + \sum_{i=n+1}^{\infty} P(\phi)$$

이다. $P(\phi) = 0$이므로 유한가법성이 성립한다. ■

정리 1.3 $P(A^c) = 1 - P(A)$

증명 A, A^c는 서로 배반이고 $A \cup A^c = \Omega$이므로 유한가법성에 의해

$$1 = P(\Omega) = P(A) + P(A^c)$$

이다. ■

예제 1.12 주사위를 한 번 던지는 실험에서 주사위의 눈이 소수가 아닐 확률은?

풀이 주사위의 눈이 소수인 사건 $A = \{2, 3, 5\}$이다. 그러므로 $P(A) = \frac{1}{2}$이고, 소수가 아닌 사건 A^c의 확률은

$$P(A^c) = 1 - P(A) = \frac{1}{2}$$

이다. ■

정리 1.4 $P(A \cup B) = P(A) + P(B) - P(A \cap B)$

증명 사건 A, B의 합사건을 서로 배반인 사건들의 합사건으로 표현하면 다음과 같다.

$$A \cup B = (A \cap B^c) \cup (B \cap A^c) \cup (A \cap B)$$

유한가법성에 의하여

$$P(A \cup B) = P(A \cap B^c) + P(B \cap A^c) + P(A \cap B)$$

이다. 한편 A, B를 서로 배반인 사건들의 합사건으로 나타내면 다음과 같다.

$$A = (A \cap B^c) \cup (A \cap B), \quad B = (B \cap A^c) \cup (A \cap B)$$

따라서,

$$P(A) = P(A \cap B^c) + P(A \cap B), \quad P(B) = P(B \cap A^c) + P(A \cap B)$$

이다. 그러므로 $P(A \cup B)$의 식에서 우변의 항을 위의 식으로 대치하면

$$\begin{aligned} P(A \cup B) &= [P(A) - P(A \cap B)] + [P(B) - P(A \cap B)] + P(A \cap B) \\ &= P(A) + P(B) - P(A \cap B) \end{aligned}$$

임이 증명된다. ■

정리 1.5 합사상의 확률 공식 [정리 1.4]를 확장하여 n개의 사상 $A_1, \cdots, A_n$의 합사상에 대한 확률은 다음과 같다.

$$\begin{aligned} P(\bigcup_{i=1}^{n} A_i) = \sum_{i=1}^{n} P(A_i) - \sum_{i<j} P(A_i \cap A_j) + \sum_{i<j<k} P(A_i \cap A_j \cap A_k) \\ + \cdots + (-1)^{n-1} P(\sum_{i=1}^{n} A_i) \end{aligned}$$

증명 수학적 귀납법을 이용하여 각자 증명해 보기 바란다. ■

따름정리 1.6 [정리 1.5]에서 $n=3$인 경우는 다음과 같다.

$$\begin{aligned} P(A \cap B \cap C) = P(A) + P(B) + P(C) - P(A \cap B) - P(B \cap C) \\ - P(C \cap A) + P(A \cap B \cap C) \end{aligned}$$

예제 1.13 숫자 1부터 100까지 적혀 있는 카드에서 한 장을 꺼냈을 때 그 카드에 적혀 있는 숫자가 2의 배수나 3의 배수일 확률은?

풀이 카드의 숫자가 2의 배수일 사건을 A, 3의 배수일 사건을 B라고 하면 2의 배수나 3의 배수일 사상은 $A \cup B$이다.

$$A = \{2, 4, \cdots, 100\},\ B = \{3, 6, \cdots, 99\},\ A \cap B = \{6, 12, \cdots, 96\}$$

이고, 등확률모형이므로

$$P(A) = \frac{50}{100},\ P(B) = \frac{33}{100},\ P(A \cap B) = \frac{16}{100}$$

이다. 따라서

$$P(A \cup B) = P(A) + P(B) - P(A \cap B) = \frac{50}{100} + \frac{33}{100} - \frac{16}{100} = \frac{67}{100}$$

이다. ■

정리 1.7 확률의 단조성(單調性; monotonicity)

$A \subset B$일 때, $P(B-A) = P(B) - P(A)$이고 $P(A) \leq P(B)$이다.

증명 $B = A \cup (B-A)$이고 $A, B-A$가 서로 배반이므로

$$P(B) = P(A) - P(B-A)$$

이다. 따라서 $P(B-A) = P(B) - P(A)$이다. 한편, 확률의 공리 [정리 1.4]의 [A1]에서 모든 확률은 0보다 크므로 $P(B-A) \geq 0$이다. 즉, $P(A) \leq P(B)$이다.

■

"$A \subset B$"는 사건 A가 발생하면 사건 B가 발생한다는 것을 의미하므로 B가 발생할 확률이 A가 발생할 확률보다 커야 할 것이다. [정리 1.7]은 이와 같은 자연현상의 성질을 확률로 잘 표현한 것이다.

1.3 조건부 확률

확률을 손쉽게 계산하기 위하여 공리적 확률에 근거해서 여러 가지 확률 정리를 이용할 수 있다. 다른 계산 중 하나는 전체공간을 표본공간의 일부분으로 제한하여 확률을 계산하는 방법이다. 예를 들어 사건이 순서적으로 발생한다고 하면 처음 사건의 발생 유무에 따라 두 번째 발생 사건의 확률은 달라질 것이다. 만약 처음 사건의 결과를 알고 있다면 두 번째 발생한 사건의 확률은 쉽게 계산할 수 있을 것이다.

정의 1.5 조건부 확률 사건 B가 주어졌을 때, 사건 A가 발생하는 확률을 조건부 확률(conditional probability)이라고 하고 다음과 같이 정의한다.

$$P(A|B) = \frac{P(A\cap B)}{P(B)}, \quad \text{단 } P(B) > 0$$

[정의 1.5]의 조건부 확률 정의에서 우리의 관심사는 사건 A의 확률이다. 다만 조건부 확률은 사건 B가 발생 조건하에서 사건 A의 확률을 정의한 것이다.

예제 1.14 항아리 안에 흰 공이 8개, 파란 공이 3개 들어 있다. 처음 꺼낸 공이 흰 공이면 흰 공을 2개를 (꺼낸 공을 포함하여) 다시 집어넣고, 파란 공이면 파란 공을 1개를 (꺼낸 공을 포함하여) 다시 집어넣는다고 하면 첫 번째 꺼낸 공이 흰 공이라면 두 번째 꺼낸 공이 파란 공일 확률은?

풀이 항아리의 상황을 수식으로 정리하면 다음과 같다. W_i를 i번째 흰 공이 나오는 사건이고, B_i는 i번째 파란 공이 나오는 사건이다. 문제에서 요구하고 있는 해는 $P(B_2|W_1)$이다. 첫 번째 꺼낸 공이 흰 공이라면 두 번째 공을 꺼내기 전의 항아리 안의 공은 흰 공이 9개, 파란 공이 3개이므로 $P(B_2|W_1) = \frac{3}{12}$이다. 만약 첫 번째 공이 파란 공이라면 $P(B_2|B_1) = \frac{3}{11}$이다. ■

조건부 확률 [정의 1.5]는 [정의 1.4]에서 정의한 공리적 확률의 공리 [A1]-[A3]을 모두 만족하고 있다. 모든 확률은 0보다 커서 $P(A\cap B)\geq 0$ 이므로 $P(A|B) = \frac{P(A\cap B)}{P(B)} \geq 0$이기 때문에 [A1]을 만족한다.

만약 $A = \Omega$이면 $P(\Omega|B) = \frac{P(B)}{P(B)} = 1$이므로 [A2]를 만족한다. 또한 서로 배반인 사상 $A_1, \cdots, A_n, \cdots$에 대하여

$$P(\bigcup_{i=1}^{\infty} A_i|B) = P(\bigcup_{i=1}^{\infty} A_i \cap B|B) = \sum_{i=1}^{\infty} \frac{P(A_i \cap B)}{P(B)} = \sum_{i=1}^{\infty} P(A_i|B)$$

이므로 [A3]를 만족한다. 즉 [정의 1.5]에서 정의된 조건부 확률은 잘 정의된 확률이다. 새로운 확률 정의는 공리적 확률의 공리를 만족하기만 하면 충분하다.

확률을 계산하는 데 있어 각 사건의 확률에 대한 정보는 이미 알려져 있는 것이 일반적이다. 복잡한 사건은 사건의 기본 연산인 합사건, 곱사건, 여사건으로 구성되어진다. 여사건의 확률은 [정리 1.3]에 의해 쉽게 계산되어질 수 있고, 합사건의 경우는 각 사건의 확률과 각 곱사건의 확률을 알고 있다면 [정리 1.5]에 의해 계산된다. 따라서 확률 계산에 있어 곱사건의 확률에 대한 정보가 필요하다. 어떻게 하면 곱사건에 대한 확률을 쉽게 구할 수 있는가에 대하여 알아본다.

먼저 조건부 확률을 알고 있다면 곱사건의 확률을 구할 수 있다.

정리 1.8 확률의 곱법칙

$$P(B) > 0\text{일 때 } P(A \cap B) = P(B)P(A|B)$$

또는

$$P(A) > 0\text{일 때 } P(A \cap B) = P(A)P(B|A)$$

증명 [정의 1.5]에 의하여 자명하다. ■

예제 1.15 [예제 1.14]에서 첫 번째 공이 흰 공이고 두 번째 공이 파란 공일 확률은?

풀이 [정리 1.8]에 의해 두 곱사건 확률은

$$P(W_1 \cap B_2) = P(W_1)P(B_2|W_1) \text{ 또는 } P(W_1 \cap B_2) = P(B_2)P(W_1|B_2)$$

이다. 첫 번째 결과를 이용하면

$$P(W_1) = \frac{8}{11},\ P(B_2|W_1) = \frac{3}{12}$$

이므로

$$P(W_1 \cap B_2) = \frac{8}{11} \times \frac{3}{12} = \frac{2}{11}$$

이다. 그러나 두 번째 결과는 $P(B_2)$ 또는 $P(W_1|B_2)$를 구하기가 쉽지 않다. 더구나 이 경우는 사건이 시간적으로 뒷 사건은 앞 사건의 영향을 받기 때문에 $P(W_1|B_2)$는

두 번째 파란 공이 나왔을 때 첫 번째 흰 공이 나올 확률을 구하는 것은 의미상으로 부적합하다. 이 문제가 의미하는 바는 [정리 1.8]의 곱법칙을 적용함에 있어 상황에 맞는 정리를 이용하여야 한다는 것이다. ■

정리 1.9 확률의 곱법칙의 일반화

$$P(A_1 \cap A_2 \cap \cdots \cap A_n) = P(A_1)P(A_2|A_1)P(A_3|A_1 \cap A_2) \cdots P(A_n|A_1 \cap \cdots \cap A_{n-1})$$

[정리 1.9]는 사건이 순서적으로 발생할 경우 유용한 확률계산 방법이다.

표본공간이 서로 배반인 사건들의 합으로 구성되어 있을 때 일반적인 사건의 확률이 쉽게 구할 수 있는 경우가 있다. 서로 배반인 사건들의 합사건의 확률은 각 사건들의 확률 합이라는 사실이 다음의 분할이라는 상황을 정의한다.

정의 1.6 분할(partition) 표본공간 Ω을 사건 $A_1, A_2, \cdots, A_n$이 다음을 만족할 때 사건 $A_1, A_2, \cdots, A_n$가 Ω를 분할한다 라고 한다.

1. $\bigcup_{i=1}^{n} A_i = \Omega$
2. A_i들이 배반

어떤 사건 B를 전체 표본공간 Ω를 분할하는 $A_i(i = 1, \cdots, n)$의 조건부 확률로 표현할 수 있다. 이를 정리한 것이 전확률공식이다. 전확률공식은 어떤 사건의 확률을 전체공간의 분할 사건 A_i로 표현된다는 것이다.

정리 1.10 전확률공식(全確率公式; total probability formula)

사건 $A_i(i = 1, \cdots, n)$이 표본공간 Ω를 분할할 때 사건 B의 확률은 다음과 같다.

$$P(B) = \sum_{i=1}^{n} P(B|A_i)P(A_i), \quad \text{단 } P(A_i) > 0$$

증명 $P(B) = P(B \cap \Omega) = P(B \cap \bigcup_{i=1}^{n} A_i) = \sum_{i=1}^{n} P(B \cap A_i) = \sum_{i=1}^{n} P(B|A_i)P(A_i)$ ■

예제 1.16 어느 공장에서 A_1, A_2, A_3 세 가지 형태의 제품을 생산하고 있다. 각 제품의 생산비율은 20%, 30%, 50%이다. 한편 각 제품에서 불량률이 3%, 2% 1%라고 할 때 어느 하나의 제품을 선택하였을 때 불량률은?

풀이 하나의 제품을 생산하는 사건을 각각 A_1, A_2, A_3라고 하고, 불량품일 사건을 B라고 하면 문제의 정보로부터

$$P(A_1)=0.2, P(A_2)=0.3, \ P(A_3)=0.5$$

이며,

$$P(B|A_1)=0.03, \ P(B|A_2)=0.02, P(B|A_3)=0.01$$

이다. 따라서 구하고자 하는 확률은 $P(B)$는 [정리 1.10]의 전확률공식에 의해

$$P(B)=\sum_{i=1}^{3} P(B|A_i)P(A_i)=0.017$$

이다. 즉 어느 하나의 제품에 대한 불량률은 1.7%이다. ■

"내일 비가 올 가능성은 약 70% 입니다" 라는 날씨 뉴스의 발표처럼 일반적으로 확률은 사건이 발생하기 전에 사건이 발생할 가능성을 수치로 표현하기 때문에 **사전확률**(事前確率; prior probability)의 뜻을 내포하고 있다. 그러나 때때로 어떤 일이 발생한 후 원인에 대한 가능성을 알고자 하는 경우, 예를 들어 [예제 1.16]에서 어떤 제품을 선택하여 조사하였더니 불량품이었을 때 이 제품이 A_1일 확률을 알고자 하는 경우의 확률을 **사후확률**(事後確率; posterior probability)이라고 한다.

예제 1.17 [예제 1.16]에서 어떤 제품을 선택하였더니 불량품이었다면 이 제품이 A_1일 확률은?

풀이 구하고자 하는 확률은 $P(A_1|B)$ 이다. 따라서 조건부 확률의 정의에 의하여

$$P(A_1|B)=\frac{P(A_1 \cap B)}{P(B)}=\frac{P(B|A_1)P(A_1)}{\sum_{i=1}^{n} P(B|A_i)P(A_i)}=\frac{0.2 \times 0.03}{0.017}$$

이다. 따라서 계산된 확률은 $P(A_1|B)=0.35$이다. ■

[예제 1.17]의 결과를 일반화하여 정리하면 [정리 1.11]의 베이즈정리를 얻는다. 베이즈정리의 기본 원리는 사후분포는 사전분포와 각 조건에서 사건이 일어날 확률, 즉 현재의 확률정보를 곱한 것이라는 것이다. [정리 1.11]에서 분모는 각 확률의 합이 1이 되게 하기 위함이다.

정리 1.11 베이즈정리(Bayes' theorem) 사건 $A_i(i=1,\cdots,n)$들이 표본공간 Ω를 분할하고 $P(A_i)>0, P(B)>0$일 때 $P(A_k|B)$는 다음과 같다.

$$P(A_k|B)=\frac{P(B|A_k)P(A_k)}{\sum_{i=1}^{n}P(B|A_i)P(A_i)}$$

1.4 독립 사건

앞 절에서 조건부 확률을 이용하여 곱사건의 확률을 계산하는 방법에 대하여 알아보았다. 조건부 확률은 표본공간에 제약을 가함으로써 확률계산을 손쉽게 하려는 목적을 가지고 있다. 그러나 보다 쉽게 곱사건의 확률을 계산하는 조건을 알아보기로 한다. 곱사건의 확률 $P(A\cap B)$을 각 사건의 곱 $P(A)P(B)$로 표현된다면 모든 곱사건은 각각의 사건의 확률의 곱으로 표현할 수 있다.

'사건 A, B가 서로 독립이다'라는 의미는 사건 A가 사건 B에 영향을 미치지 않는다는 것이다. 의미상으로 $P(A|B)$는 사건 A의 확률이 표본공간을 사건 B로 국한하다는 것인데, A, B가 서로 독립이므로 표본공간을 B로 국한하거나 하지 않거나 상관없이 $P(A)$가 되는 것을 의미한다. 즉, $P(A|B)=P(A)$이다.

정의 1.7 사건 A, B가 서로 독립이면 다음 3개 조건 가운데 하나를 만족한다.

1. $P(A|B)=P(A)$, 단 $P(B)>0$
2. $P(B|A)=P(B)$, 단 $P(A)>0$
3. $P(A\cap B)=P(A)P(B)$

예제 1.18 $P(A)=0.3, P(B)=0.4$이고 사건 A, B가 서로 독립이라고 가정한다. $P(A\cup B)$, $P(A-B)$, $P(B-A)$를 계산하시오.

⊕풀이 [그림 1.1]의 벤다이어그램으로부터 $P(A\cap B)=P(A)P(B)=0.12$을 쉽게 알고 있기 때문에

$$P(A\cup B)=P(A)+P(B)-P(A\cap B)=0.58$$
$$P(A-B)=P(A)-P(A\cap B)=0.18=P(A)P(B^c)=0.3\times 0.6$$
$$P(B-A)=P(B)-P(A\cap B)=0.28=P(B)P(A^c)=0.4\times 0.7$$

이다. ■

모든 사건은 합사건, 곱사건, 여사건으로 분해될 수 있다. 독립인 사건인 경우 곱사건이 각 사건의 확률을 안다면 모두 구할 수 있다. 즉, 사건들이 서로 독립일 때 각 사건의 확률 정보가 주어진다면 **모든 사건의 확률을 계산할 수 있다.**

정의 1.8 사건 A, B, C 가 서로 독립(mutually independent)이면 다음 조건을 모두 만족한다. 조건 2만 만족할 때 사건 A, B, C가 쌍 독립(pairwisely independent)이라고 한다.

1. $P(A \cap B \cap C) = P(A)P(B)P(C)$
2. $P(A \cap B) = P(A)P(B), P(A \cap C) = P(A)P(C), P(B \cap C)$
   $= P(B)P(C)$

예제 1.19 사건 A, B, C의 확률은 각각 $P(A) = 0.5, P(B) = 0.3, P(C) = 0.3, P(A \cap B) = P(A)P(B), P(A \cap C) = P(A)P(C), P(B \cap C) = P(B)P(C)$이고 쌍 독립이라고 할 때 $P(A \cap B \cap C)$를 구하라.

풀이 쌍 독립이므로 $P(A \cap B) = P(A)P(B)$이고 [정리 1.9]에 의해

$$P(A \cap B \cap C) = P(C|A \cap B)P(A \cap B) = P(C|A \cap B)P(A)P(B) = 0.015$$

이다. ■

[정의 1.8]을 일반적으로 확장하면 사건 $A_1, A_2, \cdots A_n$이 서로 독립이라는 것은

$$P(A_i \cap A_j) = P(A_i)P(A_j), \forall i \neq j$$

$$P(A_i \cap A_j \cap A_k) = P(A_i)P(A_j)P(A_k), \forall i \neq j, i \neq k, j \neq k$$

$$\vdots$$

$$P(A_1 \cap A_2 \cap \cdots \cap A_n) = P(A_1)P(A_2) \cdots P(A_n)$$

이다.

연습문제

1 한 개의 동전을 3회 던지는 실험이 있다.
가. 표본공간을 구하라.
나. 앞면이 2번 나타날 사상을 구하라.
다. 앞면이 적어도 1번 나타날 사상을 구하라.
라. 앞면이 뒷면보다 적게 나타나는 사상을 구하라.

2 0부터 9까지의 수 가운데 세 개를 뽑을 때 0, 1이 포함되지 않을 확률은?

3 세 개의 주사위를 동시에 던질 때, 세 개의 주사위 중에서 최소한 한 개가 1의 눈이 나올 확률은?

4 (Boole 부등식) 다음을 증명하라.

$$P(\bigcup_{i=1}^{n} A_i) \le \sum_{i=1}^{n} P(A_i)$$

5 1부터 10까지의 수가 하나씩 적힌 카드가 있다. 이 카드들 중에서 한 장을 뽑을 때, 뽑혀지는 카드의 숫자가 5 이상임을 알고 있다면, 뽑힌 카드의 숫자가 10일 확률은 얼마인가?

6 주사위를 두 번 던질 때, 첫 번째 4가 나오는 사상과 두 번 던져 나온 눈의 수의 합이 홀수인 사상은 서로 독립인가?

7 어떤 주머니에 7개의 흰 공과 3개의 검은 공이 있다. 연속적으로 공을 비복원 추출하는 경우 세 번째 공이 검은 색일 확률을 구하라.

8 두 개의 상자가 있다. 첫 번째 상자에는 파란 공 4개와 흰 공 5개가 들어 있고, 두 번째 상자에는 파란 공 5개와 흰 공 4개가 들어 있다. 첫 번째 상자에서 한 개의 공을 꺼내 두 번째 상자로 옮긴 다음 두 번째 상자에서 한 개의 공을 꺼낼 때, 그것이 파란 공일 확률을 구하라.

9 A, B, C 세 가게는 각각 50명, 75명, 100명의 종업원이 일하고 있다. 그리고 그 종업원들 중 여성의 비율은 각각 50, 60, 70 퍼센트이다. 종업원들이 일을 그만두는 것은, 남녀에 상관없이 가능성이 동일하다. 이때 한 여자 종업원이 그만두었는데 이 사람이 C 가게에서 일했을 확률은?

10 사건 $A_1, A_2, \cdots, A_{10}$이 서로 독립이면서 각각의 사건 확률이 0.1일 때 $P(A_1 \cup A_2 \cup \cdots \cup A_{10})$을 구하라.

2장

확률변수와 기댓값

확률은 실험이나 조사에 의하여 결정되어진다고 할 수 있다. 그런데 실험이나 조사의 종류는 매우 다양하다. 실험이나 조사에 따라 해당 표본공간도 다양하다. 확률의 이론적 전개를 위하여 표본공간을 통일할 필요가 있다. 그러므로 표본공간을 실수 공간으로 변환한 함수를 설정하고, 그 함수를 기초로 하여 확률이론을 전개하는 것이 매우 효율적인 방법이다.

2.1 확률변수

표본공간 Ω를 실수 공간 R로 변환하는 함수를 **확률변수**(random variable)라고 한다. 이것은 표본공간 Ω의 근원사상 w를 실수로 대응시키는 것을 의미한다. 보통 확률변수를 $X, Y, \cdots$ 등으로 표기한다.

예제 2.1 동전을 한 번 던지는 실험을 한다고 하자. 우리의 관심사가 앞면의 횟수라고 하면 표본공간 $\Omega = \{H, T\}$를 다음과 같이 대응시키는 함수를 확률변수 X라 할 수 있다.

$$X = \begin{cases} 1, & H\text{인 경우} \\ 0, & T\text{인 경우} \end{cases}$$

여기에서 확률변수 X의 치역이 $\{0,1\}$ 이다. ■

확률은 표본공간의 부분집합인 사건에서 정의되는 함수이다. 즉, 함수측면에서 정의구역이 사건이며, 치역이 실수의 부분집합이 확률변수이다. 표본공간의 변환된 공간인 실수 공간에서 확률을 정의하는 것은 어떤 의미인가? 실수 공간에 있는 어떤 구간 R_A의 확률, 즉 $P(X \in R_A)$는 무엇인가? 확률변수 X의 값에 대응되는 역사건(逆事件) A의 확률이다. 다시 말하면 $P(X \in R_A) \equiv P(A)$이다. 그림으로 표현하면 [그림 2.1]과 같다. 확률변수를 도입하는 이유는 확률을 계산하거나 이용하는 데 있어 다양한 표본공간 대신에 통일된 형태의 실수 공간을 다룬다는 것이다. 따라서 실수 공간에서 도출되는 이론적 결과를 다양한 표본공간에 적용 가능하게 한다는 것이다.

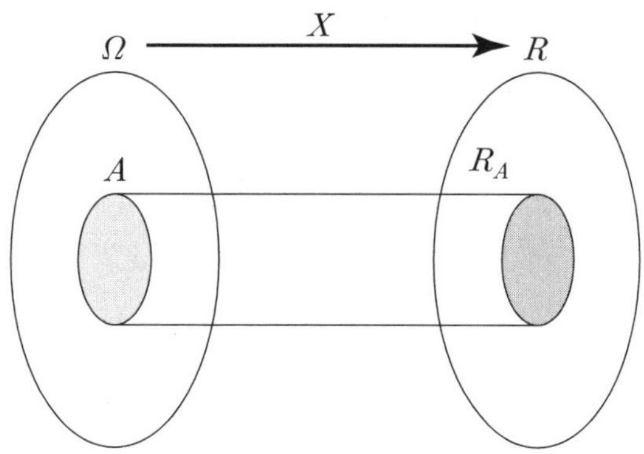

[그림 2.1] 확률변수의 확률

[예제 2.1]에서 동전이 공정하다면 앞면의 횟수가 1일 확률이라는 것은 $P(X=1)$로 표현된다. 이것을 다시 쓰면 다음과 같다.

$$P(X=1)=P(\{\omega | X(\omega)=1\})=P(\{H\})=\frac{1}{2}$$

즉, 확률변수 X에 관한 사상들

$$\{w \in \Omega | X(\omega)=a\}, \{w \in \Omega | X(\omega) \leq a\}, \ \{w \in \Omega | a < X(\omega) \leq b\}$$

을 간단히

$$\{X=a\}, \ \{X \leq a\}, \ \{a < X \leq b\}$$

으로 표기한다.

정의 2.1 표본공간 Ω에서 실수 공간 R로의 함수를 확률변수(random variable)라고 한다.

확률변수 X는 함수이고, 함수 X가 취할 수 있는 값, 즉 치역의 형태에 따라 다음과 같이 확률변수를 분류한다. 확률변수 X의 치역의 형태가 $x_1, x_2, \cdots$ 처럼 셀 수 있는 형태를 이산형 확률변수(離散型 確率變數; discrete random variable)라고 한다. 또한, 확률변수 X의 치역이 구간형태일 때, X를 연속형 확률변수(連續型 確率變數; continuous random variable)라고 한다. 이산형 확률변수와 연속형 확률변수가 혼합되어 있는 형태를 혼합형 확률변수라고 한다.

예제 2.2 동전을 두 번 던지는 실험이 있다. 확률변수 X를 앞면의 수라고 한다. 표본공간 Ω와 확률변수 X는 다음과 같다.

$$\Omega = \{HH, HT, TH, TT\}$$

$$X = \begin{cases} 0, & \text{만약 } TT \\ 1, & \text{만약 } HT, TH \\ 2, & \text{만약 } HH \end{cases}$$

이때 X가 가질 수 있는 값은 0, 1, 2이므로 이산형 확률변수이다. ■

예제 2.3 어떤 사람이 7시부터 8시까지 등교를 한다. 확률변수 X가 7시 몇 분을 나타낸다고 하면 확률변수 X가 취할 수 있는 값은 0부터 60까지의 구간 형태이므로 X는 연속형 확률변수이다. ■

예제 2.4 1부터 4까지 새겨진 카드가 있을 때 하나를 택하는 실험에서 확률변수 X를 1, 2가 나오면 해당 번호를, 3, 4가 나오면 구간 (3, 4) 중에서 실수를 임의로 택한다고 한다. 확률변수 X는 다음과 같다.

$$X = \begin{cases} 1, & \text{만약 } 1 \\ 2, & \text{만약 } 2 \\ \{x \mid x \in (3,4)\}, & \text{만약 } 3,4 \end{cases}$$

이때 X가 취할 수 있는 값은 1, 2, (3,4)이므로 이산형과 연속형이 혼합되어 있다. 이러한 확률변수를 혼합형 확률변수라고 한다. ■

정리 2.1 확률변수 X, Y에 대해 $X \pm Y$, aX, XY, X/Y도 역시 확률변수이다. 만약 X를 $\omega \to X(\omega)$라 표기하면 위에서 기술한 확률변수는 다음과 같이 정의된다.

$$X \pm Y : \ \omega \to X(\omega) \pm Y(\omega),$$

$$XY : \ \omega \to X(\omega) Y(\omega),$$

$$X/Y : \ \omega \to X(\omega)/Y(\omega), \ \text{단} \ Y(\omega) \neq 0$$

2.2 확률분포

확률변수 X의 값에 따라 확률이 어떻게 분포되어 있는지를 나타낸 것을 확률분포(probability distribution)라고 한다. 확률분포를 결정짓는 함수는 확률밀도함수(probability density function), 분포함수(distribution function) 등이 있다. 확률변수가 이산형과 연속형으로 분류됨에 따라 분포함수 및 확률밀도함수의 의미가 다르므로 구분하여 정의하기로 한다.

2.2.1 이산형 확률분포

확률변수 X가 취할 수 있는 값의 집합을 $\{x_1, x_2, \cdots\}$라 하자. 이때 확률변수 X가 치역에서 가질 수 있는 값 x_i에서의 확률을 표현한 함수를 확률질량함수(probability mass function, pmf) 또는 일반적으로 확률밀도함수(確率密度函數; probability density function, pdf)라고 한다. 일반적으로 이산형 확률변수 X에 대한 확률질량함수를 $f_X(x)$라 표기하며, x에서의 확률을 의미한다. 어떤 함수가 확률질량함수가 되기 위한 조건은 다음과 같다.

정의 2.2 확률질량함수 (pmf) $f_X(x)$는 다음을 만족한다.

1. $0 \leq f_X(x_i) = P(X = x_i) \leq 1$
2. $\sum_{i=1}^{\infty} f_X(x_i) = 1$

예제 2.5 [예제 2.2]에서 확률변수 X에 대한 분포를 표로 표현하면 [표 2.1]과 같다. 이와 같이 확률분포를 표현한 표를 확률분포표라고 한다.

[표 2.1] [예제 2.2]의 확률분포표

x_i	0	1	2
$f_X(x_i)$	$\frac{1}{4}$	$\frac{1}{2}$	$\frac{1}{4}$

확률질량함수 $f_X(x_i)$를 함수형태로 표현하면 다음과 같다.

$$f_X(x) = \begin{cases} \frac{1}{4}, & \text{만약 } x = 0, 2 \\ \frac{1}{2}, & \text{만약 } x = 1 \\ 0, & \text{그 이외의 경우} \end{cases}$$

이 경우 모든 $f_X(x)$는 0과 1 사이에 있고, 모든 합은 $\sum_i f(x_i) = 1$이므로 이러한 함수 $f_X(x)$는 확률질량함수이다. ■

예제 2.6 공정한 동전을 3번 던지는 실험에서 확률변수 X를 앞면의 수라고 한다. X의 확률질량함수를 구하라.

풀이 [예제 2.5]와 마찬가지로 먼저 표본공간을 구하고 그에 대응되는 앞면의 수를 대응시키면 다음과 같다. 확률분포표를 구하면 [표 2.2]와 같다.

$$\Omega = \{TTT, THT, TTH, THH, HTT, HHT, HTH, HHH\}$$

$$X = \begin{cases} 0, & \text{만약 } TTT \\ 1, & \text{만약 } THT,\ TTH,\ HTT \\ 2, & \text{만약 } HHT,\ HTH,\ THH \\ 3, & \text{만약 } HHH \end{cases}$$

[표 2.2] 동전 3번 던지기 실험에서 확률분포표

x_i	0	1	2	3
$f(x_i)$	$\frac{1}{8}$	$\frac{3}{8}$	$\frac{3}{8}$	$\frac{1}{8}$

이를 함수로 표현하면

$$f(x) = \binom{3}{x}\left(\frac{1}{2}\right)^3, \quad x = 0, 1, 2, 3$$

이다. 이 함수가 확률질량함수가 되기 위한 조건인 (i) 모든 $0 \leq f(x) \leq 1$이고 (ii) 모든 확률의 합은 1을 만족한다. ■

확률질량함수에 일대응되는 함수로 다음과 같은 확률분포함수(또는 누적분포함수(cumulative distribution function, cdf)를 고려한다. 확률분포함수를 간단히 분포함수(distribution function, df)라고 한다.

정의 2.3 이산형 누적분포함수 (cdf)는 다음과 같이 정의한다.

$$F_X(x) = P(X \leq x) = \sum_{x_i \leq x} f_X(x_i)$$

예제 2.7 [예제 2.6]에서 누적분포함수를 구하라.

풀이 전체 실수를 다음의 구간으로 나누어 고려한다.

$$I_1 = (-\infty, 0),\ I_2 = [0,1),\ I_3 = [1,2),\ I_4 = [2,3), I_5 = [3, \infty)$$

먼저, x가 I_1에 있는 경우를 고려하자. 이 경우 확률이 0이 아닌 경우가 하나도 없으므로 0이 아닌 확률을 모두 누적하여도 그 확률값은 0이다. 그러므로

$$F_X(x) = P(X \leq x) = 0, \text{ 만약 } x < 0$$

이다. 둘째, x가 I_2에 있는 경우는 0이 아닌 경우가 $x = 0$에서만 발생하므로

$$F_X(x) = f_X(0) = \frac{1}{8}, \text{ 만약 } 0 \leq x < 1$$

이다. 다른 경우도 마찬가지로 계산하면 누적분포함수는 다음과 같다.

$$F_X(x) = \begin{cases} 0, & \text{만약 } x < 0 \\ \frac{1}{8}, & \text{만약 } 0 \leq x < 1 \\ \frac{4}{8}, & \text{만약 } 1 \leq x < 2 \\ \frac{7}{8}, & \text{만약 } 2 \leq x < 3 \\ 1, & \text{만약 } x \geq 3 \end{cases}$$

위의 분포함수 $F_X(x)$를 그래프로 나타내면 [그림 2.2]와 같다. 이러한 분포함수의 형태는 일반적으로 이산형 확률분포의 분포함수 형태이다. 즉, 이산형 확률분포의 분포함수는 계단형 함수 형태를 가진다.

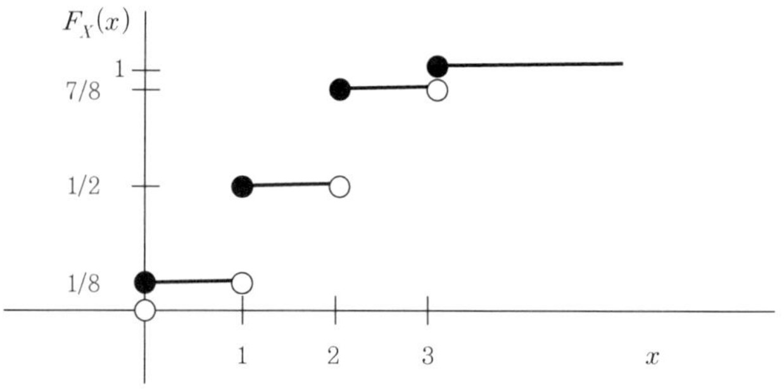

[그림 2.2] 이산형 확률변수의 누적분포함수

[그림 2.2]에서 알 수 있듯이, 어느 점에서 얼마만큼의 높이로 계단이 쌓아지는가를 결정하면 계단함수의 형태가 만들어진다. 계단의 높이가 변화하는 점은 확률이 0이 아닌 점이며, 그 높이는 그 점에서의 확률이다. 이는 확률질량함수가 결정되면 그에 대응한 누적분포함수가 단 하나 결정됨을 의미한다. 역으로 이산형 확률변수의 누적분포함수가 있으면 그에 대응하는 확률질량함수는 단 하나 정의된다. 확률질량함수는 계단함수인 누적분포함수에서 계단과 계단 사이의 높이가 그 점에서의 확률이다.

정리 2.2 확률변수 X의 확률질량함수는

$$P(X=x)=F_X(x)-F_X(x-)$$

이다. 단, $F_X(x-)=\lim_{y \to x-} F(y)$이다.

[정리 2.2]는 누적분포함수가 주어지면 확률질량함수를 구할 수 있음을 의미한다. 또한 [정의 2.3]에 의해 확률질량함수가 주어지면 누적분포함수를 구할 수 있다. 따라서 확률질량함수와 누적분포함수는 일대일 대응관계에 있다.

예제 2.8 [예제 2.7]에서 누적분포함수가 $F_X(x)$와 같이 주어졌을 때 확률질량함수를 구하라.

풀이 [정리 2.2]에 의해 연속인 점에서는 확률질량함수가 0임을 알 수 있다. 따라서 불연속점인 $x=0,1,2,3$에서 확률질량함수를 구하면 된다.

$$P(X=0)=F_X(0)-F_X(0-)=\frac{1}{8}-0=\frac{1}{8}$$

$$P(X=1)=F_X(1)-F_X(1-)=\frac{4}{8}-\frac{1}{8}=\frac{3}{8}$$

$$P(X=2)=F_X(2)-F_X(2-)=\frac{7}{8}-\frac{4}{8}=\frac{3}{8}$$

$$P(X=3)=F_X(3)-F_X(3-)=1-\frac{7}{8}=\frac{1}{8}$$

이다. 따라서 확률질량함수는

$$f_X(x)=\begin{cases}\frac{1}{8}, & x=0\\ \frac{3}{8}, & x=1\\ \frac{3}{8}, & x=2\\ \frac{1}{8}, & x=3\end{cases}$$

이다. [예제 2.6]에 주어진 확률질량함수와 일치함을 알 수 있다. ■

누적분포함수는 다음과 같은 성질을 가지는데 [정리 2.3]은 누적분포함수를 정의하는 데 사용되기도 한다.

정리 2.3 확률변수 X의 누적분포함수 $F_X(x)$는 다음의 성질을 가진다.

1. 모든 실수 $a<b$에 대하여 $F(a)\le F(b)$이다.
2. $\lim_{x\to\infty}F(x)=1,\ \lim_{x\to-\infty}F(x)=0$
3. 우연속함수이다.

[정리 2.2]의 가정에 이산형 확률변수에 국한되는 것이 일반적인 모든 확률변수에 적용 가능하다. [정리 2.1]의 첫 번째 성질은 누적분포함수가 비감소함수인 것을 표현한 것이다. [그림 2.2]에서 누적분포함수는 확률이 0이 아닌 점에서는 증가하고 그렇지 않은 점에서는 감소하지 않는 성질을 가지는 것을 알 수 있다. [그림 2.2]를 통하여 주어진 누적분포함수가 [정리 2.1]의 성질을 모두 만족하고 있다는 것을 확인할 수 있다.

2.2.2 연속형 확률분포

확률변수 X가 취할 수 있는 값이 실수의 구간형태일 때 확률변수 X를 연속형 확률변수라고 한다. 연속형 확률변수의 한 점에서의 확률은 [정리 2.2]와 같이 변수의 연속성을 고려하면 0이다. 따라서 구간에 대한 확률만이 의미가 있으며 구간에 대한 확률을 결정짓는 함수를 확률밀도함수(probability density function, pdf)이라고 한다. 어떤 함수가 확률밀도함수가 되기 위한 조건은 [정의 2.4]와 같다.

[정의 2.4]와 [정의 2.2]를 비교하면 [정의 2.4]의 첫 번째 항은 이산형 확률변수에서는 확률이므로 1보다 작다는 조건이 필요하지만, 연속형 확률변수에서는 구간의 길이가 작으면 확률밀도함수가 1보다 커지더라도 확률은 1보다 작을 수 있으므로 함수값이 1보다 작다는 조건은 필요없다. 두 번째 조건은 연속형 확률변수이므로 [정의 2.2]의 합이 적분형태로 바뀌었다. 앞으로 상황이 불분명한 경우를 제외하고 아래첨자 X를 생략하여 확률밀도함수 $f_X(x)$ 대신 $f(x)$, 분포함수 $F_X(x)$ 대신 $F(x)$를 사용하기로 한다.

정의 2.4 확률밀도함수(pdf) $f_X(x)$는 다음을 만족한다.

1. $f_X(x) \ge 0, \forall x$
2. $\int_{-\infty}^{\infty} f_X(x)dx = 1$

예제 2.9 다음과 같이 정의된 $f(x)$가 확률밀도함수임을 보여라.

$$f(x) = \frac{2}{3}x, 1 < x < 2$$

풀이 함수값 $f(1) \ge 0, f(2) \ge 0$이고 $f(x)$는 직선이므로 $1 < x < 2$에서 $f(x) \ge 0$이다. 또한 $\int_1^2 f(x)dx = 1$으로 [정의 2.4]의 모든 조건을 만족하므로 주어진 $f(x)$는 확률밀도함수이다. ■

정의 2.5 연속형 확률변수 X의 구간 (a,b)에 대한 확률은 다음과 같다.

$$P(a < X < b) = \int_a^b f(x)dx$$

예제 2.10 [예제 2.9]에서 주어진 확률밀도함수를 이용하여 $P(1 < X < \frac{3}{2})$를 구하라.

풀이 $P(1 < X < \frac{3}{2}) = \int_1^{3/2} \frac{2}{3} x dx = \frac{5}{12}$ ■

예제 2.11 연속형 확률변수 X의 한 점에서의 확률 $P(X = a) = 0$임을 보여라.

풀이 $P(X = a) = \int_a^a f(x)dx = 0$이다. 따라서

$$P(a < X < b) = P(a \le X < b) = P(a < X \le b) = P(a \le X \le b)$$

이다. ■

[정의 2.5]는 연속형 확률변수 X의 확률밀도함수가 주어지면 누적분포함수를 구할 수 있다는 것을 의미한다.

정의 2.6 연속형 확률변수 X의 누적분포함수 $F(x)$는 다음과 같다.

$$F(x) = P(X \le x) = \int_{-\infty}^{x} f(t)dt$$

[정의 2.6]의 누적분포함수를 이용하여 구간에 대한 확률을 쉽게 구할 수 있다. 즉, $P(a < X \le b) = P(X \le b) - P(X \le a) = F(b) - F(a)$이므로 다음과 같은 정리를 얻는다.

정리 2.4 연속형 확률변수 X의 누적분포함수 $F(x)$일 때 구간 $(a, b]$에서의 확률은 다음과 같다.

$$P(a < X \le b) = \int_a^b f(x)dx = F(b) - F(a)$$

예제 2.12 [예제 2.9]에서 주어진 확률밀도함수를 이용하여 $P(1 < X < \frac{3}{2})$를 구하라.

풀이 주어진 구간에서의 확률을 [예제 2.10]에서는 확률밀도함수를 이용하여 구하였으나 [정리 2.4]을 이용하여 확률밀도함수로부터 누적분포함수를 구하여 확률을 구하기로 한다. 먼저, [정의 2.6]에 의하여 누적분포함수를 구하면 $1 < x < 2$에서

$$F(x)=\int_{-\infty}^{x} f(t)dt=\int_{1}^{x}\frac{2}{3}tdt=\frac{1}{3}x^2-\frac{1}{3}$$

이므로

$$F(x)=\begin{cases}0, & x<1\\ \frac{1}{3}x^2-\frac{1}{3}, & 1\le x<2\\ 1, & x\ge 2\end{cases}$$

이다. 따라서 [정리 2.4]에 의하여

$$P(1<X<\frac{3}{2})=F(\frac{3}{2})-F(1)=(\frac{3}{4}-\frac{1}{3})-(\frac{1}{3}-\frac{1}{3})=\frac{5}{12}$$

이다. 이는 [예제 2.10]에서 구한 값과 같다. ■

이산형 확률변수에서 확률질량함수 $f(x)$와 누적분포함수 $F(x)$가 일대응관계에 있는 것처럼 연속형 확률변수도 확률밀도함수 $f(x)$가 주어지면 [정의 2.6]을 이용하여 누적분포함수 $F(x)$를 구할 수 있다. [정의 2.6]의 역을 고려한다면 주어진 분포함수 $F(x)$가 주어졌을 때 확률밀도함수 $f(x)$는 미분을 통하여 구할 수 있다. 연속형 확률변수 X의 분포함수 $F(x)$는 [정리 2.3]의 3항에서 우연속함수일 뿐만 아니라 좌연속함수이기 때문에 연속함수이다. 다만 모든 점에서 미분가능하지는 않다.

정리 2.5 연속형 확률변수 X의 누적분포함수 $F(x)$가 주어졌을 때 미분이 가능한 점 x에서 확률밀도함수 $f(x)$는 다음과 같다.

$$f(x)=\frac{dF(x)}{dx}$$

예제 2.13 누적분포함수가

$$F(x)=\begin{cases}0, & x<1\\ \frac{1}{3}x^2-\frac{1}{3}, & 1\le x<2\\ 1, & x\ge 2\end{cases}$$

일 때 확률밀도함수 $f(x)$를 구하라.

풀이 [정리 2.5]에 의하여 연속형 확률변수 X의 확률밀도함수는

$$f(x) = \frac{dF(x)}{dx} = \frac{2}{3}x,\ \ 1 \le x < 2$$

이고 그 이외의 곳에서는 0 또는 1을 미분하면 0이다. 따라서

$$f(x) = \begin{cases} \frac{2}{3}x, & 1 \le x < 2 \\ 0, & \text{그 외에서} \end{cases}$$

이다. ■

2.2.3 혼합형 확률분포

이산형 확률분포와 연속형 확률분포가 혼합되어 있는 형태의 확률변수가 혼합형 확률변수라 할 수 있다. 일반적으로 특수한 경우에 확률을 부여하고 구간에 대한 확률이 연속형인 경우이다.

예제 2.14 확률밀도함수가

$$f(x) = \begin{cases} \frac{1}{2}, & x = 1 \\ \frac{1}{2}, & 1 < x < 2 \end{cases}$$

일 때 누적분포함수를 구하라.

풀이 주어진 확률밀도함수는 한 점에서 확률이 0이 아니므로 연속형 확률변수라 할 수 없으며, 구간에서의 확률밀도함수가 주어져 있으므로 이산형 확률변수라 할 수 없다. 위의 확률밀도함수는 일반적으로 확률변수가 구간에서의 확률이 의미가 있으나 초기값 $x = 1$에서 특별한 확률을 부여하는 경우이다. 주어진 확률밀도함수에서 분포함수를 구하면

$$F(x) = \begin{cases} 0, & x < 1 \\ \frac{1}{2}x, & 1 \le x \le 2 \\ 1, & x > 2 \end{cases}$$

이다. 누적분포함수 $F(x)$는 [정리 2.3]을 만족하고 있다.

역으로 $F(x)$가 주어졌을 때 $x=1$인 점에서 연속이 아니기 때문에

$$P(X=1)=F(1)-F(1-)=\frac{1}{2}-0=\frac{1}{2}$$

이고 $1<x\leq 2$에서는 $f(x)=\frac{1}{2}$이다. ■

2.3 확률변수의 변환

확률변수 X의 변환 $Y=g(X)$의 확률밀도함수를 적당한 $g(\cdot)$의 조건하에서 X의 확률밀도함수 $f_X(x)$를 이용하여 구할 수 있다.

예제 2.15 [예제 2.6]에서 정의된 확률변수 X에 대하여 $Y=2X+3$의 확률질량함수를 구하라.

풀이 확률변수 X가 취할 수 있는 값들이 0, 1, 2, 3이므로 $Y=2X+3$이 취할 수 있는 값들은 $3, 5, 7, 9$이다. Y의 확률질량함수를 구하는 것은 $y=3,\ 5,\ 7,\ 9$에서 $P(Y=y)$를 구하는 것이다. 그런데 사건 $Y=3$은 $X=0$과 같으므로 해당되는 확률

$$P(Y=3)=P(X=0)=\frac{1}{8}$$

이다. 마찬가지로 $Y=5, 7, 9$의 확률을 구할 수 있다. 따라서 다음과 같은 확률변수 Y의 확률분포표를 구한다. ■

[표 2.3] 변환된 이산형 확률변수의 확률분포표

x_i	0	1	2	3
$f_X(x_i)$	$\frac{1}{8}$	$\frac{3}{8}$	$\frac{3}{8}$	$\frac{1}{8}$
y_i	3	5	7	9
$f_Y(y_i)$	$\frac{1}{8}$	$\frac{3}{8}$	$\frac{3}{8}$	$\frac{1}{8}$

정리 2.6 이산형 확률변수 X의 변환 $Y=g(X)$일 때

$$P(Y=y)=\sum_{x\,:\,y=g(x)} P(X=x)$$

이고, 특히 $g(\cdot)$가 일대일함수일 때는

$$P(Y=y)=P(X=g^{-1}(y))$$

이다.

[정리 2.6]에서 처음 정리는 주어진 y값을 가지게 하는 x들의 확률의 합으로 표현된다는 것이고, 두 번째 정리는 $g(\cdot)$가 일대일함수이면 합이 되는 경우가 한 가지이므로 합은 하나의 값으로 되며 역함수를 이용하여 주어진 y에 대응하는 x의 값을 구할 수 있다. [예제 2.15]에서는 변환함수가 일대일함수이므로 두 번째 경우를 적용한 것이다.

예제 2.16 [예제 2.15]에서 적용한 확률변수 X에 대하여 $Y=(X-1)^2$에 대한 확률밀도함수를 구하라.

풀이 변환함수 $g(x)=(x-1)^2$는 일대일함수가 아니다. 그러나 주어진 $x=0,1,2,3$에 대하여 $y=1,0,1,4$이므로

$$P(Y=0)=P(X=1)=\frac{3}{8}$$

$$P(Y=1)=P(X=0)+P(X=2)=\frac{4}{8}$$

$$P(Y=4)=P(X=3)=\frac{1}{8}$$

이다. 따라서 Y의 확률분포표는 [표 2.4]와 같다.

[표 2.4] 변환된 이산형 확률변수의 확률분포표

y_i	0	1	4
$f_Y(y_i)$	$\frac{3}{8}$	$\frac{4}{8}$	$\frac{1}{8}$

■

이산형 확률변수와 마찬가지로 연속형 확률변수도 변환함수 $g(X)$에 의한 확률밀도함수를 다음과 같은 정리를 이용하여 구할 수 있다.

정리 2.7 연속형 확률변수 X의 변환 $Y = g(X)$이고 함수 $g(x)$가 확률밀도함수 $f(x)$가 0이 아닌 곳에서 일대일함수이고 미분가능한 함수일 때

$$f_Y(y) = f_X(g^{-1}(y))\left|\frac{dx}{dy}\right|,$$

이다. 단, $y = g(x)$를 만족한다.

증명 $g(x)$가 연속이며 일대일함수이므로 완전한 단조증가함수 또는 단조감소함수이다. 여기에서는 완전한 단조증가함수인 경우에만 증명하기로 한다.

$$F_Y(y) = P(Y \le y) = P(g(X) \le y) = P(X \le g^{-1}(y)) = F_X(g^{-1}(y))$$

이고 연속형 확률변수의 누적분포함수에서 확률밀도함수는 [정리 2.5]에 의해

$$f_Y(y) = \frac{dF_Y(y)}{dy} = f_X(g^{-1}(y))\frac{dx}{dy}$$

이다. 만약 $g(x)$가 감소함수라면 미분요소 $\frac{dx}{dy}$의 부호가 음이 될 수 있으므로 [정리 2.7]에서 미분요소 $\frac{dx}{dy}$는 절댓값을 적용시켜야 한다. ■

예제 2.17 [예제 2.9]에서 정의된 확률변수에 대하여 $Y = 2X + 3$의 확률밀도함수를 구하라.

풀이 함수 $g(x) = 2x + 3$이 일대일대응함수이고 미분가능하므로 [정리 2.7]을 적용할 수 있다. 역함수가 $g^{-1}(y) = \frac{1}{2}(y-3)$이므로

$$f_Y(y) = f_X(g^{-1}(y))\left|\frac{dx}{dy}\right| = \frac{2}{3}\left(\frac{(y-3)}{2}\right)\left|\frac{d[(y-3)/2]}{dy}\right| = \frac{1}{6}(y-3)$$

이다. 단, $1 < x < 2$이므로 대응하는 y의 범위는 $5 < y < 7$이다. 이제

$$f_Y(y) = \frac{1}{6}(y-3), \qquad 5 < y < 7$$

이 확률밀도함수인가를 확인하기 바란다. ■

2.4 결합확률분포

2.4.1 결합확률밀도함수와 분포함수

이제까지 하나의 확률변수에 대하여 살펴보았다. 실제의 자료에서 변수의 개수는 여러 개인 경우가 일반적이다. 이제 여러 개의 확률변수를 동시에 고려하기로 한다. 사건의 확률을 정의할 때 두 사건 A, B의 곱사건 $P(A \cap B)$은 사건 A, B 가 동시에 발생하는 사건의 확률을 의미한다. 확률변수 X, Y의 어떤 값들을 동시에 취하는 확률밀도함수를 정의할 수 있다. 이를 결합확률밀도함수(joint probability density function)라고 한다.

정의 2.7 두 확률변수 X, Y의 결합확률밀도함수 $f_{X,Y}(x,y)$는

1. 이산형 확률변수 X, Y에 대하여

$$\text{(i) } 0 \le f_{X,Y}(x,y) \le 1 \quad \forall x,y \qquad \text{(ii) } \sum_x \sum_y f_{X,Y}(x,y) = 1$$

를 만족하며,

2. 연속형 확률변수 X, Y에 대하여

$$\text{(i) } 0 \le f_{X,Y}(x,y) \quad \forall x,y \qquad \text{(ii) } \int\int f_{X,Y}(x,y)\,dxdy = 1$$

를 만족한다.

[표 2.5] 이산형 결합확률분포표

$X \backslash Y$	0	1	2	3
−1	0	$\frac{1}{12}$	$\frac{2}{12}$	$\frac{1}{12}$
0	$\frac{1}{12}$	$\frac{1}{12}$	c	0
1	$\frac{2}{12}$	$\frac{1}{12}$	0	$\frac{1}{12}$

예제 2.18 확률변수 X, Y의 결합확률밀도분포가 [표 2.5]와 같을 때 상수 c를 구하라.

풀이 [정의 2.7]에 의해 이산형 확률변수 X, Y의 결합확률분포표에서 모든 확률은 0과 1 사이에 있으며, 그 합은 1이어야 하므로

$$1 = \frac{1}{12} + \frac{2}{12} + \cdots + c = \frac{10}{12} + c$$

에서 $c = \frac{2}{12}$ 이다. ■

예제 2.19 확률변수 X, Y의 결합확률밀도함수 $f_{X,Y}(x,y)$가 다음과 같이 정의되었을 때 함수 $f_{X,Y}(x,y)$가 확률밀도함수임을 보여라.

$$f_{X,Y}(x,y) = 1, \quad 0 < x < 1, 0 < y < 1$$

풀이 [정의 2.7]에서 모든 x, y에서 $f_{X,Y}(x,y) \geq 0$이고 $\int_0^1 \int_0^1 1dxdy = 1$이므로 정의된 $f_{X,Y}(x,y)$는 결합확률밀도함수이다. ■

두 확률변수 X, Y의 확률을 결정짓는 함수로 결합확률밀도함수를 고려할 수 있다. 확률변수 X에 대한 확률을 결정짓는 함수로 확률밀도함수뿐만 아니라 누적분포함수로부터 확률을 결정할 수 있는 것처럼 두 확률변수 X, Y의 확률을 결정하기 위하여 결합확률밀도함수와 더불어 누적분포함수를 고려할 수 있다.

정의 2.8 확률변수 X, Y의 결합분포함수 $F_{X,Y}(x,y) = P(X \leq x, Y \leq y)$는

1. 이산형 확률변수 X, Y에 대하여

$$F_{X,Y}(x,y) = \sum_{u \leq x} \sum_{v \leq y} f_{X,Y}(u,v),$$

2. 연속형 확률변수 X, Y에 대하여

$$F_{X,Y}(x,y) = \int_{-\infty}^{y} \int_{-\infty}^{x} f_{X,Y}(u,v)dudv$$

이다.

[정의 2.8]의 결합분포함수를 이용하여 확률변수 X, Y 가 직사각형 모양의 영역의 확률은

$$P(a < X \leq b, c < Y \leq d) = F(b,d) - F(a,d) - F(b,c) + F(a,c)$$

임을 알 수 있다.

예제 2.20 [예제 2.19]에서 정의된 결합확률밀도함수의 분포함수를 구하고, 이를 이용하여 $P(0 < X < \frac{1}{2}, \frac{1}{2} < Y < 1)$을 구하라.

풀이 [정의 2.8]에 의해 분포함수는

$$F_{X,Y}(x,y) = \int_{-\infty}^{x}\int_{-\infty}^{y} f_{X,Y}(u,v)dvdu$$

$$= \begin{cases} 0, & x < 0 \text{ 또는 } y < 0 \\ xy, & 0 \le x \le 1, 0 \le y \le 1 \\ x, & 0 \le x \le 1, y \ge 1 \\ y, & 0 \le y \le 1, x \ge 1 \\ 1, & x > 1 \text{ 또는 } y > 1 \end{cases}$$

이다. 따라서

$$\begin{aligned} &P(0 < X < \frac{1}{2}, \frac{1}{2} < Y < 1) \\ &= F_{X,Y}(\frac{1}{2},1) - F_{X,Y}(0,1) - F_{X,Y}(\frac{1}{2},\frac{1}{2}) + F_{X,Y}(0,\frac{1}{2}) \\ &= \frac{1}{2} - 0 - \frac{1}{4} + 0 = \frac{1}{4} \end{aligned}$$

이다. 그러므로

$$P(0 < X < \frac{1}{2}, \frac{1}{2} < Y < 1) = \int_{0}^{1/2}\int_{1/2}^{1} 1dxdy = \frac{1}{4}$$

임을 확인할 수 있다. ■

연속형 확률변수의 분포함수가 주어지면 확률밀도함수를 미분을 통하여 구할 수 있다는 [정리 2.5]를 두 개의 확률변수로 확장하면 다음과 같은 정리를 얻는다. 이를 일반적으로 확장하면 여러 개의 확률변수의 분포함수가 주어지면 모든 변수에 대하여 한 번씩 편미분을 하면 확률밀도함수를 구할 수 있다.

정리 2.8 연속형 확률변수 X, Y의 분포함수 $F_{X,Y}(x,y)$가 주어졌을 때 미분이 가능한 점 x, y에서 결합확률밀도함수 $f_{X,Y}(x,y)$는 다음과 같다.

$$f(x,y) = \frac{\partial^2 F_{X,Y}(x,y)}{\partial x \partial y}$$

[정리 2.8]을 이용하여 [예제 2.20]에서 구한 분포함수 $F_{X,Y}(x,y)=xy$에 대한 결합확률밀도함수는 $f_{X,Y}(x,y)=1, 0<x<1, 0<y<1$임을 확인할 수 있다. [정의 2.8]과 [정리 2.8]은 확률을 결정짓는 함수인 결합확률밀도함수 $f_{X,Y}(x,y)$와 분포함수 $F_{X,Y}(x,y)$가 일대일 관계에 있으며 둘 가운데 하나의 함수가 결정되면 다른 하나의 함수는 구할 수 있음을 의미한다. [정리 2.8]의 역은 주어진 확률밀도함수를 적분하면 분포함수를 구할 수 있다.

2.4.2 주변확률밀도함수

확률변수 X, Y의 결합확률분포가 주어진다면, 즉 확률에 관한 모든 정보가 이차원 정보로 주어진다면 확률변수 X(또는 확률변수 Y)의 확률분포는 이차원의 정보를 X 방향(또는 Y방향)인 일차원의 정보로 사영시킨 결과이다. 이와 같은 확률변수 X의 정보는 확률변수 X, Y의 정보에서 확률변수 Y의 정보를 모든 합한 (또는 적분한) 형태이다. 이러한 확률변수 X(또는 확률변수 Y)의 확률을 주변확률(marginal probability)이라고 한다. 주변확률에 대한 확률을 결정짓는 함수를 주변확률밀도함수(marginal probability density function) 또는 주변분포함수(marginal distribution function)라고 한다.

정리 2.9 확률변수 X, Y의 결합확률밀도함수 $f_{X,Y}(x,y)$가 주어졌을 때

1. 이산형 확률변수 X, Y에 대하여

$$f_X(x)=\sum_y f_{X,Y}(x,y),\ f_Y(y)=\sum_x f_{X,Y}(x,y)\ ,$$

2. 연속형 확률변수 X, Y에 대하여

$$f_X(x)=\int_{-\infty}^{\infty} f_{X,Y}(x,y)dy,\ \ f_Y(y)=\int_{-\infty}^{\infty} f_{X,Y}(x,y)dx$$

이다.

예제 2.21 [예제 2.18]의 결합확률분포에서 주변확률질량함수를 구하라.

풀이 [표 2.5]의 결합확률분포표에서 고정된 x에서 주변의 모든 y의 합을 구하면 즉,

$$P(X=x)=\sum_{y=0}^{3} P(X=x, Y=y)$$

이므로 [표 2.5]에서 행을 고정시키고 각 열들을 합하면 모든 x에 대하여 각 확률은 $\frac{1}{3}$이다. 마찬가지로 $P(Y=y)$는 고정된 y에 대하여 각 행들의 합을 구하면 $\frac{1}{4}, \frac{1}{4}, \frac{1}{3}, \frac{1}{6}$을 얻는다. [표 2.6]에서 이를 정리하였다. 따라서 주변확률질량함수는

[표 2.6] 이산형 확률변수의 주변확률분포표

$X\backslash Y$	0	1	2	3	합계
−1	0	$\frac{1}{12}$	$\frac{2}{12}$	$\frac{1}{12}$	$\frac{1}{3}$
0	$\frac{1}{12}$	$\frac{1}{12}$	$\frac{2}{12}$	0	$\frac{1}{3}$
1	$\frac{2}{12}$	$\frac{1}{12}$	0	$\frac{1}{12}$	$\frac{1}{3}$
합계	$\frac{1}{4}$	$\frac{1}{4}$	$\frac{1}{3}$	$\frac{1}{12}$	

$$f_X(x) = \frac{1}{3}, \quad x = -1, 0, 1$$

$$f_Y(y) = \begin{cases} \frac{1}{4}, y = 0, 1 \\ \frac{1}{3}, y = 2 \\ \frac{1}{6}, y = 6 \end{cases}$$

이다. ■

예제 2.22 결합확률밀도함수가 다음과 같이 주어졌을 때 주변확률밀도함수를 구하라.

$$f_{X,Y}(x,y) = 3y, 0 < x \leq y < 1$$

풀이 [정리 2.9]에 의해

$$f_X(x) = \int_{-\infty}^{\infty} f(x,y)dy = \int_x^1 3ydy = \frac{3}{2}(1-x^2), \ 0 < x < 1$$

$$f_Y(y) = \int_{-\infty}^{\infty} f(x,y)dx = \int_0^y 3ydx = 3y^2, 0 < y < 1$$

이다. 또한 $\int_{-\infty}^{\infty} f_X(x)dx = \int_{-\infty}^{\infty} f_Y(y)dy = 1$이고 $f_X(x) \geq 0$, $f_Y(y) \geq 0$이기 때문에 함수 $f_X(x), f_Y(y)$는 확률밀도함수이다. ■

2.4.3 조건부 확률분포

표본공간을 제한하는 조건부 확률의 개념을 확장하여 조건부 확률밀도함수는 다음과 같이 정의한다.

정의 2.9 확률변수 X, Y의 결합확률밀도함수 $f_{X,Y}(x,y)$이고 주변확률밀도함수가 $f_Y(y)$일 때 주어진 y에 대해 조건부 확률밀도함수(conditional probability density function)는 다음과 같이 정의한다.

$$f_{X|Y}(x|y) = \frac{f_{X,Y}(x,y)}{f_Y(y)}, \quad \text{단 } f_Y(y) > 0$$

[정의 2.9]에서 정의된 조건부 확률밀도함수에서는 확률변수 $Y = y$로 고정되어 있으며 우리의 관심 확률변수는 X이다. 따라서 정의된 조건부 확률밀도함수가 확률밀도함수인 것은 정의된 함수를 x에 관해 합을 취하거나 적분을 하면 1이 되고 양수이기 때문이다.

예제 2.23 [예제 2.22]에서 정의된 결합확률밀도함수에 대하여 $y = \frac{1}{2}$일 때 조건부 확률밀도함수를 구하라.

풀이 [정의 2.9]에 의하여

$$f_{X|Y}(x|Y = \frac{1}{2}) = \frac{f_{X,Y}(x, \frac{1}{2})}{f_Y(\frac{1}{2})} = \frac{3 \cdot \frac{1}{2}}{3 \cdot (\frac{1}{2})^2} = 2$$

이다. 여기에서 x의 범위는 정확히 구하여야 한다. 위의 조건부 확률밀도함수의 분모가 0이 아니기 위한 변수 x의 범위는 $f_{X,Y}(x,y) = 3y$일 때 $0 < x \leq y$이고 $y = \frac{1}{2}$이므로 $0 < x \leq \frac{1}{2}$이다. 즉, Y가 주어진 조건하에서 X의 조건부 확률밀도함수는

$$f_{X|Y}(x|\frac{1}{2}) = 2, 0 < x \le \frac{1}{2}$$

이다. 위의 함수가 확률밀도함수가 되는 이유는 $\int_0^{1/2} 2dx = 1$이기 때문이다.

조건으로 주어진 $y = \frac{1}{2}$를 일반적으로 확장하면 주어진 Y에 대한 조건부 확률밀도함수는

$$f_{X|Y}(x|y) = \frac{f_{X,Y}(x,y)}{f_Y(y)} = \frac{3y}{3y^2} = \frac{1}{y}, \quad 0 < x \le y$$

이다.

마찬가지로 주어진 x에 대해

$$f_{Y|X}(y|x) = \frac{f_{X,Y}(x,y)}{f_X(x)}, \text{단 } f_X(x) > 0$$

으로 정의되며 본 예제에서 조건부 확률밀도함수는

$$f_{Y|X}(y|x) = \frac{f_{X,Y}(x,y)}{f_X(x)} = \frac{3y}{3(1-x^2)/2} = \frac{2y}{(1-x^2)}, \quad 0 < x \le y < 1$$

이다. ■

2.4.4 확률변수들의 변환

2.3절에서 확률변수 X에서 함수 $Y = g(X)$를 이용한 변환의 확률밀도함수를 구하였다. 이는 일차원에서 일차원으로 변환이다. 확률변수 X, Y의 결합확률밀도함수 $f_{X,Y}(x,y)$는 이차원에서 정의되는 함수이므로 이차원에서 이차원으로의 변환을 고려하면 두 개의 변환함수 $U = g_1(X, Y), V = g_2(X, Y)$가 필요하고, 확률변수 U, V의 결합확률밀도함수를 $f_{X,Y}(x,y), g_1(\cdot,\cdot),\ g_2(\cdot,\cdot)$으로 표현한다. 만약 X, Y가 이산형 확률변수라면 변환된 U, V 또한 이산형 확률변수이기 때문에 결합확률밀도함수는 $P(U = u, V = v) = \sum_{x,y \in D} P(X = x, Y = y)$가 된다. 여기에서 $D = \{(x,y)|g_1(x,y) = u, g_2(x,y) = v\}$이다. X, Y가 연속형 확률변수인 경우는 [정리 2.7]을 확장하여 [정리 2.10]을 얻는다.

정리 2.10 연속형 확률변수 X, Y의 결합확률밀도함수 $f_{X,Y}(x,y)$이고 전체영역 A상에서 양이고 $u=g_1(x,y)$, $v=g_2(x,y)$는 A상에서 정의된 일대일함수이면

$$f_{U,V}(u,v)=f_{X,Y}(x,y)|J|,\quad J=\begin{vmatrix} \frac{\partial x}{\partial u} & \frac{\partial x}{\partial v} \\ \frac{\partial y}{\partial u} & \frac{\partial y}{\partial v} \end{vmatrix}$$

이다. 여기에서 J는 행렬식(determinant)이고, $|J|$는 J의 절댓값이다.

예제 2.24 [예제 2.22]에서 정의된 결합확률밀도함수에 대하여 변환들

$$U=g_1(X,Y)=X+Y,\ V=g_2(X,Y)=Y$$

를 고려할 때 U의 확률밀도함수를 구하라.

풀이 [예제 2.22]에서

$$f_{X,Y}(x,y)=3y,\ 0<x\le y<1$$

이고, 문제에서 주어진 변환으로부터 x, y를 u, v로 표현하면 $x=u-v$, $y=v$이고 $v\le u\le 2v$, $0<v<1$이다. 이러한 범위는 [그림 2.3]으로 표현된다.

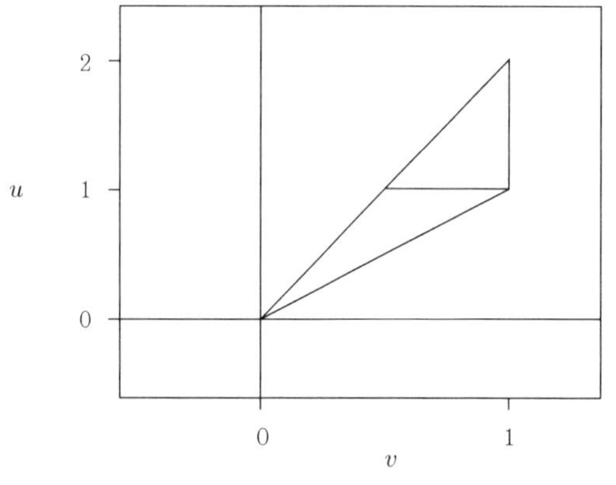

[그림 2.3] [예제 2.24]의 변수변환의 범위

한편 [정리 2.10]에서

$$J = \begin{vmatrix} \frac{\partial x}{\partial u} & \frac{\partial x}{\partial v} \\ \frac{\partial y}{\partial u} & \frac{\partial y}{\partial v} \end{vmatrix} = \begin{vmatrix} 1 & -1 \\ 0 & 1 \end{vmatrix} = 1, \quad |J| = 1$$

이므로

$$f_{U,V}(u,v) = 3v \cdot 1 = 3v, \quad v \le u \le 2v, 0 < v < 1$$

이다. 확률변수 U의 확률밀도함수는 결합확률밀도함수 $f_{U,V}(u,v)$의 주변확률밀도함수이므로 $f_U(u) = \int f_{U,V}(u,v)dv$이다. [그림 2.3]에서 u의 범위가 0과 1 사이일 때와 1과 2 사이일 때 주어진 v의 적분범위가 달라진다. 따라서

$$f_U(u) = \int f_{U,V}(u,v)dv = \begin{cases} \int_{u/2}^{u} 3vdv = \frac{9}{8}u^2, & 0 < u \le 1 \\ \int_{u/2}^{1} 3vdv = \frac{3}{2}(1 - \frac{1}{4}u^2), & 1 < u < 2 \end{cases}$$

이다. 구하여진 $f_U(u)$가 확률밀도함수인가는 $\int_0^2 f_U(u)du = 1$을 통하여 확인할 수 있다. 예제를 통하여 두 확률변수의 합에 관한 확률밀도함수를 구할 수 있다. ■

2.4.5 확률변수의 독립

사건 A, B의 독립은 두 사건의 곱사건의 확률을 각각의 사건의 확률의 곱으로 표현될 때, 즉 $P(A \cap B) = P(A)P(B)$이며 곱사건의 확률을 각각의 사건의 확률 $P(A)$, $P(B)$의 곱으로 쉽게 계산할 수 있는 상황이다. 이를 확장하여 곱사건은 결합확률로 표현될 수 있으므로 확률변수 X, Y의 결합확률이 각각의 확률의 곱으로 표현되었을 때를 확률변수 X, Y의 독립(independent)이라고 정의할 수 있다. 확률변수 X, Y의 확률은 확률밀도함수에 의해 결정되므로 [정의 2.10]은 결합확률밀도함수가 각각의 주변확률밀도함수의 곱으로 표현될 때 X, Y가 서로 독립이라고 할 수 있다. [정리 2.11]에서는 확률변수의 독립에 관한 동치인 명제를 구하였다. 즉 $f_{X,Y}(x,y) = f_X(x)f_Y(y)\ \forall\, x, y$이다. 여기에서 주의해야 할 것은 모든 x, y에 대하여 만족해야 한다는 것이다. 확률변수 X, Y가 서로 독립이 아닐 때 종속(dependent)이라고 한다. 즉, 어떤 x, y에 대해 $f_{X,Y}(x,y) \ne f_X(x)f_Y(y)$이다.

정의 2.10 확률변수 X, Y에 대하여 임의의 구간 A, B에 대해

$$P(X \in A, Y \in B) = P(X \in A)P(Y \in B)$$

일 때 두 확률변수 X, Y는 서로 독립이라고 한다.

정리 2.11 확률변수 X, Y가 서로 독립에 대한 필요충분조건은

$$f_{X,Y}(x,y) = f_X(x) f_Y(y) \ \forall \, x, y$$

이다.

(증명) 만약 확률변수 X, Y가 서로 독립이면

$$\int_B \int_A f_{X,Y}(x,y) dx dy = P(X \in A, Y \in B) = P(X \in A)P(Y \in B)$$

$$= \int_A f_X(x) dx \int_B f_Y(y) dy = \int_B \int_A f_X(x) f_Y(y) dx dy$$

이다. 임의의 A, B에 대해 성립하므로 모든 x, y에 대해 $f_{X,Y}(x,y) = f_X(x) f_Y(y)$ 이다. 역으로 결합확률밀도함수가 주변확률밀도함수의 곱으로 분해된다면

$$P(X \in A, Y \in B) = \int_B \int_A f_{X,Y}(x,y) dx dy = \int_B \int_A f_X(x) f_Y(y) dx dy$$

$$= \int_A f_X(x) dx \int_B f_Y(y) dy = P(X \in A)P(Y \in B)$$

이므로 X, Y는 서로 독립이다. 따라서 [정의 2.10]과 [정리 2.11]은 동치이다. ■

확률밀도함수와 분포함수는 일대일 대응관계에 있으므로 [정리 2.11]은 $F_{X,Y}(x,y) = F_X(x) F_Y(y) \ \forall \, x, y$는 확률변수 X, Y의 서로 독립과 동치이다.

예제 2.25 확률변수 X, Y의 결합확률밀도함수 $f_{X,Y}(x,y)$가 다음과 같이 정의되었을 때 확률변수 X, Y는 서로 독립임을 보여라.

$$f_{X,Y}(x,y) = 1, \quad 0 < x < 1, 0 < y < 1$$

풀이 주변확률밀도함수를 구하면 $f_X(x) = \int_0^1 1dy = 1, 0 < x < 1$이고, Y의 확률밀도함수도 $f_Y(y) = 1, 0 < y < 1$이므로 모든 x, y에 대하여

$$f_{X,Y}(x,y) = 1 = 1 \cdot 1 = f_X(x) f_Y(y), \quad 0 < x < 1, 0 < y < 1$$

이므로 X, Y는 서로 독립이다. ■

예제 2.26 [예제 2.22]에서 정의된 결합확률밀도함수를 가지는 확률변수 X, Y는 서로 종속임을 보여라.

풀이 결합확률밀도함수

$$f_{X,Y}(x,y) = 3y, 0 < x \le y < 1$$

에서 각각의 확률밀도함수는

$$f_X(x) = \frac{3}{2}(1 - x^2), \ 0 < x < 1, \ \ f_Y(y) = 3y^2, \ 0 < y < 1$$

이다. 일반적으로 $f_{X,Y}(x,y) \ne f_X(x) f_Y(y)$이므로 두 확률변수 X, Y는 종속이다. ■

확률변수 X, Y의 독립성은 결합확률밀도함수의 형태에 의하여 결정된다. [예제 2.25]의 결합확률밀도함수는 함수형태는 변수 x, y가 각각 곱으로 분해될 수 있으며, 변수의 범위도 서로 연관이 없다. 그러나 [예제 2.26]에서의 결합확률밀도함수는 함수는 변수 x, y가 분해되나 x의 정의구역이 y와 연관되어 있다.

서로 독립인 확률변수들의 결합확률분포는 각각의 확률분포의 곱으로 표현되므로 결합확률분포에 대한 정보가 필요없다. 따라서 결합확률분포의 계산은 일차원에서의 쉬운 계산으로 해결된다. 예를 들어 10개의 확률변수가 서로 독립인 경우에는 10차원상의 합 또는 적분 계산을 하여야만 확률을 계산할 수 있으나, 서로 독립인 경우에는 1차원상의 합 또는 적분 계산을 한 후 곱하기만 하면 확률을 쉽게 계산할 수 있다.

예제 2.27 확률변수 X, Y가 서로 독립이고 확률밀도함수가

$$f_X(x) = 2x, \ 0 < x < 1, \ f_Y(y) = 3y^2, \ 0 < y < 1$$

일 때 $P(0 < X < \frac{1}{2}, \frac{1}{2} < Y < 1)$을 구하라.

⊕풀이 주어진 확률은

$$P(0 < X < \frac{1}{2},\ \frac{1}{2} < Y < 1) = \int_0^{1/2} \int_{1/2}^1 f_{X,Y}(x,y)dydx$$

를 계산하여야 한다. 그러나 확률변수 X, Y가 서로 독립이므로

$$P(0 < X < \frac{1}{2},\ \frac{1}{2} < Y < 1) = P(0 < X < \frac{1}{2})P(\frac{1}{2} < Y < 1)$$

$$= \int_0^{1/2} f_X(x)dx \int_{1/2}^1 f_Y(y)dy = \int_0^{1/2} 2xdx \int_{1/2}^1 3y^2dy = \frac{1}{4} \cdot (1 - \frac{1}{8}) = \frac{7}{32}$$

이다. ■

[정리 1.7]에서 사건 A, B의 독립을 정의할 때 조건부 확률을 이용하였다. 확률변수 X, Y의 독립도 조건부 확률밀도함수를 이용하여 정의할 수 있다. 즉 $f_{X|Y}(x|y) = f_X(x)$는 확률변수 X, Y가 서로 독립이기 위한 필요충분조건이다.

2.5 기댓값

2.5.1 일변량 확률변수의 기댓값

확률분포를 결정짓는 함수는 확률밀도함수 또는 분포함수이다. 그러나 함수는 실수 공간을 모두 고려해야 하기 때문에 어떤 확률분포를 하나의 숫자로 나타내는 것은 어렵다. 확률분포의 특징을 하나의 숫자로 나타내고자 할 때 사용하는 것이 기댓값이다.

정의 2.11 기댓값(expectation) 확률변수 X의 기댓값은 정의된 적분 $\int_{-\infty}^{\infty} |x| dF(x)$가 존재할 때 다음과 같이 정의한다.

$$E(X) = \int_{-\infty}^{\infty} xdF(x) = \sum_i x_i P(X = x_i) + \int xf(x)dx$$

$$= \begin{cases} \sum_i x_i P(X = x_i), & x : \text{이산형 확률변수} \\ \int x f(x) dx, & x : \text{연속형 확률변수} \end{cases}$$

[정의 2.11]에서 오른쪽 항의 첫 항은 0이 아닌 확률을 가지는 x_i에서의 기댓값이고 두 번째 항은 구간에서 확률밀도함수 $f(x)$를 가지는 경우의 기댓값이다. 따라서 이산형 확률변수에서는 첫 번째 항만 있고, 연속형 확률변수에서는 두 번째 항만 있으며 혼합형 확률변수에서는 두 개의 항 모두 존재한다. 기댓값의 의미는 확률변수 X가 주어진 확률분포를 따를 때 기대되는 확률변수 X의 값이다.

예제 2.28 [예제 2.6]의 확률변수에 대한 기댓값을 구하라.

풀이 이산형 확률변수 X의 기댓값이므로 다음과 같이 표를 이용하여 쉽게 구할 수 있다.

[표 2.7] 이산형 확률변수의 기댓값

x_i	0	1	2	3	합계
$f(x_i)$	$\frac{1}{8}$	$\frac{3}{8}$	$\frac{3}{8}$	$\frac{1}{8}$	1
$x_i f(x_i)$	0	$\frac{3}{8}$	$\frac{6}{8}$	$\frac{3}{8}$	$\frac{12}{8}$

[정의 2.11]에 의하여 $x_i f(x_i)$의 합이 기댓값이므로

$$E(X) = 0 \cdot \frac{1}{8} + 1 \cdot \frac{3}{8} + \cdots + 3 \cdot \frac{1}{8} = \frac{12}{8} = \frac{3}{2}$$

이다. 확률변수 X가 취할 수 있는 값이 0, 1, 2, 3일 때 우연히 하나를 선택할 때 기대되는 값이 $\frac{3}{2}$라는 것을 의미한다. 또는 “무수히 많은 표본을 추출하여 평균을 구하면 $\frac{3}{2}$이다”라고 해석할 수 있다. ■

예제 2.29 확률밀도함수가 $f_X(x) = \frac{2}{3}x, 1 < x < 2$일 때 기댓값을 구하라.

풀이 연속형 확률변수이므로 [정의 2.11]로부터

$$E(X) = \int_1^2 x \cdot \frac{2}{3} x dx = \left[\frac{2}{9}x^3\right]_1^2 = \frac{14}{9}$$

이다. ■

예제 2.30 [예제 2.14]에 정의된 확률변수의 기댓값을 구하라.

풀이 혼합형 확률변수로 [정의 2.11]에 의하여

$$E(X) = 1 \cdot \frac{1}{2} + \int_1^2 x \cdot \frac{1}{2} dx = \frac{1}{2} + \frac{1}{4} \times (2^2 - 1^2) = \frac{5}{4}$$

이다. ■

정리 2.12 확률변수 X의 함수 $g(X)$의 기댓값은 다음과 같다.

$$E(g(X)) = \int_{-\infty}^{\infty} g(x) dF(x) = \sum_i g(x_i) P(X = x_i) + \int g(x) f(x) dx$$
$$= \begin{cases} \sum_i g(x_i) P(X = x_i), & x : \text{이산형 확률변수} \\ \int g(x) f(x) dx, & x : \text{연속형 확률변수} \end{cases}$$

[정리 2.12]는 확률변수 X가 변환 $Y = g(X)$에 의하여 생성되는 확률변수 Y의 기댓값에 대한 정리이다. 증명은 변환 $Y = y$일 때의 확률과 $X = x$의 확률이 서로 대응되는 값으로부터 유도된다.

예제 2.31 [예제 2.29]에서 고려한 확률변수에 대하여 $Y = g(X) = 2X + 3$일 때 $E(Y)$를 구하라.

풀이 $E(Y) = \int y f_Y(y) dy$를 구하여야 한다. 먼저 $f_Y(y)$는 [정리 2.7]의 변환된 확률밀도함수에 의하면

$$f_Y(y) = \frac{1}{6}(y-3), \quad 5 < y < 7$$

이고, [정리 2.11]에 의해

$$E(Y) = \int_5^7 y \cdot \frac{1}{6}(y-3) dy = \frac{55}{9}$$

이다.

한편 [정리 2.12]에 의해 변환된 Y의 확률밀도함수를 구할 필요 없이 확률변수 X의 확률밀도함수 정보만을 이용하여

$$E(Y) = E(2X+3) = \int (2x+3) f_X(x) dx = \int_1^2 (2x+3)\frac{2}{3}x dx = \frac{55}{9}$$

를 구할 수 있다.

[정리 2.12]는 변환된 확률변수 Y의 확률밀도함수 $f_Y(y)$를 구할 필요가 없이 X의 확률밀도함수를 이용하여 쉽게 Y의 기댓값을 구할 수 있다는 것이다. ■

[정리 2.12]의 $g(X)$ 의 특수한 경우로 X^m에 대한 기댓값을 고려할 수 있는데 이를 m차 적률(積率, moment)이라고 한다. 중심화된 1차 적률은 0이며, 중심화된 2차 적률을 분산이라고 한다. 즉, 분산은 $\sigma^2 = E(X-\mu)^2$이다. 3차 적률을 왜도(倭度, skewness)라고 하고, 4차 적률을 첨도(尖度, kurtosis)라고 한다. 적률은 확률분포의 특징을 숫자로 나타낸 것으로 1차 적률은 확률분포의 중심, 2차 적률은 산포도, 3차 적률은 대칭도, 4차 적률은 중심의 뾰족한 정도를 의미한다.

정의 2.12 확률변수 X의 m차 적률을 다음과 같이 정의한다.

$$E(X^m) = \int_{-\infty}^{\infty} x^m dF(x) = \sum_i x_i^m P(X = x_i) + \int x^m f(x) dx$$

특히 중심화된 m차 적률은 $\mu = E(X)$일 때 다음과 같이 정의한다.

$$E(X-\mu)^m = \int (x-\mu)^m dF(x)$$

특별히 $m=2$인 경우를 분산(分散, variance)이라고 한다. 분산의 양의 제곱근을 표준편차(標準偏差, standard deviation)라고 한다.

$$\sigma^2 = Var(X) = E(X-\mu)^2 = \int (x-\mu)^2 dF(x)$$

$$\sigma = \sqrt{\sigma^2} = sd(X) = \sqrt{Var(X)}$$

예제 2.32 [예제 2.29]에서 고려한 확률변수의 분산을 구하라.

풀이 $E(X) = \frac{14}{9}$은 [예제 2.29]에서 구하였다. 따라서

$$\sigma^2 = E\left(X - \frac{14}{9}\right)^2 = \int_{-\infty}^{\infty}\left(x - \frac{14}{9}\right)^2 f(x)dx = \int_1^2\left(x - \frac{14}{9}\right)^2 \frac{2}{3}xdx = \frac{13}{162}$$

이다.

또한 $\sigma^2 = E(X-\mu)^2 = E(X^2) - \mu^2$ 이므로

$$E(X^2) = \int_1^2 x^2 \cdot \frac{2}{3}xdx = \frac{5}{2}$$

이고

$$\sigma^2 = E(X^2) - E^2(X) = \frac{5}{2} - \left(\frac{14}{9}\right)^2 = \frac{13}{162}$$

이다. ■

이제 [정리 2.12]에서 $g(X)$의 특수한 경우 $g(X) = aX+b$인 경우, 즉 확률변수 X의 일차변환인 경우를 고려한다. [정리 2.12]의 오른쪽 항을 정리하여 $\sum_i P(X=x_i) = 1$ 또는 $\int f(x)dx = 1$의 성질을 이용하고 상수항은 합 또는 적분과 무관하게 계산될 수 있으므로 다음과 같은 일차변환에 대한 기댓값의 정리를 얻는다.

정리 2.13 확률변수 X에 대한 변환된 확률변수 $g(X), h(X)$에 대하여

1. $E(aX+b) = aE(X)+b$
2. $E(ag(X)+bh(X)) = aE(g(X)) + bE(h(X))$

이다. 단, a, b는 상수이다.

[정리 2.13]에서 기댓값은 선형연산자이다. 예를 들면 확률변수 X의 선형결합인 $2X+3X^2$의 기댓값은 $E(2X+3X^2) = 2E(X)+3E(X^2)$이다.

예제 2.33 [예제 2.29]의 확률밀도함수를 이용하여 $E(2X+3X^2)$을 구하라.

풀이 주어진 문제로부터 $E(2X+3X^2) = 2E(X)+3E(X^2)$이며, [예제 2.29]부터 $E(X) = \frac{14}{9}$이고, [예제 2.32]에서 $\sigma^2 = E(X^2) - E^2(X) = \frac{13}{162}$이므로 $E(X^2) = \sigma^2 + E^2(X) = \frac{13}{162} + (\frac{14}{9})^2 = \frac{5}{2}$이다. 따라서 구하고자 하는 값은 $E(2X+3X^2)$

$= \dfrac{191}{18}$ 이다. ■

확률변수의 분산과 표준편차에 대한 유용한 정리는 다음과 같다.

정리 2.14 확률변수 X에 대한 변환 $Y = aX + b$의 분산과 표준편차는

$$Var(Y) = Var(aX+b) = a^2 Var(X)$$

$$sd(Y) = sd(aX+b) = |a| sd(X)$$

이다. 단, a는 상수이다.

예제 2.34 [예제 2.29]의 확률밀도함수에 대하여 $Y = -2X + 3$의 분산과 표준편차를 구하라.

풀이 Y의 분산은 [정리 2.14]에 의하여 $Var(Y) = (-2)^2 Var(X)$인데, [예제 2.32]에서 $Var(X) = \dfrac{13}{162}$ 이므로

$$Var(Y) = 4 \times Var(X) = \frac{26}{81}$$

이다. 또한 $sd(X) = \sqrt{\dfrac{13}{162}}$ 이므로

$$sd(Y) = |-2| sd(X) = 2\sqrt{\frac{13}{162}} = \sqrt{\frac{26}{81}}$$

이다. ■

2.5.2 이변량 확률변수의 기댓값

확률변수가 2개 이상인 확률변수들을 쌍을 이룰 때 이를 확률벡터라고 한다. 예를 들어 길이가 2인 확률벡터를 고려할 때 두 개의 확률변수를 동시에 고려한다는 것은 두 확률변수가 서로 관련성이 있기 때문이다. 확률벡터에서는 두 확률변수의 연관성에 관한 척도를 필요로 한다. 두 확률변수의 선형관계에 관한 척도로 공분산(共分散, covariance)은 $X - \mu_X$와 $Y - \mu_Y$의 곱에 관한 기댓값이다. 곱의 절댓값이 크면 클수록 확률변수 X, Y가 강한 선형관계에 있다.

정의 2.13 확률변수 X, Y의 공분산은

$$Cov(X, Y) = E[(X - E(X))(Y - E(Y)] = E(XY) - E(X)E(Y)$$

이다. 또한 확률변수 X, Y의 상관계수는

$$Corr(X, Y) = \frac{Cov(X, Y)}{\sqrt{Var(X)Var(Y)}}$$

이다.

공분산은 절대적인 값으로 어느 정도의 강한 선형성을 나타내는지를 알 수 없다. 따라서 이를 상대적인 값으로 변환한 것이 상관계수(correlation coefficient)이다. 상관계수의 값이 1에 가까우면 확률변수 X, Y는 매우 강한 양의 선형관계에 있고, -1에 가까우면 매우 강한 음의 선형관계에 있으며 0에 가까우면 확률변수 X, Y의 선형관계가 약하다고 할 수 있다. 공분산과 상관계수는 다음과 같은 성질을 가진다.

정리 2.15 공분산 $cov(X, Y)$와 상관계수 $corr(X, Y)$는 다음과 같은 성질을 가진다. 단, a,b,c,d는 상수이다.

1. $Cov(X, Y) = Cov(Y,X)$, $Corr(X, Y) = Corr(Y,X)$
2. $Var(X) = Cov(X,X)$
3. $Cov(aX + b, cY + d) = ac\ \ Cov(X, Y)$
4. $Corr(aX + b, cY + d) = \begin{cases} Corr(X, Y) & if\ \ ac > 0 \\ -Corr(X, Y) & if\ \ ac < 0 \end{cases}$
5. $Var(aX \pm bY) = a^2 Var(X) \pm 2ab\ \ Cov(X, Y) + b^2 Var(Y)$
6. $-1 \leq Corr(X, Y) \leq 1$

증명 [정의 2.13]에 의해 1은 자명하다.

성질 2는

$$Cov(X,X) = E(X^2) - E^2(X)$$

이므로 [정의 2.22]로부터 증명된다.

만약 $X_1 = aX + b, Y_1 = cY + d$이라고 하면

$$E(X_1) = aE(X) + b, E(Y_1) = cE(Y) + d$$

이므로

$$Cov(X_1, Y_1) = E[\{(aX+b)-(aE(X)+b)\}\{(cY+d)-(cE(Y)+d)\}]$$
$$= acE[(X-E(X))(Y-E(Y))] = ac\,Cov(X, Y)$$

에서 성질 3이 성립한다.

또한 $Var(X_1) = a^2 Var(X)$, $Var(Y_1) = c^2 Var(Y)$이므로

$$Corr(X_1, Y_1) = \frac{Cov(X_1, Y_1)}{\sqrt{Var(X_1)Var(Y_1)}} = \frac{ac\ Cov(X, Y)}{\sqrt{a^2c^2 Var(X)Var(Y)}}$$

$$= \frac{ac}{|ac|} Corr(X, Y)$$

이기 때문에 성질 4가 성립한다.

성질 5는 성질 2와 성질 3으로부터 쉽게 증명할 수 있다. 실수 λ에 대하여 확률변수 $Z = \lambda X + Y$라고 하면 (단, $E(X) = E(Y) = 0$)

$$E(Z^2) = E(X^2)\lambda^2 + 2E(XY)\lambda + E(Y^2)$$

이다. 여기에서 $E(Z^2) \geq 0$이기 위하여 판별식 $E^2(XY) - E(X^2)E(Y^2) \leq 0$이다. 따라서

$$\{Corr(X, Y)\}^2 = \frac{E(XY)}{E(X^2)E(Y^2)} \leq 1$$

이므로 성질 6이 성립한다. ■

공분산을 구할 때 $E(XY)$는 확률변수 X, Y의 결합확률밀도함수로부터 구한다. 즉 X, Y가 연속형 확률변수이면

$$E(XY) = \int\int xyf_{X,Y}(x,y)dxdy$$

이고 X, Y가 이산형 확률변수이면

$$E(XY) = \sum\sum xyf_{X,Y}(x,y)$$

이다.

예제 2.35 확률변수 X, Y의 결합확률밀도함수가 $f_{X,Y}(x,y) = 3y, 0 < x \le y < 1$일 때 상관계수를 구하라.

풀이 [예제 2.22]에서 구한 주변확률밀도함수 $f_X(x), f_Y(y)$를 이용하여

$$E(X) = \int x f_X(x)dx = \int_0^1 x \cdot \frac{3}{2}(1-x^2)dx = \frac{3}{8},\ E(Y) = \int_0^1 y \cdot 3y^2 dy = \frac{3}{4},$$

$$E(X^2) = \int x^2 f_X(x)dx = \int_0^1 x^2 \frac{3}{2}(1-x^2)dx = \frac{1}{5},\ E(Y^2) = \frac{3}{5},$$

이므로

$$Var(X) = E(X^2) - E^2(X) = \frac{1}{5} - \left(\frac{3}{8}\right)^2 = \frac{19}{320},\ Var(Y) = \frac{3}{80}$$

이다. 한편

$$E(XY) = \int\int xy f_{X,Y}(x,y)dxdy = \int_0^1 \int_0^y xy \cdot 3ydxdy = \int_0^1 \frac{3}{2}y^4 dy = \frac{3}{10}$$

이므로 X, Y의 공분산은

$$Cov(X,Y) = E(XY) - E(X)E(Y) = \frac{3}{10} - \frac{3}{8} \cdot \frac{3}{4} = \frac{3}{160}$$

이다. 또한 X, Y의 상관계수는

$$Corr(X,Y) = \frac{Cov(X,Y}{\sqrt{Var(X)Var(Y)}} = \frac{3/160}{\sqrt{19/320 \cdot 3/80}} = \frac{3}{\sqrt{57}} = 0.397$$

이다. ■

예제 2.36 [예제 2.35]의 확률변수 X, Y에 대하여 $U = X + Y$, $V = Y$의 공분산과 상관계수를 구하라.

풀이 먼저 확률변수 U, V의 결합확률밀도함수를 [예제 2.24]에서 구하였다. 따라서 U, V의 공분산과 상관계수를 [예제 2.35]와 같이 구할 수 있다. 그러나 [정리 2.15]는 이와 같이 X, Y의 결합확률밀도함수로부터 U, V의 결합확률밀도함수를 구하고, 거기에서 각각의 주변확률밀도함수를 구하여 공분산과 상관계수를 구할 필요가 없이 확률변수 X, Y의 공분산과 상관계수로부터 직접 구할 수 있다는 것이다. 즉,

$$Cov(U, V) = Cov(X+Y, Y) = Cov(X, Y) + Cov(Y, Y) = \frac{3}{160} + \frac{3}{80} = \frac{9}{160}$$

이고

$$\begin{aligned} Var(U) &= Var(X+Y) = Cov(X+Y, X+Y) \\ &= Var(X) + Var(Y) + 2Cov(X, Y) \\ &= \frac{19}{320} + \frac{3}{80} + 2 \cdot \frac{3}{160} = \frac{43}{320}, \end{aligned}$$

$$Var(V) = Var(Y) = \frac{3}{80}$$

이므로

$$Corr(U, V) = \frac{Cov(U, V)}{\sqrt{Var(U)Var(V)}} = \frac{9/160}{\sqrt{43/320 \cdot 3/80}} = \frac{9}{\sqrt{129}} = 0.792$$

이다. ■

정리 2.16 확률변수 X, Y 가 서로 독립이면 $Cov(X, Y) = 0$이고 $Corr(X, Y) = 0$이다.

증명 확률변수 X, Y가 서로 독립이면 결합확률밀도함수가 각각의 주변확률밀도함수로 분해되므로 이중합 또는 이중적분이 각각의 변수로 분해되기 때문에 $E(XY) = E(X)E(Y)$이다. 즉 $f_{X,Y}(x,y) = f_X(x)f_Y(y)$이기 때문에

$$E(XY) = \begin{cases} \sum_x \sum_y xyf_{X,Y}(x,y) = \sum_x \sum_y xyf_X(x)f_Y(y) = \sum_x xf_X(x) \sum_y yf_Y(y) \\ \int \int xyf_{X,Y}(x,y)dxdy = \int \int xyf_X(x)f_Y(y)dxdy = \int xf_X(x)dx \int yf_Y(y)dy \end{cases}$$

$$= E(X)E(Y)$$

이다. 따라서

$$Cov(X, Y) = E(XY) - E(X)E(Y) = 0$$

이고, [정의 2.13]에 의해 $Corr(X, Y) = 0$이다. ■

예제 2.37 확률변수 X, Y의 결합확률밀도함수 $f_{X,Y}(x,y)$가 다음과 같이 정의되었을 때 확률변수 X, Y의 상관계수를 구하라.

$$f_{X,Y}(x,y) = 1, \quad 0 < x < 1,\ 0 < y < 1$$

풀이 [예제 2.25]에서의 결과에서 확률변수 X, Y는 서로 독립이다. 따라서 X, Y의 상관계수는 $Corr(X, Y) = 0$이다. ■

[정리 2.16]은 확률변수 X, Y가 서로 독립이면 결합확률밀도함수가 각각의 주변확률밀도함수로 분해되므로 확률변수의 곱 XY의 기댓값도 각각의 주변확률변수의 기댓값으로 분해된다는 것이다. 그러나 [정리 2.16]의 역은 성립하지 않는다. 다시 말하면 공분산이 0이라고 해서 확률변수 X, Y가 서로 독립이라는 것을 의미하지는 않는다. 독립성은 두 확률변수의 결합확률밀도함수가 주변확률밀도함수로 분해되는 것에 의하여 증명된다.

예제 2.38 [표 2.8]은 두 확률변수 X, Y의 결합확률분포표이다. 확률변수 X, Y는 서로 독립인가?

[표 2.8] 이산형 확률변수의 결합확률분포표

$X \setminus Y$	0	1	2	3	합계
−1	$\frac{1}{10}$	$\frac{1}{10}$	0	$\frac{1}{10}$	$\frac{3}{10}$
0	$\frac{1}{10}$	$\frac{1}{10}$	$\frac{1}{10}$	$\frac{1}{10}$	$\frac{4}{10}$
1	$\frac{1}{10}$	$\frac{1}{10}$	0	$\frac{1}{10}$	$\frac{3}{10}$
합계	$\frac{3}{10}$	$\frac{3}{10}$	$\frac{1}{10}$	$\frac{3}{10}$	

풀이 모든 x, y에 대하여

$$P(X = x, Y = y) = P(X = x)P(Y = y)$$

일 때 확률변수 $X,\ Y$는 서로 독립이다. $P(X = -1, Y = 0) = \frac{1}{10}$이나 $P(X = -1) = \frac{3}{10}$, $P(Y = 0) = \frac{3}{10}$이기 때문에

$$P(X=-1, Y=0) \neq P(X=-1)P(Y=0)$$

이다. 따라서 확률변수 X, Y는 서로 독립이 아니다.

그러나 공분산을 구하면

$$E(XY) = \sum_x \sum_y xyP(X=x, Y=y) = 0,$$
$$E(X) = \sum_x xP(X=x) = (-1) \cdot \frac{3}{10} + 0 \cdot \frac{4}{10} + 1 \cdot \frac{3}{10} = 0$$

이므로

$$Cov(X, Y) = E(XY) - E(X)E(Y) = 0 - 0 \cdot E(Y) = 0$$

이다.

이 예제는 [정리 2.16]의 역이 성립하지 않는다는 반례이다. 비상관된 두 확률변수의 범위보다 독립인 두 확률변수의 범위가 작다는 것을 나타내고, 이는 독립이 비상관보다 강력한 조건임을 의미한다. ■

정리 2.17 확률변수 X, Y가 비상관(非相關, non-correlated)이면

$$Var(aX + bY) = a^2 Var(X) + b^2 Var(Y)$$

이다.

[정리 2.17]은 [정리 2.15]의 성질 5에서 확률변수 X, Y가 비상관이면 $Cov(X, Y) = 0$이므로 당연하다. 또한 [정리 2.17]은 확률변수 X, Y가 독립일 때도 성립한다. 그 이유는 [예제 2.38]에서 밝힌 것처럼 비상관보다 독립의 조건이 더 강력하기 때문이다. [정리 2.15]와 [정리 2.17]을 확장하면 다음과 같다.

정리 2.18 확률변수 $X_i (i = 1, \cdots, n)$에 대하여

$$E(a_1 X_1 + \cdots + a_n X_n) = \sum_{i=1}^{n} a_i E(X_i)$$
$$Var(a_1 X_1 + \cdots + a_n X_n) = \sum_{i=1}^{n} a_i^2 Var(X_i) + 2\sum_{i>j} a_i a_j Cov(X_i, X_j)$$

이다. 특히 모든 $i \neq j$에 대하여 X_i, X_j가 비상관이면

$$Var(a_1X_1+\cdots+a_nX_n)=\sum_{i=1}^{n}a_i^2\,Var(X_i)$$

이다.

[정리 2.18]에서 비상관인 조건에서 만족하므로 X_i들이 서로 독립일 때는 당연하게 준식을 만족한다.

2.5.3 조건부 기댓값과 분산

두 확률변수 X, Y의 조건부 확률밀도함수를 [정의 2.9]에서 정의하였다. 조건부 확률변수에 대한 기댓값을 조건부 기댓값이라고 하고 다음과 같이 정의한다.

정의 2.14 조건부 확률변수 $X|y$의 조건부 기댓값은

$$E(X|y)=\begin{cases}\sum_x xP(X=x|y) & X, Y\text{가 이산형일 때}\\ \int_x xf_{X|y}(x|y)dx & X, Y\text{가 연속형일 때}\end{cases}$$

이다.

예제 2.39 확률변수 X, Y의 결합확률분포표가 [예제 2.38]의 [표 2.8]과 같을 때 조건부 확률변수 $X|1$의 기댓값을 구하라.

풀이 [표 2.8]에서 $X|1$의 확률분포를 구하면

$$P(X=-1|Y=1)=P(X=-1, Y=1)/P(Y=1)=\frac{1/10}{3/10}=\frac{1}{3}$$

이고 $P(X=0|Y=-1)=P(X=1|Y=-1)=\frac{1}{3}$이다. 따라서 조건부 기댓값은

$$E(X|1)=(-1)\cdot\frac{1}{3}+0\cdot\frac{1}{3}+1\cdot\frac{1}{3}=0$$

이다. ■

예제 2.40 확률변수 X, Y의 결합확률밀도함수가

$$f_{X,Y}(x,y) = 3y, \quad 0 < x \le y < 1$$

일 때 $X|Y = \frac{1}{2}$의 기댓값을 구하라.

⊙풀이 [예제 2.23]에서 $f_{X|0.5}(x|\frac{1}{2}) = 2, \quad 0 < x \le \frac{1}{2}$이므로

$$E(X|\frac{1}{2}) = \int_0^{1/2} x \cdot 2dx = \frac{1}{4}$$

이다. ■

정의된 조건부 기댓값에서 고정된 y를 확률변수로 확장하여 기댓값을 구할 수 있다. 이를 이중기댓값(double expected value)이라고 한다.

정리 2.19 두 확률변수 X, Y에 대해 $E(E(X|Y)) = E(X)$이다.

증명 확률변수 X, Y가 연속형인 경우만 증명하기로 한다. [정의 2.14]에서 $E(X|Y) = \int x \frac{f_{X,Y}(x,y)}{f_Y(y)} dx$로 Y의 함수이므로 $E(X|Y) = g(Y)$라고 하면

$$\begin{aligned} E(E(X|Y)) = E(g(Y)) = \int g(Y) f_Y(y) dy &= \int\int x \frac{f_{X,Y}(x,y)}{f_Y(y)} dx f_Y(y) dy \\ &= \int\int x f_{X,Y}(x,y) dy dx = \int x f_X(x) dx = E(X) \end{aligned}$$

이다. ■

예제 2.41 [예제 2.40]의 확률변수에 대하여 $E(E(X|Y))$를 구하라.

⊙풀이 [예제 2.23]에서

$$E(X|y) = \int x f_{X|Y}(x|y) dx = \int_0^y x \cdot \frac{1}{y} dx = \frac{1}{2} y, 0 < y < 1$$

이므로

$$E(X|Y) = \frac{1}{2} Y, 0 < Y < 1$$

이다. 확률변수 $T = g(Y) = E(X|Y) = \frac{1}{2}Y$이라고 하고, [예제 2.22]에서

$$f_Y(y) = 3y^2, \ 0 < y < 1$$

이므로 [정리 2.7]로부터 T의 확률밀도함수는

$$f_T(t) = 3(2t)^2|dy/dt| = 24t^2, \ 0 < t < \frac{1}{2}$$

이다. 따라서

$$E(E(X|Y)) = E(T) = \int tf_T(t)dt = \int_0^{1/2} t \cdot 24t^2 dt = \frac{3}{8}$$

이다.

그러나 [예제 2.22]에서

$$f_X(x) = \frac{3}{2}(1-x^2), 0 < x < 1$$

이고, [정리 2.18]에 의해 손쉽게

$$E(E(X|Y)) = E(X) = \int_0^1 x \cdot \frac{3}{2}(1-x^2)dx = \frac{3}{8}$$

기댓값을 구할 수 있다. ■

[정리 2.19]를 확장하여 $E_X[E(g(X, Y)|X)] = E(g(X, Y))$를 얻는다. 이중기댓값정리는 고정된 변수를 확률변수로 확장하여 이론적 결과를 얻는 데 사용될 수 있다. 확률변수 X, Y가 서로 독립이라면 $E(X|y) = E(X)$이다.

정의 2.15 조건부 확률변수 $X|y$의 조건부 분산은 다음과 같이 정의한다.

$$Var(X|y) = E((X - E(X|y))^2|y) = E(X^2|y) - E^2(X|y)$$

[정의 2.15]에서 $X|y$의 조건부 분산은 y의 함수이다. 만약 $\mu_{X|y} = E(X|y)$이면

$$\mu_{X|y} = \int xf_{X|y}(x|y)dx$$

$$E^2(X|y) = \mu_{X|y}^2,$$

$$E(X^2|y) = \int x^2 f_{X|y}(x|y)dx$$

이다.

예제 2.42 [예제 2.41]에서 정의된 결합확률밀도함수에 대하여 조건부 분산 $Var(X|y)$를 구하라.

풀이 조건부 확률변수 $X|y$의 확률밀도함수는 $f_{X|y}(x|y) = \frac{1}{y}, \quad 0 < x \le y < 1$ 이고 $\mu_{X|y} = y/2$이다. 따라서

$$Var(X|y) = \int (x - \mu_{X|y})^2 f_{X|y}(x|y)dx = \int_0^y (x - y/2)^2 \cdot \frac{1}{y}dx = \frac{1}{12}y^2, \ 0 < y < 1$$

이다.

다른 방법으로

$$E(X^2|y) = \int_0^y x^2 \cdot \frac{1}{y}dx = \frac{1}{3}y^2, \ E^2(X|y) = [E(X|y)]^2 = \frac{y^2}{4}$$

에서

$$Var(X|y) = \frac{1}{12}y^2, \ 0 < y < 1$$

을 구할 수 있다. ■

정리 2.20 확률변수 X, Y에 대해 다음이 성립한다.

$$Var(X) = E[Var(X|Y)] + Var[E(X|Y)]$$

증명 $E[Var(X|Y)] = E[E(X^2|Y) - E^2(X|Y)] = E(X^2) - E[E^2(X|Y)]$
$= Var(X) + E^2(X) - E[E^2(X|Y)] = Var(X) - \{E[E^2(X|Y)] - E^2(E(X|Y))\}$
$= Var(X) - Var[E(X|Y)]$ ■

[정리 2.20]에서 $Var(E(X|Y)) \ge 0$이므로 $Var(X) \ge E[Var(X|Y)]$이다. 다시 말하면 무조건부 분산 $Var(X)$는 조건부 분산의 평균 $E[Var(X|Y)]$보다 크다

는 것을 의미한다.

2.6 확률부등식

확률변수에 관한 주요 부등식을 소개한다. 먼저 마르코프(Markov) 확률부등식은 확률변수의 양의 변환에 대하여 어떤 구간의 확률에 대한 상한을 구한다.

정리 2.21 마르코프(Markov) 확률부등식 실함수 $u(x) > 0$일 때 상수 $c > 0$에 대하여 다음을 만족한다.

$$P(u(X) \geq c) \leq \frac{E[u(X)]}{c}$$

증명 다음 등식

$$E[u(X)] = \int u(x)f_X(x)dx = \int_{u(x) \geq c} u(x)f_X(x)dx + \int_{u(x) < c} u(x)f_X(x)dx$$

에서 $u(x) > 0, f_X(x) \geq 0$이므로 $\int_{u(x) < c} u(x)f_X(x)dx \geq 0$이다. 따라서

$$E(u(X)) \geq \int_{u(x) \geq c} u(x)f_X(x)dx \geq c\int_{u(x) \geq c} f_X(x)dx = cP(U(X) \geq c)$$

이다. 따라서 마르코프 부등식이 증명되었다. ■

[정리 2.21]에서 $u(x) = |x|^r, (r > 0)$이라고 하면 $P(|X| > c) \leq E(|X|^r)/c^r$을 만족한다. 또한 $u(x) = (x-\mu)^2, c = k^2\sigma^2$이라고 하면 다음의 정리를 얻는다.

정리 2.22 체비세프(Chebyshev) 확률부등식 확률변수 X의 기댓값이 μ이고 분산이 $\sigma^2 < \infty$이면 임의의 $k > 0$에 대하여 다음을 만족한다.

$$P(|X-\mu| \geq k\sigma) \leq \frac{1}{k^2} \text{ 또는 } P(|X-\mu| \leq k\sigma) \geq 1-\frac{1}{k^2}$$

체비세프부등식은 기댓값과 분산의 정보만 주어졌을 때 평균을 중심으로 어떤

대칭구간의 확률의 하한값을 제공한다. 정확한 확률은 확률밀도함수 또는 분포함수가 주어졌을 때 구할 수 있다.

예제 2.43 확률변수 X의 기댓값은 10이고 분산은 3이다. $P(8 < X < 12)$의 최솟값을 구하라.

풀이 확률변수 X의 정보는 전체 정보인 확률밀도함수 또는 분포함수가 알려져 있는 것이 아니라 부분 정보인 기댓값과 분산만 알려져 있다. 확률밀도함수에 대한 완벽한 정보가 없을 때 체비셰프 부등식을 이용하여

$$\begin{aligned} P(8 < X < 12) &= P(|X-10| < 2) \\ &= P\left(|X-10| < \frac{2}{\sqrt{3}} \cdot \sqrt{3}\right) \geq 1 - \frac{1}{(2/\sqrt{3})^2} = \frac{1}{4} \end{aligned}$$

이다. ■

[정리 2.22]에서 특히 $k = 2, 3$일 때

$$P(\mu - 2\sigma < X < \mu + 2\sigma) \geq \frac{3}{4},\ P(\mu - 3\sigma < X < \mu + 3\sigma) \geq \frac{8}{9}$$

이다.

[정리 2.15]의 성질 6을 증명할 때 사용했던 확률부등식은 다음과 같다.

정리 2.23 코시-슈바르츠(Cauchy-Schwarz) 확률부등식 확률변수 X, Y에 대하여 해당 기댓값이 존재할 때 다음을 만족한다.

$$E^2(XY) \leq E(X^2)E(Y^2)$$

2.7 적률생성함수

2.2절에서 확률을 결정짓는 함수로 확률밀도함수와 (누적)분포함수를 고려하였다. 두 확률변수가 같다는 것을 확률밀도함수 또는 분포함수가 같다는 것을 의미한다. 그러나 기댓값 또는 분산이 같다고 해서 두 확률변수가 같다고 할 수는 없다. 기댓값 또는 분산과 같은 적률을 이용해 두 확률변수가 같다는 조건을 만들 수는 없을까?

정의 2.16 확률변수 X의 적률생성함수(moment generating function, mgf)는 다음의 합 또는 적분이 존재하면 $E(e^{tX})$로 정의한다.

$$M_X(t)=E(e^{tX})=\begin{cases}\sum_x e^{tx}f_X(x), & X\text{가 이산형일 때}\\ \int e^{tx}f_X(x)dx, & X\text{가 연속형일 때}\end{cases}$$

[정의 2.16]에서 정의된 적률생성함수는 모든 적률을 구할 수 있기 때문에 이름이 적률생성함수로 명명되었다. 만약 적률생성함수가 존재하고 미분가능하다면

$$\frac{\partial M_X(t)}{\partial t}=\sum_x e^{tx}xf_X(x)$$

이므로 $t=0$을 대입하면

$$\left.\frac{\partial M_X(t)}{\partial t}\right|_{t=0}=E(X)$$

이다. 이를 일반화하면 다음과 같은 정리를 얻는다.

정리 2.24 확률변수 X의 적률생성함수가 존재하고 $t=0$에서 미분가능하다면 m차 적률은 다음과 같다.

$$E(X^m)=\left.\frac{\partial^m M_X(t)}{\partial t^m}\right|_{t=0}$$

예제 2.44 이산형 확률변수 X의 적률생성함수를 구하여 $E(X)$을 구하라.

$$P(X=x)=\frac{3}{4}\left(\frac{1}{4}\right)^x, x=0,1,2,\cdots$$

풀이 적률생성함수는

$$M_X(t)=E(e^{tX})=\sum_{x=0}^{\infty}e^{tx}P(X=x)=\frac{3}{4}\sum_{x=0}^{\infty}\left(\frac{e^t}{4}\right)^x=\frac{3}{4}\cdot\frac{1}{1-e^t/4}$$

이므로

$$\frac{\partial M_X(t)}{\partial t}=\frac{3}{4}\cdot\frac{e^t/4}{(1-e^t/4)^2},\ E(X)=\frac{\partial M_X(t)}{\partial t}\bigg|_{t=0}=\frac{1}{3}$$

이다. ■

예제 2.45 [예제 2.45] 다음과 같이 정의된 확률밀도함수 $f(x)$의 100차 적률 $E(X^{100})$를 구하라.

$$f(x)=e^{-x},\ \ x>0$$

풀이 정의된 확률밀도함수에 대하여 100차 적률은

$$E(X^{100})=\int_0^{\infty}x^{100}\cdot e^{-x}dx$$

을 계산하여야 하는데 부분적분을 수차례 계산하여야 한다.

그런데 [정리 2.24]를 이용하면

$$M_X(t)=\int_0^{\infty}e^{tx}\cdot e^{-x}dx=\int_0^{\infty}e^{(t-1)x}dx=\frac{1}{1-t},\quad t<1$$

이므로

$$M_X{}'(t)=\frac{1}{(1-t)^2},\ M_X{}''(t)=\frac{2}{(1-t)^3},\ M_X^{(3)}(t)=\frac{3\times2}{(1-t)^4}$$

에서

$$M_X^{(m)}(t)=\frac{m!}{(1-t)^{m+1}},\ M_X^{(m)}(0)=m!$$

이다. 따라서

$$E(X^{100})=M_X^{(100)}(0)=100!$$

이다. ■

정리 2.25 확률변수 X, Y에 대해 $F_X(z) = F_Y(z)$는 $M_X(t) = M_Y(t)$와 동치이다.

확률밀도함수와 분포함수가 일대일 대응관계에 있는 것처럼 [정리 2.25]는 분포함수와 적률생성함수가 일대일 대응관계에 있음을 의미한다. 따라서 "어떤 두 확률변수가 동치이다"라는 것을 증명하고자 할 때 확률밀도함수, 분포함수, 적률생성함수 가운데 하나가 서로 동치임을 증명하면 충분하다.

예제 2.46 이산형 확률변수 X의 적률생성함수가 $M_X(t) = \frac{3}{4}\sum_{x=0}^{\infty}\left(\frac{e^t}{4}\right)^x$일 때 확률변수 X의 확률질량함수를 구하라.

풀이 이산형 확률변수의 적률생성함수는 $M_X(t) = \sum_x e^{tx}P(X=x)$이다. 주어진 적률생성함수는 $M_X(t) = \sum_{x=0}^{\infty} e^{tx} \cdot \frac{3}{4}\left(\frac{1}{4}\right)^x$이므로 확률질량함수는

$$P(X=x) = \frac{3}{4}\left(\frac{1}{4}\right)^x,\ x = 0, 1, 2, \cdots$$

이다. ■

정리 2.26 확률변수 X의 일차변환 $Y = aX + b$, (단 a, b는 상수)에 대해 다음이 성립한다.

$$M_{aX+b}(t) = M_X(at)e^{bt}$$

증명 먼저 변환된 확률변수 Y의 적률생성함수를 구하려면 Y의 확률밀도함수를 구하고, 적률생성함수의 정의에 의해 e^{tY}의 기댓값을 구하여야 한다.

그러나 Y는 X의 변환이고 X의 적률생성함수가 주어져 있다면

$$M_Y(t) = E(e^{tY}) = E(e^{taX+bt}) = e^{bt}E(e^{taX}) = e^{bt}M_X(at)$$

에서 Y의 적률생성함수를 쉽게 구할 수 있다. ■

정의 2.17 확률변수 X, Y의 적률생성함수는 다음의 합 또는 적분이 존재하면 $E(e^{t_1X+t_2Y})$로 정의한다.

$$M_{X,Y}(t_1,t_2) = E(e^{t_1X+t_2Y}) = \begin{cases} \sum_{x,y} e^{t_1x+t_2y} f_{X,Y}(x,y), & X, Y\text{가 이산형일 때} \\ \int\int e^{t_1x+t_2y} f_{X,Y}(x,y)dxdy, & X, Y\text{가 연속형일 때} \end{cases}$$

결합확률밀도함수로부터 각각의 변수의 합 또는 적분을 이용하여 주변확률밀도함수를 구한 것처럼 결합적률생성함수로부터 주변적률생성함수를 구할 수 있다.

정리 2.27 확률변수 X, Y의 적률생성함수 $M_{X,Y}(t_1,t_2)$이 존재할 때 주변확률분포의 적률생성함수는 다음과 같다.

$$M_X(t_1) = M_{X,Y}(t_1,0),\ M_Y(t_2) = M_{X,Y}(0,t_2)$$

예제 2.47 [예제 2.47] 연속형 확률변수 X, Y에 대하여

$$f_{X,Y}(x,y) = e^{-y}, 0 < x < y < \infty$$

일 때 확률변수 X, Y의 적률생성함수를 구하라.

풀이 먼저 Y의 확률밀도함수를 구하여 적률생성함수를 구할 수 있다. 즉,

$$f_Y(y) = \int_0^y f_{X,Y}(x,y)dx = \int_0^y e^{-y}dx = ye^{-y},\ \ 0 < y < \infty$$

이다. 따라서

$$M_Y(t_2) = E(e^{t_2Y}) = \int_0^\infty e^{t_2y} ye^{-y}dy = \frac{1}{(1-t_2)^2},\quad t_2 < 1$$

이다. 마찬가지로 X의 주변확률밀도함수를 구하여 적률생성함수를 구할 수 있다.

그러나 [정리 2.27]을 이용하면 X, Y의 결합적률생성함수를 구하면 동시에 확률변수 X, Y의 적률생성함수를 구할 수 있다. 즉

$$M(t_1,t_2) = \int_0^\infty \int_x^\infty e^{t_1x+t_2y}e^{-y}dydx = \frac{1}{(1-t_1-t_2)(1-t_2)}$$

단 $t_1+t_2<1$이고 $t_2<1$이다. 따라서

$$M_X(t_1)=M_{X,Y}(t_1,0)=\frac{1}{(1-t_1)},\ M_Y(t_2)=M_{X,Y}(0,t_2)=\frac{1}{(1-t_2)^2}$$

이다. ■

정리 2.28 확률변수 X, Y가 서로 독립일 필요충분조건은 다음과 같다.

$$M_{X,Y}(t_1,t_2)=M_{X,Y}(t_1,0)M_{X,Y}(0,t_2)=M_X(t_1)M_Y(t_2)$$

증명 확률변수 X, Y가 서로 독립이면

$$M_{X,Y}(t_1,t_2)=\int\int e^{t_1x+t_2y}f_{X,Y}(x,y)dxdy=\int\int e^{t_1x+t_2y}f_X(x)f_Y(y)dxdy$$

$$=\int e^{t_1x}f_X(x)dx\int e^{t_2y}f_Y(y)dy=M_X(t_1)M_Y(t_2)$$

이다. 역으로 위의 식에서 두 번째 등호가 성립하기 위해서는 모든 x, y 에 대하여 $f_{X,Y}(x,y)=f_X(x)f_Y(y)$이다. 따라서 X, Y는 서로 독립이다. ■

예제 2.48 [예제 2.47]의 결합확률밀도함수를 가지는 확률변수 X, Y는 서로 종속임을 보여라.

풀이 확률변수 X, Y의 적률생성함수는

$$M_{X,Y}(t_1,t_2)\neq M_X(t_1)M_Y(t_2)$$

이므로 확률변수 X, Y는 서로 독립이 아니다. ■

연습문제

1 확률변수 X는 주사위를 두 번 던졌을 때 두 주사위 눈의 합이라고 한다.

가. 확률변수 X의 확률분포표를 구하라.

나. $P(X<10)$을 구하라.

다. 확률변수 X의 기댓값과 이차적률을 구하라.

라. $Y=2X-1$의 확률분포표를 구하고 $E(Y)$를 구하라.

2 확률변수 X의 분포함수가 다음과 같다.

$$F_X(x)=\begin{cases}0, & x\le 0\\ \frac{x}{2}, & 0<x<1\\ \frac{x^2}{2}-x+1, & 1\le x<2\\ 1, & x\ge 2\end{cases}$$

가. X의 확률밀도함수를 구하라.

나. $P\left(\frac{1}{2}<X<\frac{3}{2}\right)$를 구하라.

다. X의 기댓값과 분산을 구하라.

라. $Y=2X+3$의 확률밀도함수를 구하고, $E(Y)$를 구하라.

3 이산형 확률변수 X의 적률생성함수가 다음과 같다.

$$M_X(t)=\frac{1}{4}+\frac{1}{2}e^t+\frac{1}{4}e^{-t}$$

가. X의 확률질량함수를 구하라.

나. $E(X^5)$을 구하라.

4 확률변수 X, Y의 결합확률밀도함수가 다음과 같다.

$$f_{X,Y}(x,y)=\frac{1}{5},\ \text{단 } (x,y)\text{는 } \{(1,1),(1,2),(2,1),(2,2),(3,1)\}$$

가. 주변확률질량함수 $f_X(x), f_Y(y)$를 구하라.

나. $P(X<2, Y\le 2), P(X<2)P(Y\le 2)$를 구하라.

다. 확률변수 X, Y는 서로 독립인가?

라. 공분산 $Cov(X,Y)$를 구하라.

마. 적률생성함수 $M_{X,Y}(t_1,t_2)$, $M_X(t_1), M_Y(t_2)$를 구하고 $M_{X,Y}(t_1,t_2)$와 $M_X(t_1)M_Y(t_2)$의 등호관계를 구하라.

바. 조건부 확률변수 $X|1$의 확률질량함수를 구하라.

사. $E(X|y)$를 y의 함수로 표현하라.

아. $E(E(X|Y))$를 구하여 $E(X)$와 비교하라.

자. $E(Var(X|Y))$를 구하여 $Var(X)$와 비교하라.

5 확률변수 X, Y의 결합확률밀도함수가 다음과 같다.

$$f_{X,Y}(x,y) = 1, \quad 0 < x < 1, 0 < y < 1$$

가. 주변확률밀도함수 $f_X(x)$, $f_Y(y)$를 구하라.

나. $P\left(\frac{1}{2} < X < 1, 0 < Y < \frac{1}{4}\right)$, $P\left(\frac{1}{2} < X < 1\right)P\left(0 < Y < \frac{1}{4}\right)$를 구하라.

다. 확률변수 X, Y는 서로 독립인가?

라. 공분산 $Cov(X, Y)$를 구하라.

마. 적률생성함수 $M_{X,Y}(t_1,t_2)$, $M_X(t_1), M_Y(t_2)$를 구하고 $M_{X,Y}(t_1,t_2)$와 $M_X(t_1)M_Y(t_2)$의 등호관계를 구하라.

바. 조건부 확률변수 $X|\frac{1}{2}$의 확률밀도함수를 구하라.

사. $E(X|y)$를 y의 함수로 표현하라.

아. $E(E(X|Y))$를 구하여 $E(X)$와 비교하라.

자. $E(Var(X|Y))$를 구하여 $Var(X)$와 비교하라.

6 X, Y의 결합확률밀도함수가 다음과 같다.

$$f_{X,Y}(x,y) = e^{-x-y}, \quad 0 < x < \infty, 0 < y < \infty$$

가. $P(X+Y < a)$를 구하라.

나. $U = X+Y$의 확률밀도함수를 구하라. 또한 $E(U^2)$을 구하라.

다. $M_U(t)$를 구하라.

라. 확률변수 X, Y는 서로 독립인가?

7 X의 확률밀도함수가 다음과 같다.

$$f_X(x) = 2x, 0 < x < 1$$

가. $Y = 2X+1$의 분포함수를 구하라.

나. $Y = X^2$의 확률밀도함수를 구하라. 또한 $E(Y)$를 구하라.

8 X의 기댓값이 1이고 분산이 3이다. 단, 확률밀도함수는 1에 대해 대칭이다.
$P(1 < X < 10) \neq \frac{1}{3}$ 임을 증명하라.

3장

이산형 확률변수

3.1 베르누이시행과 이항분포

3.2 기하분포

3.3 음이항분포

3.4 초기하분포

3.5 다항분포

3.6 포아송분포

확률변수는 함수로 정의되고 함수의 치역이 이산형일 때 그 확률변수를 이산형 확률변수라고 한다. 이산형 확률변수의 확률질량함수는 확률이 0이 아닌 점에서의 확률을 나타내며 모든 점에서의 확률을 모두 합하면 1이다. 이와 같은 특징을 가지는 확률변수의 구체적인 예를 이 장에서 다룬다.

3.1 베르누이시행과 이항분포

확률은 불확실한 사건에 대한 가능성을 나타내는 측도이다. 그렇다면 어떤 실험에서 항상 같은 결과가 나오는 현상에 대한 확률은 관심 대상이 아니다. 따라서 확률을 논하기 위해서는 최소한의 결과가 2개 이상이어야 한다. 즉 모든 결과들의 모임인 표본공간의 원소가 2개 이상이어야 한다. 확률이 의미가 있는 가장 간단한 실험 또는 조사의 표본공간의 원소의 개수는 2이다.

가장 간단한 실험의 예로 동전던지기가 있다. 동전을 던지는 시행의 특징은 시행의 결과가 동전의 앞면 또는 뒷면처럼 서로 배반적이고, 그 두 사건의 합사건이 표본공간이 된다는 것이다. 이를 명목적으로 어떤 시행의 결과가 '성공', '실패' 이고 성공률이 p인 시행을 베르누이시행(Bernoulli trial)이라고 한다. 이때 시행의 결과 중 '성공'은 1, '실패'를 0으로 대응하는 확률변수([그림 3.1]참조)를 베르누이 확률변수라고 한다. 따라서 확률변수 X는

$$P(X=1)=p, P(X=0)=1-p$$

의 확률분포를 가진다. 예를 들어 동전을 던져 앞면을 성공이라고 하면, 동전을 던져 앞면이 나올 때 1로 대응하고, 뒷면이 나왔을 때 0으로 대응하는 확률변수를 베르누이 확률변수라고 할 수 있다. $q=1-p$라고 하면 q는 실패율을 나타낸다.

정의 3.1 성공률이 p인 베르누이 확률변수의 확률질량함수는 다음과 같다.

$$P(X=x)=p^x(1-p)^{1-x}, x=0,1$$

베르누이 확률변수의 분포를 표로 나타내면 [표 3.1]과 같다. $X=1$의 사건은 '성공'을 의미하며, $X=0$의 사건은 '실패'를 의미한다.

[표 3.1] 베르누이 확률분포표

x_i	0	1	계
$f_X(x_i)$	$1-p$	p	1

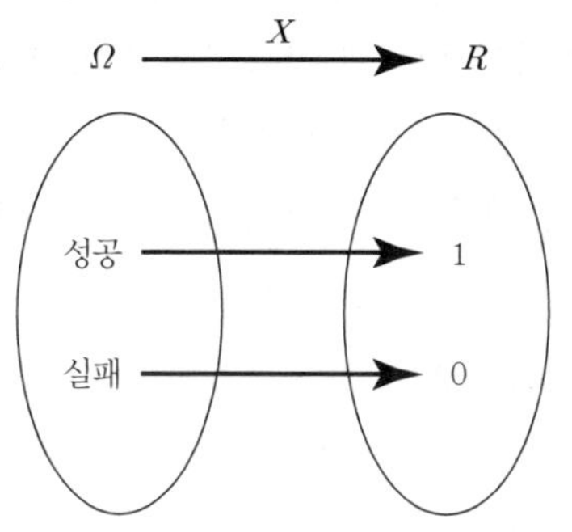

[그림 3.1] 베르누이 확률변수

성공률이 p인 베르누이 확률변수 X를 $X \sim Ber(p)$라 표기하며, 베르누이 확률변수의 기댓값, 분산과 적률생성함수는 다음과 같다.

정리 3.1 $X \sim Ber(p)$일 때 다음의 성질을 가진다.

$$E(X) = p,\ \ Var(X) = pq,\ \ M_X(t) = q + pe^t$$

증명 [표 3.1]로부터

$$E(X) = \sum_x xP(X=x) = 1 \cdot p + 0 \cdot (1-p) = p$$
$$E(X^2) = \sum_x x^2 P(X=x) = 1^2 \cdot p + 0^2 \cdot (1-p) = p,$$
$$Var(X) = E(X^2) - E^2(X) = p - p^2 = p(1-p),$$
$$M_X(t) = E(e^{tX}) = \sum_x e^{tx} P(X=x) = e^{t \cdot 1} \cdot p + e^{t \cdot 0} \cdot (1-p) = q + pe^t$$

이다. ■

[정리 3.1]에서 $\dfrac{dM_X(t)}{dt} = pe^t$이고, 이를 일반적으로 확장하여 미분도함수를 구하면 $\dfrac{d^m M_X(t)}{dt^m} = pe^t;\ m \ge 1$임을 알 수 있다. [정리 2.24]에 의해

$$E(X^m) = \left.\frac{d^m M_X(t)}{dt^m}\right|_{t=0} = pe^0 = p$$

이다.

동전을 10번 던져 앞면이 나온 횟수에 관심이 있다고 가정한다. 여기에서 관심 사항은 앞면이 나온 횟수의 확률변수 Y의 확률분포이다. 동전을 한 번 던져 앞면이 나온 횟수를 베르누이 확률변수 X_1이라고 하고 10번 던져 앞면이 나온 횟수는 X_1을 10번 더한 것과 같다. 따라서 i번째 던져 앞면이 나왔을 때 1, 뒷면이 나왔을 때 0이 되는 베르누이 확률변수를 X_i라고 하면 10번 던져 앞면이 나온 횟수의 확률변수는 $Y = X_1 + X_2 + \ldots + X_{10}$이다. 이를 일반화하면 성공률이 p인 베르누이 시행을 n번 독립적으로 반복 시행하였을 때 성공 횟수에 관한 분포를 이항분포(binomial distribution)라고 한다. 표기로는 $B(n,p)$를 사용한다.

정의 3.2 이항확률변수 $X \sim B(n,p)$의 확률질량함수는 다음과 같다.

$$P(X=x) = \binom{n}{x} p^x (1-p)^{n-x},\ x = 0, 1, \cdots, n,\ \ 0 < p < 1$$

[정의 3.2]에서 사건 $X = x$를 고려하면 n번 시행 가운데 x번 성공하고 $n-x$번 실패를 한 사건이다. 이러한 경우의 수는 $\binom{n}{x}$이고, 각각의 확률은 $p^x(1-p)^{n-x}$이므로 [정의 3.2]와 같은 확률질량함수를 가진다. [정의 3.2]에서 정의된 함수가 확률질량함수인 까닭은 $0 < p < 1$에서 $P(X=x) > 0$이고, 이항정리에 의해서

$$\sum_{x=0}^{n} \binom{n}{x} p^x (1-p)^{n-x} = (p + (1-p))^n = 1$$

이기 때문이다. 또한 $B(1,p)$는 $Ber(p)$임을 확인할 수 있다.

예제 3.1 [예제 3.1] 동전을 10번 던져 앞면이 5회 나올 확률을 구하라.

풀이 동전을 10번 던져 앞면이 나오는 횟수를 확률변수 X라고 하면 $X \sim B(10, 1/2)$이다. 따라서

$$P(X=5) = \binom{10}{5}\left(\frac{1}{2}\right)^5\left(1-\frac{1}{2}\right)^{10-5} = 0.25$$

이다. ■

이산형 확률변수 X가 정수 x에서만 0이 아닌 확률을 가진다면

$$P(X=x)=P(X \le x)-P(X \le x-1)$$

이다. 각 확률변수의 누적확률함수 $P(X \le x)$를 안다면 한 점에서의 확률 $P(X=x)$를 구할 수 있을 뿐만 아니라 구간의 확률

$$P(a<X \le b)=P(X \le b)-P(X \le a)$$

를 쉽게 구할 수 있다. 따라서 일반적으로 주어진 n, p에 대하여 누적확률분포표를 이용하여 이항확률변수의 확률을 계산할 수 있다. 부록 1에서 누적이항확률분포표를 수록하였다.

정리 3.2 $X \sim B(n,p)$일 때 다음의 성질을 가진다.

$$E(X)=np,\ Var(X)=np(1-p),\ M_X(t)=(q+pe^t)^n$$

증명 이항확률변수 $X \sim B(n,p)$의 적률생성함수는

$$M_X(t)=\sum_{x=0}^{n} e^{tx}\binom{n}{x}p^x(1-p)^{n-x}=\sum_{x=0}^{n}\binom{n}{x}(pe^t)^x(1-p)^{n-x}=(q+pe^t)^n$$

이다.

한편 적률생성함수의 일차도함수는

$$\frac{dM_X(t)}{dt}=n(q+pe^t)^{n-1}pe^t$$

이며, $t=0$에서 $\left.\frac{dM_X(t)}{dt}\right|_{t=0}=np$ 이다. 따라서

$$E(X)=np$$

이다.

적률생성함수 $M_X(t)$의 이차도함수는 일차도함수 $\frac{dM_X(t)}{dt}$를 t에 관하여 한 번 더 미분하여 구하면

$$\frac{d^2M_X(t)}{dt} = n(n-1)(q+pe^t)^{n-2}p^2e^{2t} + n(q+pe^t)^{n-1}pe^t$$

이다. 여기에서 $t=0$을 대입하면

$$E(X^2) = \left.\frac{d^2M_X(t)}{dt^2}\right|_{t=0} = n(n-1)p^2 + np$$

이다. 따라서 이항확률변수의 분산은

$$Var(X) = E(X^2) - E^2(X) = npq$$

이다. ▪

정리 3.3 $Y \sim B(n,p)$이고 서로 독립인 확률변수 $X_i \sim Ber(p),\ i=1,\cdots,n$일 때

$$Y = X_1 + X_2 + \cdots + X_n$$

이다.

증명 두 확률변수의 상등(相等)은 확률질량함수, 분포함수, 적률생성함수가 일치함을 보이면 충분하다. 여기에서는 적률생성함수를 이용하기로 한다. 서로 독립인 확률변수 X_i에 대하여

$$M_{X_1+\cdots+X_n}(t) = E(e^{t(X_1+X_2+\cdots+X_n)}) = E(e^{tX_1})E(e^{tX_2})\cdots E(e^{tX_n})$$

이다. 따라서 [정리 3.1]과 [정리 3.2]에 의해

$$M_{X_1+\cdots+X_n}(t) = (q+pe^t)^n = M_Y(t)$$

이다. 그러므로 $X_1+\cdots+X_n = Y$이다. ▪

[정리 3.3]에서 $Y \sim B(n,p)$의 기댓값을 베르누이분포의 기댓값으로부터

$$E(Y) = E(X_1) + \cdots + E(X_n) = p + \cdots + p = np$$

이고, [정리 3.3]과 [정리 2.18]에 의해 $Y \sim B(n,p)$의 분산은

$$Var(Y) = Var(X_1) + \cdots + Var(X_n) = npq$$

이다.

정리 3.4 약대수의 법칙(weak law of large number, WLLN)

$X \sim B(n,p)$일 때 $\frac{X}{n}$은 p의 근삿값이다.

$$\lim_{n \to \infty} P\left(\left|\frac{X}{n} - p\right| \geq \epsilon\right) = 0$$

증명 $X \sim B(n,p)$일 때 $\frac{X}{n}$은 성공률 p의 예측값으로 사용될 수 있다. 이를 수학적으로 표현하면 임의의 양수 ϵ에 대해 $P\left(\left|\frac{X}{n} - p\right| \geq \epsilon\right)$이 0으로 수렴함을 보이는 것이다. 2장의 체비세프 확률방정식을 이용하면

$$P\left(\left|\frac{X}{n} - p\right| \geq \epsilon\right) = P(|X - np| \geq n\epsilon) = P\left(|X - np| \geq \frac{\sqrt{n}\,\epsilon}{\sqrt{pq}}\sqrt{npq}\right)$$

에서 $k = \frac{\sqrt{n}\,\epsilon}{\sqrt{pq}}$라고 하면 $E(X) = np,\ sd(X) = \sqrt{npq}$이므로

$$P\left(\left|\frac{X}{n} - p\right| \geq \epsilon\right) \leq \frac{1}{k^2} = \frac{pq}{n\epsilon^2} \leq \frac{1}{4n\epsilon^2}$$

이다. 왜냐하면 $pq = p(1-p)$는 $p = \frac{1}{2}$에서 최대이기 때문이다. 따라서

$$0 \leq P\left(\left|\frac{X}{n} - p\right| \geq \epsilon\right) \leq \frac{1}{4n\epsilon^2}$$

로부터 $\epsilon > 0,\ 0 < p < 1$에서

$$\lim_{n \to \infty} P\left(\left|\frac{X}{n} - p\right| > \epsilon\right) = 0$$

이다. ■

[정리 3.4]를 $\lim_{n \to \infty} P\left(\left|\frac{X}{n} - p\right| \leq \epsilon\right) = 1$로 표현할 수 있으며 이는

$$P\left(\left|\frac{X}{n}-p\right|\le \epsilon\right)\ge 1-\frac{1}{k^2}=1-\frac{pq}{n\epsilon^2}\ge 1-\frac{1}{4n\epsilon^2}$$

성질에서 유도된다.

확률변수 $\frac{X}{n}$이 상수 p에 수렴한다는 것을 표현하는 방법은 여러 가지가 있다. 그 가운데 가장 약한 수렴의 성질이 확률이 0으로 접근한다는 확률적 수렴(convergence in probability)이다. 강대수의 법칙(strong law of large number, SLLN)은 $\frac{X}{n}$과 p의 차이가 확률이 0이 아닌 모든 점에서 0이다. 이를 $P\left(\lim_{n\to\infty}\frac{X}{n}=p\right)=0$으로 표현한다. 이를 적당한 조건하에서 이항분포뿐만 아니라 일반적인 확률변수로 확장하여 성립함을 보일 수 있다.

예제 3.2 대통령 선거에서 A후보와 B후보가 출마하였다. 여론조사를 위하여 무작위로 1,000명을 추출하여 후보선호도를 조사하였다. 조사결과 550명이 A후보를 지지하였다. A후보가 당선될 확신도는?

풀이 확률변수 X를 1,000명 중 A후보를 지지하는 사람의 수라고 하면 약대수의 법칙에 의해

$$P\left(\left|\frac{X}{1000}-p\right|<0.05\right)\ge 1-\frac{1}{4\cdot 1000\cdot 0.05}=0.995$$

에서 $x=550$이므로 $0.5<p<0.6$을 99.5% 이상 확신할 수 있다. ■

정리 3.5 서로 독립인 두 확률변수 $X\sim B(n_1,p)$, $Y\sim B(n_2,p)$일 때

$$X+Y\sim B(n_1+n_2,p)$$

이다.

증명 확률변수 $X+Y$의 적률생성함수는

$$M_{X+Y}(t)=M_X(t)M_Y(t)=(p+qe^t)^{n_1}(p+qe^t)^{n_2}=(p+qe^t)^{n_1+n_2}$$

이다. 이는 이항분포의 적률생성함수의 형태이다. [정리 3.2]에 의해

$$X+Y\sim B(n_1+n_2,p)$$

이다. ■

예제 3.3 100원짜리 동전 1개와 500원짜리 동전 1개를 동시에 5번 던져 앞면이 나온 횟수가 5일 확률을 구하라.

풀이 100원짜리 동전을 5번 던져 앞면이 나오는 횟수를 X라고 하고 500원짜리 동전을 5번 던져 앞면이 나오는 횟수를 Y라고 하면 2개의 동전을 던져 앞면이 나오는 횟수는 $X+Y$이다. $X \sim B(5, 0.5), Y \sim B(5, 0.5)$이므로 $X+Y \sim B(10, 0.5)$이다. 부록 1을 이용하면

$$P(X+Y=5) = P(X+Y \le 5) - P(X+Y \le 4) = 0.6230 - 0.3770 = 0.286$$

이다. ■

정리 3.6 서로 독립인 확률변수 $X_i \sim B(n_i, p)$ $i = 1, \cdots, k$에 대해

$$X_1 + X_2 + \cdots + X_k \sim B(n_1 + n_2 + \cdots + n_k, p)$$

이다.

증명 [정리 3.5]의 증명을 확장하면

$$M_{X_1 + \cdots X_k}(t) = M_{X_1}(t) \cdots M_{X_k}(t) = (p + qe^t)^{n_1 + \cdots + n_k}$$

이므로 $X_1 + \cdots + X_k \sim B(n_1 + \cdots + n_k, p)$이다. ■

3.2 기하분포

동전던지기에서 앞면이 나올 때까지 시도하는 횟수가 3인 확률은 얼마일까? 이를 기호를 사용하여 표현하면 확률변수 X를 앞면이 나올 때까지 시도한 횟수라고 하면 $P(X=3)$이다. 이제 '$X=3$'인 사건을 고려하면 동전이 1회째는 뒷면, 2회째는 뒷면, 3회째는 앞면이 나오는 상황이다. 즉, $P(X=3) = \frac{1}{2} \times \frac{1}{2} \times \frac{1}{2} = \frac{1}{8}$이다. 여기에서 첫 번째, 두 번째 $\frac{1}{2}$은 뒷면이 나오는 확률이고, 세 번째 $\frac{1}{2}$은 앞면이 나오는 확률이다. 이를 일반적으로 확장하면 성공률이 p인 시행을 독립적으

로 반복하여 처음으로 성공할 때까지 시도하는 횟수에 관한 확률변수를 기하분포(geometric distribution)라고 하고 $X \sim Geom(p)$로 표기하며 사건 $X=x$는 처음부터 $(x-1)$번째까지는 계속 실패하고, x번째가 되어서야 비로소 성공하는 사건으로

$$P(X=x)=(1-p)\times(1-p)\times\cdots\times(1-p)\times p$$

이다.

정의 3.3 기하분포 $X \sim Geom(p)$의 확률질량함수는 다음과 같다.

$$P(X=x)=pq^{x-1},\ x=1,2,\cdots\ ;\ 0<p<1$$

예제 3.4 두 개의 주사위를 던져 두 주사위 눈의 합이 10 이상이 나올 때까지 시도한 횟수가 3이상일 확률을 구하라.

풀이 시행의 표본공간은 $\Omega=\{(x,y)|x,y=1,2,\cdots,6\}$이다. 만약 사건 A를 두 개의 주사위를 던져 두 주사위 눈의 합이 10 이상이 나오는 사건이라고 하면

$$A=\{(4,6),(5,5),(5,6),(6,4),(6,5),(6,6)\}$$

이다. 주사위 실험은 등확률모형을 가정할 수 있으므로 $P(A)=\frac{6}{36}=\frac{1}{6}$이다. 구하고자 하는 시도 횟수의 확률변수 X는 성공률이 $\frac{1}{6}$인 시행을 반복하였을 경우이므로

$$P(X=x)=\left(\frac{5}{6}\right)^{x-1}\times\frac{1}{6}$$

$$P(X\ge 3)=1-P(X\le 2)=1-\left\{\left(\frac{5}{6}\right)^{1-1}\times\frac{1}{6}+\left(\frac{5}{6}\right)^{2-1}\times\frac{1}{6}\right\}=\frac{25}{216}$$

이다. ■

[정의 3.3]에서 정의된 함수는

$$\sum_{x=1}^{\infty}(1-p)^{x-1}p=p\sum_{x=1}^{\infty}(1-p)^{x-1}=p\times\frac{1}{1-(1-p)}=1$$

이기 때문에 확률질량함수이다. 기하분포를 처음 성공할 때까지 실패한 횟수로 정

의하기도 한다. 이 경우 확률변수는 $X-1$이다. 단, $X \sim Geom(p)$이다. 앞으로 특별한 설명이 없으면 $q=1-p$로 실패율을 나타낸다.

[정의 3.3]의 기하분포의 누적분포함수를 구하면

$$P(X \leq x) = \sum_{y=1}^{x} (pq^{y-1}) = p \cdot \frac{1-q^x}{1-q} = 1-q^x$$

이다. 따라서 다음과 같은 관계식이 성립한다.

$$P(X > x) = q^x$$

정리 3.7 기하분포 $X \sim Geom(p)$에 대해 다음과 같은 적률 성질을 가진다.

$$E(X) = \frac{1}{p}, \quad Var(X) = \frac{q}{p^2}, M_X(t) = \frac{pe^t}{1-qe^t}$$

증명 적률생성함수를 증명하면 기댓값과 분산은 쉽게 증명할 수 있다.

$$M_X(t) = \sum_{x=1}^{\infty} e^{tx} \cdot q^{x-1} p = \frac{p}{q} \sum_{x=1}^{\infty} (e^t q)^x = \frac{pe^t}{1-qe^t}$$

$$M_X{}'(t) = \frac{pe^t}{(1-qe^t)^2}, E(X) = M_X{}'(t)|_{t=0} = \frac{1}{p}$$

$$M_X{}''(t)|_{t=0} = \frac{1}{p} + 2\frac{q}{p^2} = E(X^2), Var(X) = E(X^2) - E^2(X) = \frac{q}{p^2}$$

단, $M_X(t)$가 존재하기 위해서는 $qe^t < 1$이어야 한다. ■

기하분포는 무기억성질(memoryless property)이 있다. 즉 이전에 일어났던 일을 기억하지 못한다. 예를 들어, 주사위가 1이 나올 때까지 시도한 횟수에 관한 확률을 계산할 때 10번 던져 1이 한 번도 나오지 않았다면 앞으로 10번 던져 1이 나오지 않을 확률은 이제까지의 기억, 즉 '10번 던져 1이 한 번도 나오지 않았다'는 사실을 기억하지 못하고 처음 시작한 것과 같다.

정리 3.8 기하분포 $X \sim Geom(p)$이면 임의의 자연수 i, j에 대해

$$P(X > i + j | X > i) = P(X > j)$$

이다.

(증명) $P(X > j) = \sum_{x=j+1}^{\infty} pq^{x-1} = q^j$이므로

$$P(X > i + j | X > i) = \frac{P(X > i + j)}{P(X > i)} = \frac{q^{i+j}}{q^i} = q^j = P(X > j)$$

이다. ■

예제 3.5 [예제 3.4]의 시행에서 두 주사위 눈의 합이 10 이상이 나올 때까지 3번 시도하였으나 두 눈의 합이 10 미만이었다. 눈의 합이 10 이상이 나올 때까지 6번 초과로 시도할 확률은?

풀이 주어진 문제는 확률변수 X를 두 눈의 합이 10 이상이 나올 때까지 주사위를 던진 횟수라고 하면 $P(X > 6 | X > 3)$를 구하는 문제이다. 3번 시도하여 두 눈의 합이 10 이상이 나오지 않았다는 정보는 기억되지 못한다는 기하분포의 성질 [정리 3.8]에 의해

$$P(X > 6 | X > 3) = P(X > 3) = (1 - \frac{1}{6})^4 = \frac{625}{1296}$$

이다. ■

3.3 음이항분포

기하분포는 첫 번째 성공까지의 시도 횟수이다. 이를 일반화하여 r번째 성공까지의 시도 횟수에 관한 분포를 음이항분포(negative binomial distribution)라고 하고 이를 $X \sim NB(r, p)$로 표기한다. 이 상황은 $x-1$번째까지 $r-1$번 성공하고 x번째 성공하는 상황이다. 따라서 전자의 상황을 확률로 표현하면 이항분포를 따르므로 $\binom{x-1}{r-1} p^{r-1} q^{x-r}$이고, 후자의 상황의 확률은 p이므로 음이항분포의 확률질량함수는 다음과 같이 정의한다.

정의 3.4 음이항분포 $X \sim NB(r,p)$의 확률질량함수는 다음과 같다.

$$P(X=x) = \binom{x-1}{r-1} p^r q^{x-r},\ x = r, r+1, \cdots\ ;\ 0 < p < 1$$

만약 $X \sim NB(r,p)$, $Y \sim B(n,p)$ 일 때 $\{X \le n\} = \{Y \ge r\}$이다. 직관적으로 전자는 r번의 성공하는데 n번 이하 시도하는 것이고, 후자는 n번의 시행 중 r번 이상 성공하는 것이기 때문이다.

정리 3.9 확률변수 $X_i \sim GEOM(p)$, $i = 1, \cdots, r$이고 서로 독립이면

$$X = X_1 + \cdots + X_r \sim NB(r,p)$$

이다.

증명 적률생성함수를 이용하여 [정리 3.6]의 증명을 따라서 수행하면 증명할 수 있다. ■

정리 3.10 확률변수 $X \sim NB(r,p)$일 때 다음의 성질을 가진다.

$$E(X) = \frac{r}{p},\ Var(X) = \frac{rq}{p^2},\ M_X(t) = \left(\frac{pe^t}{1-qe^t}\right)^r$$

증명 [정리 3.9]에 의해 $X_i \sim GEOM(p)$일 때, $X = X_1 + \cdots + X_r$의 적률생성함수는 $[M_{X_1}(t)]^r$에서 유도되며,

$$E(X) = E(X_1) + \cdots + E(X_r)$$

이고 서로 독립인 X_i에 대하여

$$Var(X) = Var(X_1) + \cdots + Var(X_r)$$

이다. ■

정리 3.11 확률변수 $X_i \sim NB(r_i, p); i = 1, \cdots, k$이면서 서로 독립이면

$$X = X_1 + \cdots + X_k \sim NB(r_1 + r_2 + \cdots + r_k, p)$$

이다.

예제 3.6 [예제 3.4]의 시행에서 두 주사위 눈의 합이 10 이상이 나올 때까지 3번 시도하였으나 두 눈의 합이 10 미만이었다. 눈의 합이 10 이상이 3번 나올 때까지 10번 초과로 시도할 확률은? 또한 주사위의 눈의 합이 10 이상이 3번 나올 때까지 기대되는 시도 횟수는?

풀이 확률변수 X를 두 주사위의 눈이 10 이상이 3번 나올 때가지 시도한 횟수라고 하면 $X \sim NB(3, \frac{1}{6})$이다. 문제에서 요구하는 확률은 $P(X > 10)$이다. 따라서 만약 $Y \sim B(9, \frac{1}{6})$이면 이항분포와 음이항분포의 관계에 의해

$$P(X > 10) = 1 - P(X \leq 9) = 1 - P(Y \geq 3) = P(Y \leq 2)$$

이다. 부록 1의 누적이항분포표에 의해서 $P(X > 10) = 0.822$이다. 한편 확률변수 X의 기댓값은 $E(X) = \frac{r}{p} = 18$이다. 즉, 두 주사위 눈의 합이 10 이상이 되는 사건이 3번 나올 때까지 시도한 횟수는 평균적으로 18이다. ■

3.4 초기하분포

1장에서 다루었던 항아리 확률 문제는 항아리안에 몇 개의 공이 들어 있고 그 가운데 하나의 공을 꺼내는 문제였다. 이처럼 한정된 집단에서 표본추출에서 어떤 특성을 가지는 개체를 비복원추출하였을 때 표본이 어떤 특성을 가지는 확률에 관한 확률변수가 초기하분포이다. 예를 들어 어떤 공장에서 생산되는 총 100개의 제품 가운데 불량품은 10개이다. 총 제품 중 3개의 표본을 추출한다고 할 때 표본 중 불량품의 개수에 관한 확률변수가 초기하분포이다.

정의 3.5 모집단의 크기가 M, 어떤 특성을 가지는 개체의 크기가 K, 표본크기가 n인 표본 중 어떤 특성을 가지는 개체의 수에 관한 분포를 초기하분포(hypergeometric distribution)라고 하고 $X \sim HYP(M, K, n)$로 표기한다.

확률변수 X의 확률질량함수는 다음과 같다.

$$P(X=x)=\frac{\binom{K}{x}\binom{M-K}{n-x}}{\binom{M}{n}},\ x=0,1,\cdots,r;r=min(n,K)$$

[정의 3.5]에서 정의된 초기하분포에서 모집단의 크기 M을 매우 크게 하고, $\frac{K}{M}=p$로 고정하면

$$\lim_{M\to\infty} P(X=x)=\binom{n}{x}p^x(1-p)^{n-x}$$

이다. 즉, 유한모집단의 비복원추출은 무한모집단의 복원추출로 수렴한다. 역으로 초기하분포는 이항분포의 유한모집단의 특성을 가진다.

정리 3.12 확률변수 $X\sim HYP(M,K,n)$이면

$$E(X)=np,\ Var(X)=np(1-p)\frac{M-n}{M-1}$$

이다. 단 $p=\frac{K}{M}$이다. 여기에서 $\frac{M-n}{M-1}$을 유한수정항(finite correction term)이라고 한다.

예제 3.7 초기하분포는 합격 샘플링(acceptance sampling) 분야에 많이 적용된다. 예를 들어 어떤 공장에서 100개의 제품이 생산되는데 10개의 불량품이 포함되어 있다. 조사원이 3개의 제품을 검사하여 불량품이 하나도 없다면 그 회사의 제품을 구매하려고 한다. 이 경우 이 회사의 제품을 구매할 확률은?

풀이 X를 3개중 불량품의 개수라고 하면 $X\sim HYP(100,10,3)$이므로

$$P(X=0)=\frac{\binom{90}{3}\binom{10}{0}}{\binom{100}{3}}=0.727$$

이다. 불량률 10%이고 모집단의 크기 100을 크게 확장한다면 불량품의 개수 Y는 이항분포 $B(3,\frac{1}{10})$을 따르며 불량품이 없을 확률은

$$P(Y=0)=\binom{3}{0}\left(\frac{1}{10}\right)^0\left(\frac{9}{10}\right)^3=\frac{729}{1000}$$

이다. 유한모집단을 무한모집단으로 확장하여도 확률의 차이는 크지 않다. ■

3.5 다항분포

3.1절에서 확률을 다루는 데 있어 가장 간단한 실험은 동전던지기라고 하였다. 동전던지기처럼 실험의 결과가 두 가지인 것을 확장하여 실험의 결과가 k가지인 경우를 고려하기로 한다. 예를 들어 주사위를 10번 던지는 실험에서 주사위의 눈 1이 2회, 2가 2회, 3이 3회, 4가 2회, 5가 1회, 6이 0회 나오는 확률은 얼마일까? 동전던지기는 결과가 2가지이고, 주사위던지기의 결과는 6가지이다.

정의 3.6 실험의 결과가 서로 배반인 k개이고, 각 범주에 속할 확률이 p_i이다 ($p_1+\cdots+p_k=1$). 이러한 실험을 독립적으로 n번 반복적으로 시행하였을 때 확률변수 X_i는 i의 결과가 나오는 횟수이면 확률변수 $X_1,\cdots,X_k$는 다항분포(multinomial distribution)를 따른다고 하며 다음과 같은 결합확률밀도함수를 가진다.

$$f(x_1,\cdots,x_k)=\frac{n!}{x_1!x_2!\cdots x_k!}p_1^{x_1}p_2^{x_2}\cdots p_k^{x_k};x_1+\cdots+x_k=n, p_1+\cdots+p_k=1$$

[정의 3.6]은 다항함수 $(p_1+\cdots+p_k)^n$을 전개하여 나오는 일반항이 다항분포의 결합확률밀도함수이기 때문에 다항분포라는 이름을 사용하게 되었다.

예제 3.8 주사위를 10번 던지는 실험에서 주사위의 눈 1이 2회, 2가 2회, 3이 3회, 4가 2회, 5가 1회, 6이 0회 나오는 확률은 얼마일까?

풀이 확률변수 X_i 를 주사위의 눈이 $i=1,2,\cdots,6$가 나오는 횟수라고 하면 주어진 문제의 확률은 다항분포를 따르게 되므로

$$P(X_1=2,X_2=2,X_3=3,X_4=2,X_5=1,X_6=0)$$
$$=\frac{10!}{2!2!3!2!1!0!}\left(\frac{1}{6}\right)^{10}=1.25\times10^{-3}$$

이다. ■

3.6 포아송분포

어떤 특정 시간 또는 공간에서 일어나는 사건의 횟수에 관한 분포를 고려하기로 한다. 예를 들어 1시간에 경부고속도로에서 발생하는 교통사고의 수를 확률변수 X라 할 때 확률변수 X가 취할 수 있는 값은 $0,1,2,\cdots$ 인 이산형 확률변수이다. 사건의 횟수는 다음과 같은 가정을 만족한다.

정의 3.7 어떤 실험이 포아송과정(Poisson process)이 되려면 다음의 네 가지 가정을 만족한다.

1. 겹치지 않은 구간 내에서 발생하는 사건의 횟수는 서로 독립이다.
2. 짧은 구간 내에 하나의 사건이 발생할 확률은 구간의 길이에 비례한다.
3. 짧은 구간 내에 두 개 이상의 사건이 발생할 확률은 무시할 수 있다.
4. 이상의 조건들은 관련된 전 구간 중 어떤 부분에서나 동일하게 성립한다.

사건의 발생이 포아송과정을 따를 때 사건의 횟수에 관한 확률은 다음과 같이 표현된다.

정의 3.8 사건의 발생이 포아송과정을 따를 때 사건 횟수의 확률변수 X의 확률질량함수는 다음과 같고 포아송분포(Poisson distribution) $X \sim Poisson(\lambda)$라고 표기한다.

$$P(X=x)=\frac{e^{-\lambda}\lambda^{x}}{x!}, x=0,1,2,\cdots$$

[정의 3.8]에서 정의된 함수가 확률질량함수인 이유는

$$e=\lim_{n\to\infty}\left(1+\frac{1}{n}\right)^{n}$$

의 항등식을 이용하면

$$e^{x}=\lim_{n\to\infty}\left(1+\frac{x}{n}\right)^{n}=1+x+\frac{x^{2}}{2!}+\frac{x^{3}}{3!}+\cdots$$

이고 $e^{\lambda}=\sum_{x=0}^{\infty}\frac{\lambda^{x}}{x!}$ 이므로 $\sum_{x=0}^{\infty}\frac{e^{-\lambda}\lambda^{x}}{x!}=1$ 이기 때문이다.

역사적으로 포아송(Simeon Denis Possion, 1781~1840)이 이항분포의 확률을 근사적으로 계산하기 위하여 제안되었다. 이항확률변수의 확률질량함수

$$f(x) = \frac{n!}{(n-x)!x!}p^x(1-p)^{n-x} = \frac{n(n-1)\cdots(n-x+1)}{x!}p^x(1-p)^{n-x}$$

에서 $p = \frac{\lambda}{n}$ 이라고 하면

$$f(x) = \frac{n(n-1)\cdots(n-x+1)}{nn\cdots n}\frac{\lambda^x}{x!}\left(1-\frac{\lambda}{n}\right)^{n-x}$$

이다. 여기에서

$$\lim_{n\to\infty}\frac{n(n-1)\cdots(n-x+1)}{nn\cdots n} = 1$$

이므로

$$\lim_{n\to\infty} f(x) = \frac{\lambda^x}{x!}\lim_{n\to\infty}\left(1-\frac{\lambda}{n}\right)^{n-x} = \frac{\lambda^x}{x!}e^{-\lambda}$$

이다. 이항확률에서 $np = \lambda$로 고정하고 $n\to\infty$ 이면 포아송확률로 가까워진다.

이항확률과 포아송확률의 근사정도를 살펴보기로 한다. [표 3.2]는 이항분포 $B(5,0.1)$과 $Poisson(0.5)$의 확률을 비교하였으며, [표 3.3]은 이항분포 $B(100, 0.01)$과 $Poisson(1)$을 비교한 결과이다. 표에서 n이 커질수록 이항확률과 포아송확률의 차이가 감소한다는 것을 알 수 있다. 일반적으로 $n \geq 20$, $p \leq 0.05$일 때 두 확률변수의 근사 정도가 우수한 것으로 알려져 있다.

[표 3.2] $B(5,0.1)$과 $Poisson(0.5)$의 확률 비교

x	$B(5,0.1)$	$Poisson(0.5)$	차이
0	0.590	0.607	0.016
1	0.328	0.303	0.025
2	0.073	0.076	0.003
3	0.008	0.013	0.005
4	0.000	0.002	0.001
5	0.000	0.000	0.000

[표 3.3] $B(100,0.01)$과 $Poisson(1)$의 확률 비교

x	$B(100,0.01)$	$Poisson(1)$	차이
0	0.366	0.368	0.002
1	0.370	0.368	0.002
2	0.184	0.184	0.001
3	0.061	0.061	0.000
4	0.015	0.015	0.000
5	0.003	0.003	0.000
6 이상	0.000	0.001	0.000

예제 3.9 어떤 도시의 전체 인구수는 30만명이고, 85세 이상의 인구는 2,400명이다. 이 도시에서 100명을 랜덤추출하였을 때 100명 중 85세 이상인 사람이 2명 이하일 확률을 구하라.

풀이 유한모집단의 추출문제이므로 85세 이상의 사람 수 X는 초기하분포를 따른다. 따라서 구하고자 하는 확률은

$$P(X \le 2) = \sum_{x=0}^{2} \frac{\binom{2,400}{x}\binom{297,600}{100-x}}{\binom{300,000}{100}}$$

이다. 숫자가 너무 커서 계산이 매우 복잡하므로 이항분포를 이용하면 성공률은 $\frac{2,400}{300,000} = 0.008$이므로

$$P(X \le 2) \approx \sum_{x=0}^{2} \binom{100}{x} 0.008^x 0.992^{100-x} = 0.953$$

이다. 포아송분포를 이용하면 $\lambda = 100 \times 0.008 = 0.8$

$$P(X \le 2) \approx \sum_{x=0}^{2} \frac{e^{-0.8} 0.8^x}{x!} = 0.953$$

이다. 이항분포의 포아송분포 근사가 매우 정확함을 나타내고 있다. ■

부록 2에서는 포아송분포의 누적분포확률을 수록하였다. 이항분포와 마찬가지로 누적분포확률을 이용하여 확률질량함수를 쉽게 구할 수 있다.

정리 3.13 $X \sim Poisson(\lambda)$이면

$$E(X) = \lambda,\ Var(X) = \lambda,\ M_X(t) = e^{\lambda(e^t - 1)}$$

이다. 모수 λ는 X의 평균발생횟수이다.

증명 $M_X(t) = \sum_{x=0}^{\infty} e^{tx} \frac{\lambda^x e^{-\lambda}}{x!} = e^{-\lambda} \sum_{x=0}^{\infty} \frac{(\lambda e^t)^x}{x!} = e^{-\lambda} e^{\lambda e^t}$에서

$$M_X'(t) = \lambda e^{-\lambda} e^t e^{\lambda e^t},\ M_X'(0) = \lambda$$

$$M_X''(t) = \lambda e^{-\lambda} e^t e^{\lambda e^t}(\lambda e^t + 1),\ M_X''(0) = \lambda(\lambda + 1)$$

이다. 따라서

$$E(X) = M_X'(0) = \lambda,\ Var(X) = M_X''(0) - E^2(X) = \lambda$$

이다. ■

예제 3.10 어느 국도에서 하루 동안 발생하는 교통사고의 수가 평균적으로 1.2건이다. 이 국도에서 5일 동안 발생하는 교통사고의 수가 8건 이하일 확률을 구하라. 또한 교통사고 횟수의 분산을 구하라.

풀이 교통사고가 하루 동안 평균적으로 1.2건 발생하므로 5일 동안은 교통사고가 평균적으로 $1.2 \times 5 = 6$건 발생한다. 따라서 5일 동안 발생하는 교통사고의 수를 확률변수 X라고 하면 $X \sim Poisson(6)$이고, 구하고자 하는 확률은 $P(X \leq 8)$이므로 부록 2로부터 $P(X \leq 8) = 0.847$이다. 또한 $Var(X) = \lambda = 6$이다. ■

연습문제

1 항아리 안에 흰 공이 3개, 파란 공이 5개 들어 있다. 2개의 공을 비복원추출할 때 흰 공의 개수를 확률변수 X 라고 하고, 복원추출할 때 흰 공의 개수를 확률변수 Y라고 한다.

가. X, Y의 확률분포표를 구하라.

나. $E(X), E(Y), Var(X), Var(Y)$를 구하라.

다. 확률변수 X, Y 의 차이에 대하여 설명하라.

2 확률변수 $X \sim B(100, \frac{1}{2})$일 때 $P\left(\left|\frac{X}{100} - \frac{1}{2}\right| < \frac{1}{10}\right)$의 하한을 구하라.

3 확률변수 X의 적률생성함수가 $(0.8 + 0.2e^t)^{10}$일 때 $P(X < 5)$을 구하라. 또한 $E(X), Var(X)$를 구하라.

4 확률변수 $X \sim B(1000, 0.01)$일 때 $P(X \le 10)$을 구하라.

5 $X \sim B(n, p)$일 때 $Y = n - X$의 분포를 구하라.

6 주머니에 흰 공이 3개, 파란 공이 5개 들어 있다. 흰 공이 나올 때까지 꺼낸 공을 다시 넣는 실험을 계속한다.

가. 실험횟수가 최소한 3회 이상일 확률을 구하라.

나. 흰 공이 나올 확률이 $\frac{2}{3}$보다 크기 위하여 필요한 최소의 실험횟수는?

7 확률변수 $X \sim Poisson(\lambda)$일 때 $E(X+1)^2$을 구하라.

8 어느 기계가 한 시간 동안 고장없이 작동할 확률은 0.99이다. 이 기계가 3시간 이상 고장없이 사용할 수 있는 확률을 구하라.

9 확률변수 $X \sim Poisson(\lambda)$일 때 $3P(X=1) = P(X=2)$이면 $P(X=4)$의 확률을 구하라.

4장

연속형 확률변수

확률변수는 함수로 정의되고 함수의 치역이 실수상에서 구간형태일 때의 확률변수를 연속형 확률변수라고 한다. 연속형 확률변수의 확률밀도함수는 어떤 구간에서 확률변수가 존재하게 되는 확률을 구하기 위한 함수이다. 또한 연속형 확률변수는 이산적인 점에서의 확률은 0이다. 이와 같은 특징을 가지는 확률변수의 구체적인 예를 이 장에서 다룬다.

4.1 균등분포

어떤 대학생이 아침 8시에서 9시 사이의 시각에 랜덤하게 등교한다고 한다. 이 학생이 정확히 8시 30분에 도착할 확률은 0이라고 할 수 있다. 그것은 0부터 60 사이의 수직선에서 임의로 점을 찍었을 때 정확히 30에 찍히는 것과 동등하다. 우리가 관심이 있는 것은 이 학생이 8시에서 8시 30분 사이에 등교할 확률은 얼마일까 하는 것이다. 시간과 같이 연속형 확률변수는 한 점에서 확률은 0이고 어떤 구간에서의 확률이 의미가 있다.

이러한 특징을 가지는 연속형 확률변수 가운데 가장 간단한 확률밀도함수는 상수함수이다. 어떤 구간 $[a,b]$에서 확률밀도함수가 일정한 상수 c를 가지는 확률변수 X를 균등분포(uniform distribution)를 따른다고 하고, $X \sim U(a,b)$로 표기한다. 확률밀도함수

$$f_X(x) = c, a < x < b$$

이고, 확률밀도함수는 $\int_{-\infty}^{\infty} f_X(x)dx = 1$이어야 하므로 직사각형의 면적을 고려하면 높이 $c = \dfrac{1}{b-a}$이다. 따라서 다음과 같은 결과를 얻는다.

정의 4.1 균등분포 $U(a,b)$의 확률밀도함수는 다음과 같다.

$$f_X(x) = \frac{1}{b-a}, a \le x \le b$$

2장에서 기술한 바와 같이 어떤 구간의 확률계산을 쉽게 구하는 함수는 누적분포함수(cdf)이다. 균등분포의 누적분포함수를 구하면 다음과 같다.

$$F_X(x) = \begin{cases} 0, & x < a, \\ \dfrac{x-a}{b-a}, & a \le x < b, \\ 1, & x \ge b. \end{cases}$$

분포함수를 미분함으로써 [정의 4.1]의 확률밀도함수를 구할 수 있다. 이를 그림으로 나타내면 [그림 4.1]과 같다.

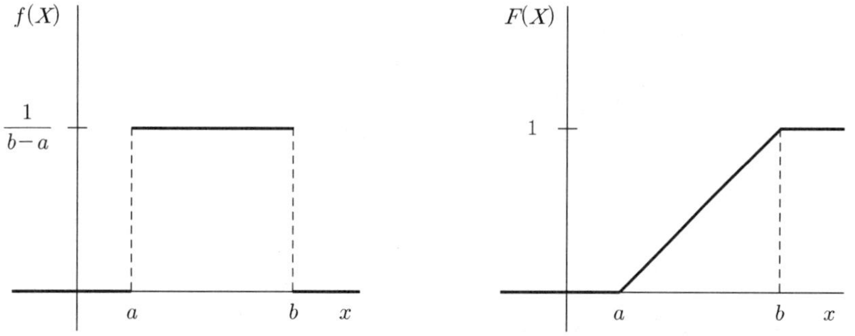

[그림 4.1] 균등분포의 확률밀도함수와 분포함수

정리 4.1 $X \sim U(a,b)$일 때 다음의 성질을 가진다.

$$E(X) = \frac{a+b}{2},\ \ Var(X) = \frac{1}{12}(b-a)^2,\ \ M_X(t) = \begin{cases} \dfrac{e^{tb}-e^{ta}}{t(b-a)}, & t \neq 0 \\ 1, & t = 0 \end{cases}.$$

증명 만약 $t \neq 0$이면

$$M_X(t) = E(e^{tX}) = \int_a^b e^{tx}\frac{1}{b-a}dx = \left[\frac{e^{tx}}{t(b-a)}\right]_a^b = \frac{e^{tb}-e^{ta}}{t(b-a)}$$

이고, $t=0$에서 함수값은 $M_X(0) = E(1) = 1$이다. $M_X(t)$를 t에 관하여 미분하면 $E(X), E(X^2)$을 구할 수 있으나 적률생성함수가 복잡하므로 직접 적분하여 구하면 다음과 같다.

$$E(X) = \int_a^b x\frac{1}{b-a}dx = \frac{a+b}{2},$$

$$E(X^2) = \int_a^b x^2\frac{1}{b-a}dx = \frac{b^2+ab+a^2}{3}$$

에서

$$Var(X) = E(X^2) - E^2(X) = \frac{1}{12}(b-a)^2$$

이다. ■

예제 4.1 어떤 학생이 8시에서 9시 사이에 균등하게 등교한다고 할 때 이 학생이 8시 10분에서 8시 20분 사이에 학교에 도착할 확률은? 또한 이 학생이 평균적으로 도착하는 시각은 8시 몇 분인가?

풀이 이 학생이 도착하는 시각을 8시 x분이라 할 때 확률변수 X가 취할 수 있는 범위는 $0 \le x \le 60$이므로 확률밀도함수는

$$f_X(x) = \frac{1}{60},\ 0 \le x \le 60$$

이고 구하고자 하는 확률은

$$P(10 < X < 20) = \int_{10}^{20} \frac{1}{60} dx = \frac{20-10}{60} = \frac{1}{6}$$

이다. 또한 이 학생이 평균적으로 학교에 도착하는 시각은 $\frac{0+60}{2} = 30$이므로 8시 30분에 평균적으로 도착한다. ■

균등분포는 난수(random number)를 생성하는 데 유용하다. 어떤 확률변수를 따르는 난수를 생성하려고 할 때 그 확률변수의 분포함수를 알려져 있다면 균등분포를 통하여 난수를 생성할 수 있다.

정리 4.2 확률적분변환(probability integral transformation) 연속확률변수 X의 분포함수가 $F(x)$일 때 $F(X) \sim U(0,1)$이고 $F^{-1}(U)$는 확률변수 X를 따른다.

증명 만약 $Y = F(X)$라고 하면

$$P(Y \le y) = P(F(X) < y) = P(X < F^{-1}(y)) = FF^{-1}(y) = y, 0 \le y \le 1$$

이고 [정의 4.1]의 분포함수와 일치하기 때문에 $Y \sim U(0,1)$이다. 또한 확률변수

$F^{-1}(U)$의 분포함수를 구하면

$$P(F^{-1}(U) \le x) = P(U \le F(x)) = F(x)$$

이므로 $F^{-1}(U)$는 분포함수 $F(x)$를 가지므로 $F^{-1}(U) \sim X$이다. ■

예제 4.2 확률변수 X의 분포함수가 $F(x) = 1 - e^{-2x}, x > 0$이라 할 때 확률변수 X의 난수 200개를 생성하는 방법을 설명하라.

풀이 확률변수 X를 따르는 난수를 다음 단계를 따라 생성할 수 있다.

① $[0,1]$에서 하나의 난수를 생성하여 이 값을 u라고 한다.

② $F^{-1}(u) = -\frac{1}{2} ln(1-u)$의 값이 확률변수 X를 따른다.

위의 두 단계를 200번 반복 시행한다. ■

[예제 4.2]를 그림으로 표현하면 다음과 같다.

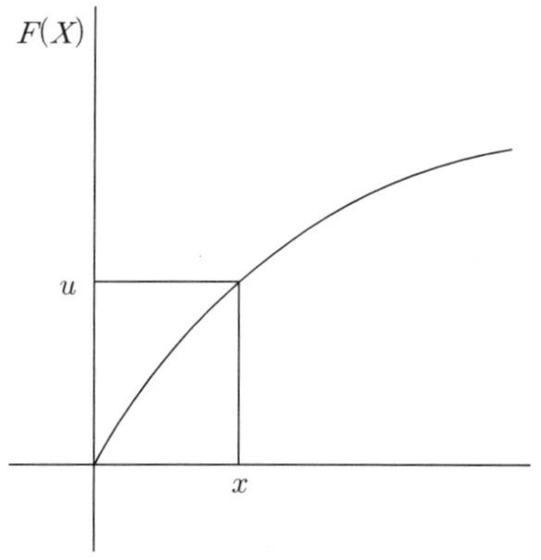

[그림 4.2] 확률적분변환

4.2 정규분포

정규분포는 통계학에서 가장 많이 다루고 있는 분포이다. 예를 들어 일반적으로 공장에서는 제품을 생산할 때 어떤 규격을 정하여 생산한다. 그러나 공정상 정확하게 규격 제품을 생산하기는 어렵다. 약간의 오차가 발생하는데 그 오차가 목표값 근처에 많이 분포되어 있고 목표값에서 멀리 떨어질수록 적게 분포되는 것이 일반적이다. 이와 같이 실생활에서 대부분의 자료들이 어떤 특정값 근처에 많이 분포되고 특정값에서 멀어질수록 적게 분포되는 대칭구조를 가진다.

중심이 되는 특정값을 μ라고 하고 특정값 근처에 집중되는 정도를 σ라 표현하며 확률변수가 정규분포(normal distribution)를 따른다고 하고 $N(\mu,\sigma^2)$으로 표기한다.

정의 4.2 정규분포 $X \sim N(\mu,\sigma^2)$의 확률밀도함수는 다음과 같다.

$$f(x) = \frac{1}{\sqrt{2\pi}\,\sigma} exp\left[-\frac{(x-\mu)^2}{2\sigma^2}\right], -\infty < x,\mu < \infty, 0 < \sigma < \infty$$

정규분포의 확률밀도함수의 적분이 1이 되는 것은 극좌표를 이용한 적분을 수행하면 된다. [그림 4.3]은 $N(1,1^2)$, $N(2,1^2)$, $N(1,2^2)$을 그린 것이다. 모수 μ는 중심이 되는 특정값이고, 모수 σ는 집중도를 나타내는 것으로 $N(1,1^2)$과 $N(2,1^2)$은 분포의 모양은 변하지 않고 중심값만 평행이동하였다. 또한 $N(1,1^2)$과 $N(1,2^2)$은 중심값은 변하지 않고 집중도에 따라 모양이 변하였다. 모수 σ가 클수록 분포가 중심점에서 넓게 분포되어 있음을 알 수 있다. 여기에서 모수(母數, parameter)는 모집단의 특성치 또는 확률밀도함수의 특정한 성질을 나타내는 변수로 μ와 같은 이동모수(shift parameter), σ와 같은 형태모수(shape parameter) 등이 있다.

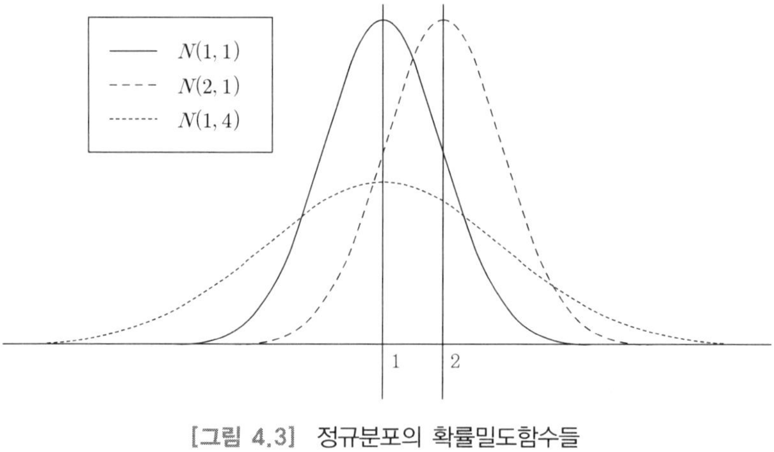

[그림 4.3] 정규분포의 확률밀도함수들

정규분포의 확률밀도함수가 μ에 관하여 대칭이므로 $X \sim N(\mu,\sigma^2)$의 기댓값은 μ이다. 왜냐하면 기댓값은 무게중심이라 할 수 있는데, μ에 관하여 대칭이므로 μ가 무게중심이기 때문이다. 또한 $Var(X) = \sigma^2$을 얻을 수 있는데 이는 적률생성함수를 구하여 증명할 수 있다.

정리 4.3 정규분포의 확률변수 $X \sim N(\mu,\sigma^2)$에 대해 다음과 같은 적률 성질을 가진다.

$$E(X) = \mu,\ Var(X) = \sigma^2,\ M_X(t) = e^{\mu t + \sigma^2 t^2/2}$$

증명 $M(t) = E(e^{tX}) = e^{\mu t} E(e^{t(X-\mu)})$

$$= e^{\mu t} \int_{-\infty}^{\infty} e^{t(x-\mu)} \frac{1}{\sqrt{2\pi}\,\sigma} e^{-(1/2\sigma^2)(x-\mu)^2} dx$$

$$= e^{\mu t} \frac{1}{\sqrt{2\pi}\,\sigma} \int_{-\infty}^{\infty} e^{-(1/2\sigma^2)[(x-\mu)^2 - 2\sigma^2 t(x-\mu)]} dx$$

에서 대괄호 안의 항들은

$$(x-\mu)^2 - 2\sigma^2 t(x-\mu) = (x-\mu-\sigma^2 t)^2 - \sigma^4 t^2$$

이므로

$$M(t) = e^{\mu t} e^{\sigma^2 t^2/2} \frac{1}{\sqrt{2\pi}\,\sigma} \int_{-\infty}^{\infty} e^{-(1/2\sigma^2)(x-\mu-\sigma^2 t)^2} dx = e^{\mu t + \sigma^2 t^2/2}$$

이다. 적분은 $N(\mu+\sigma^2 t, \sigma^2)$의 확률밀도함수이므로 1이 된다. 또한

$$M'(t) = e^{\mu t + \sigma^2 t^2/2}(\mu + \sigma^2 t) = M(t)(\mu + \sigma^2 t)$$

$$M''(t) = M'(t)(\mu+\sigma^2 t) + M(t)\sigma^2 = M(t)(\mu^2 + \sigma^2 + 2\mu\sigma^2 t + \sigma^4 t^2)$$

이므로

$$E(X) = M'(0) = \mu, E(X^2) = M''(0) = \mu^2 + \sigma^2$$

에서

$$E(X) = \mu,\ Var(X) = E(X^2) - E^2(X) = (\mu + \sigma^2) - \mu^2 = \sigma^2$$

이다. ■

정리 4.4 $X \sim N(\mu,\sigma^2)$일 때 $Y = aX + b \sim N(a\mu + b, a^2\sigma^2)$이다.

증명 확률변수 Y의 적률생성함수를 구하여 증명하기로 한다.

$$M_Y(t) = E(e^{tY}) = E(e^{t(aX+b)}) = e^{tb}E(e^{taX}) = e^{tb}e^{\mu \cdot at + \sigma^2(ta)^2/2}$$

$$= e^{(a\mu+b)t + (a\sigma)^2t^2/2}$$

에서 [정리 4.3]의 정규분포의 적률생성함수와 같은 형태이므로 확률변수 Y는 정규분포를 따른다. 그런데 모수 μ 대신에 $a\mu+b$로, 모수 σ^2 대신에 $(a\sigma)^2$으로 변하였으므로 $Y \sim N(a\mu+b, a^2\sigma^2)$이다. 이 정리가 의미하는 것은 정규분포의 일차변환 역시 정규분포가 된다는 것이다. ■

정리 4.5 $X \sim N(\mu, \sigma^2)$일 때 $Z = \dfrac{X-\mu}{\sigma} \sim N(0,1)$이다.

증명 [정리 4.4]에 의해 Z는 정규분포 X의 일차변환이므로 정규분포를 따른다. 이제 확률변수 Z의 기댓값과 분산을 구하면 다음과 같다.

$$E(Z) = \frac{1}{\sigma}(E(X)-\mu) = 0,\ Var(Z) = \frac{1}{\sigma^2}Var(X) = 1$$

따라서 $Z \sim N(0,1)$이다. ■

[정리 4.5]에서 정규확률변수 Z를 표준정규분포(standard normal distribution)를 따른다고 한다. 표준정규분포의 확률밀도함수를

$$\phi(x) = \frac{1}{\sqrt{2\pi}}e^{-x^2/2}$$

로 표기하고 누적분포함수를

$$\Phi(x) = \int_{-\infty}^{x}\phi(t)dt = \int_{-\infty}^{x}\frac{1}{\sqrt{2\pi}}e^{-t^2/2}dt$$

로 표기한다. 함수 $\Phi(x)$는 $\Phi(0) = 0.5, \Phi(-x) = 1-\Phi(x)$의 성질을 가진다. 표준정규분포의 주요 구간에 대한 확률은 다음과 같다.

$$P(\mu-\sigma < X < \mu+\sigma) = P(-1 < Z < 1) = 0.683$$

$$P(\mu-2\sigma < X < \mu+2\sigma) = P(-2 < Z < 2) = 0.954$$

$$P(\mu-3\sigma < X < \mu+3\sigma) = P(-3 < Z < 3) = 0.997$$

또한 표준정규분포의 적률생성함수는 [정리 4.3]에 의해 $M_Z(t) = e^{t^2/2}$이다.

표준정규분포는 정규분포의 확률을 계산하는 데 매우 유용하다. 예를 들어 $X \sim N(3, 2^2)$에서

$$P(1 < X < 2) = \int_1^2 \frac{1}{\sqrt{2\pi}\,2} e^{-1/(2 \cdot 2^2)(x-3)^2} dx$$

이므로 $P(1 < X < 2)$를 계산하기는 쉬운 일이 아니다. 더구나 정규분포의 모수 μ, σ는 항상 일정하지 않다. 그런데 [정리 4.5]를 이용하면

$$P(1 < X < 2) = P\left(\frac{1-3}{2} < \frac{X-3}{2} < \frac{2-3}{2}\right) = P(-1 < Z < -0.5)$$

이므로 표준정규분포에 대한 적분값을 표로 작성한다면 어떠한 정규분포의 확률도 표준정규분포표를 이용하여 매번 적분을 하지 않고 구할 수 있다. 즉,

$$P(1 < X < 2) = P(Z < -0.5) - P(Z < -1) = \Phi(-0.5) - \Phi(-1)$$
$$= (1 - \Phi(0.5)) - (1 - \Phi(1)) = \Phi(1) - \Phi(0.5) = 0.8431 - 0.6915 = 0.1516$$

이다. 이를 정리로 표현하면 [정리 4.6]이다.

정리 4.6 정규분포 $X \sim N(\mu, \sigma^2)$일 때 다음을 만족한다.

$$P(a < X < b) = \Phi\left(\frac{b-\mu}{\sigma}\right) - \Phi\left(\frac{a-\mu}{\sigma}\right)$$

예제 4.3 확률변수 $X \sim N(5, 9)$일 때 X가 0과 8 사이에 있을 확률을 구하라. 또한 평균으로부터 대칭인 구간 가운데 확률이 0.9가 되는 구간을 구하라.

풀이 구하고자 하는 확률은 $P(0 < X < 8)$이고 누적표준정규분포표를 이용하려면 [정리 4.6]으로부터 표준정규화를 통하여

$$P(0 < X < 8) = \Phi\left(\frac{8-5}{3}\right) - \Phi\left(\frac{0-5}{3}\right) = \Phi(1) - \Phi(-1.67)$$

$$= 0.841 - 0.047 = 0.794$$

을 얻는다.

한편 두 번째 문제는 $P(|X-5| < c) = 0.9$를 만족하는 c를 구하는 문제이다. 즉

$$0.9 = P(|X-5| < c) = P\left(-\frac{c}{3} < \frac{X-5}{3} < \frac{c}{3}\right) = \Phi\left(\frac{c}{3}\right) - \Phi\left(-\frac{c}{3}\right) = 2\Phi\left(\frac{c}{3}\right) - 1$$

이므로 $\Phi(\frac{c}{3}) = 0.95$에서 부록 3으로부터 $\frac{c}{3} = 1.645$이다. 따라서 $c = 4.935$이고 $0.9 = P(0.065 < X < 0.935)$이다. ■

4.3 지수분포

3장에서 이산형 확률변수인 포아송 확률변수는 어떤 사건이 발생하는 횟수에 관한 분포인데 이를 시간측면에서 고찰하면 연속형 확률변수이다. 포아송확률변수 $X \sim Poisson(\lambda)$이라면 사건 A가 발생한 후 다음 발생까지의 소요시간을 확률변수 T라고 한다. 확률변수 T의 분포함수 $F_T(t) = P(T \le t)$는 사건이 A가 시간 t 이후에 발생한 확률이다. 바꾸어 말하면 사건 '$T \le t$'는 사건이 (t, ∞)에서 발생하는 사건이다. 이 사건은 구간 $[0, t]$에서 사건이 한 번도 발생하지 않았다는 사건의 여사건이다. 즉

$$F_T(t) = 1 - P(X=0) = 1 - e^{-\lambda t}$$

이다. 따라서 확률밀도함수는 분포함수를 미분하여

$$f_T(t) = \lambda e^{-\lambda t}, t > 0$$

이다. $X \sim EXP(\lambda)$로 표기하고 지수분포(exponential distribution)라고 한다.

정의 4.3 지수분포 $X \sim EXP(\lambda)$일 때 확률밀도함수 $f(x)$와 분포함수 $F(x)$를 다음과 같이 정의한다.

$$f(x) = \lambda e^{-\lambda x},\ \ x > 0,\ \ \lambda > 0$$
$$F(x) = 1 - e^{-\lambda x}$$

예제 4.4 어느 가게에 시간당 평균 12명이 방문하는데 방문횟수가 포아송과정을 따른다고 가정하면 이 가게에 5분 동안 한 사람도 오지 않을 확률을 구하라.

풀이 한 시간에 평균 12명이 방문하므로 5분에 한 명꼴로 방문한다. 확률변수 X를 다음 손님이 올 때까지 소요시간이라고 하면 $P(X > 5)$를 구하여야 한다. 그런

데 1분당 고객의 평균방문횟수는 $\frac{12}{60} = 0.2$이므로 단, $X \sim EXP(0.2)$이므로

$$P(X > 5) = 1 - P(X < 5) = 1 - (1 - e^{-0.2 \cdot 5}) = e^{-1} = 0.368$$

이다. ■

정리 4.7 지수분포 $X \sim EXP(\lambda)$일 때 다음 성질을 가진다.

$$E(X) = \frac{1}{\lambda},\ Var(X) = \frac{1}{\lambda^2},\ M_X(t) = \frac{\lambda}{\lambda - t}\ (\text{단, } t < \lambda)$$

증명 지수분포의 적률생성함수는

$$M(t) = \int_0^\infty e^{tx} \lambda e^{-\lambda x} dx = \int_0^\infty \lambda e^{(t-\lambda)x} dx = \frac{\lambda}{\lambda - t},\ \text{단 } t < \lambda$$

이다. 적률생성함수의 일차도함수와 이차도함수를 구하면

$$M'(t) = \frac{1/\lambda}{(1 - t/\lambda)^2},\ M''(t) = \frac{2/\lambda^2}{(1 - t/\lambda)^3}$$

이고, $E(X) = M'(t)|_{t=0}$, $E(X^2) = M''(t)|_{t=0}$으로부터

$$E(X) = \frac{1}{\lambda},\ E(X^2) = \frac{2}{\lambda^2},\ Var(X) = \frac{1}{\lambda^2}$$

이다. ■

[정리 4.7]은 사건의 평균발생횟수가 λ이면 첫 번째 사건이 일어날 때까지 평균 소요시간은 $\frac{1}{\lambda}$임을 의미한다.

[정리 3.8]에서 기하분포의 무기억성질과 마찬가지로 지수분포도 어떤 시간 이전에 사건이 발생한 것이 다음 사건의 발생 소요시간까지 영향을 미치지 못하는 무기억성질을 가진다. 이러한 성질은 사건이 일단 발생하면 처음 사건이 발생하기 전의 상태로 되돌아가서 사건이 발생하는 확률이 처음 상태와 같아지기 때문이다.

정리 4.8 지수분포 $X \sim EXP(\lambda)$일 때 무기억성질을 가진다.

$$P(X > x + t | X > x) = P(X > t),\ \text{단}\ x,\ t > 0$$

(증명) 지수분포 $X \sim EXP(\lambda)$일 때 $P(X > x) = e^{-\lambda x}$이므로

$$P(X > x + t | X > x) = \frac{P(X > x + t)}{P(X > x)} = \frac{e^{-\lambda(x+t)}}{e^{-\lambda x}} = e^{-\lambda t} = P(X > t)$$

이다. ■

4.4 감마분포

어떤 사건이 처음 발생할 때까지 시도 횟수에 관한 확률분포는 기하분포이고 이를 확장하여 어떤 사건이 r번 발생할 때까지 시도 횟수에 관한 확률분포는 음이항분포이다. 마찬가지로 어떤 사건이 처음 발생할 때까지 소요시간에 관한 분포는 지수분포이고 평균발생횟수가 λ인 포아송과정을 따르는 어떤 사건이 r번 발생할 때까지 소요시간에 관한 확률분포를 감마분포(gamma distribution)라고 하고 $Gamma(r, \lambda)$로 표기한다.

정의 4.4 감마분포 $X \sim Gamma(r, \lambda)$의 확률밀도함수는 다음과 같다.

$$f(x) = \frac{\lambda^r x^{r-1}}{\Gamma(r)} e^{-\lambda x},\ x > 0,\ r > 0,\ \lambda > 0,$$

$$\text{단}\ \Gamma(r) = \int_0^\infty x^{r-1} e^{-x} dx$$

[정의 4.4]에서 주어진 함수가 확률밀도함수인 이유는

$$\int_0^\infty \lambda^r x^{r-1} e^{-\lambda x} dx = \int_0^\infty (\lambda x)^{r-1} e^{-\lambda x} d(\lambda x) = \int_0^\infty y^{r-1} e^{-y} dy = \Gamma(r)$$

이기 때문이다. 두 번째 등호는 $y = \lambda x$로 치환적분로부터 성립한다.

감마분포의 성질을 알기 위해 감마함수 $\Gamma(r)$의 성질을 알아보기로 한다.

정리 4.9 감마함수 $\Gamma(r)=\int_0^\infty x^{r-1}e^{-x}dx, r>0$은 다음이 성립한다.

1. $\Gamma(1)=1$
2. $\Gamma(1/2)=\sqrt{\pi}$
3. $\Gamma(r+1)=r\Gamma(r)$
4. $\Gamma(r+1)=r!$, r은 자연수
5. $\dfrac{\Gamma(r)\Gamma(s)}{\Gamma(r+s)}=\int_0^1 x^{r-1}(1-x)^{s-1}dx \equiv B(r,s)$

성질 5에서 $B(r,s)$를 베타함수(beta function)라고 한다.

정리 4.10 감마분포 $Gamma(r,\lambda)$의 다음과 같은 적률성질을 가진다.

$$E(X)=\frac{r}{\lambda},\quad Var(X)=\frac{r}{\lambda^2}, M(t)=\left(\frac{\lambda}{\lambda-t}\right)^r,\ \text{단 } t<\lambda$$

증명 감마분포는 지수분포의 일반화라는 점을 상기하면 [정리 4.10]은 [정리 4.7]의 확장이라고 할 수 있다. 적률생성함수를 구하면

$$M(t)=\int_0^\infty \frac{1}{\Gamma(r)}e^{tx}\lambda^r x^{r-1}e^{-\lambda x}dx=\frac{\lambda^r}{\Gamma(r)}\int_0^\infty x^{r-1}e^{-(\lambda-t)x}dx$$

에서 $y=(\lambda-t)x$로 치환하면 적분이 존재하려면 $t<\lambda$이고, 변수 x, y의 미분요소의 관계는 $dy=(\lambda-t)dx$이다. 따라서 적률생성함수는

$$M(t)=\frac{\lambda^r}{\Gamma(r)}\int_0^\infty \frac{y^{r-1}}{(\lambda-t)^{r-1}}e^{-y}\frac{1}{\lambda-t}dy$$
$$=\left(\frac{\lambda}{\lambda-t}\right)^r\cdot\frac{1}{\Gamma(r)}\int_0^\infty y^{r-1}e^{-y}dy=\left(\frac{\lambda}{\lambda-t}\right)^r$$

이다. 따라서 적률생성함수를 미분하면

$$M'(t)=r\lambda^r(\lambda-t)^{-r-1}, M''(t)=(r\lambda^r)(r+1)(\lambda-t)^{-r-2}$$

이고, $t=0$을 대입하면

$$E(X) = M'(0) = \frac{r}{\lambda},\ E(X^2) = M''(0) = \frac{r(r+1)}{\lambda^2}$$

이므로

$$Var(X) = E(X^2) - E^2(X) = \frac{r}{\lambda^2}$$

이다. ■

정리 4.11 확률변수 $X_1, \cdots, X_r$이 서로 독립이고 $X_i \sim EXP(\lambda)$일 때

$$X_1 + X_2 + \cdots + X_r \sim Gamma(r, \lambda)$$

이다.

증명 확률변수 X_i의 적률생성함수 $\frac{\lambda}{\lambda - t}$를 이용하여 $X_1 + \cdots + X_r$의 적률생성함수는 $\left(\frac{\lambda}{\lambda - t}\right)^r$이고, [정리 4.10]에 의해 $X_1 + \cdots + X_r \sim Gamma(r, \lambda)$이다. ■

보조정리 4.12 확률변수 $X_1, \cdots, X_k$이 서로 독립이고 각각의 확률변수 $X_i \sim Gamma(r_i, \lambda)$일 때

$$X_1 + \cdots + X_k \sim Gamma(r_1 + \cdots + r_k, \lambda)$$

이다.

증명 [정리 4.11]과 마찬가지로 감마분포의 적률생성함수를 이용하여 $X_1 + \cdots + X_k$의 적률생성함수를 구할 수 있다. ■

예제 4.5 어느 가게에 시간당 평균 30명이 방문하는데 방문횟수가 포아송과정을 따른다고 가정하면 이 가게에 열 번째 손님이 올 때까지의 소요시간이 10분 이내일 확률을 구하라.

풀이 시간당 평균 30명이 방문하므로 분당 0.5명이 방문한다. 첫 번째 손님이 올 때까지 소요시간은 지수분포 $EXP(0.5)$를 따르므로 열 번째 손님이 올 때까지 소요시간 X는 감마분포 $Gamma(10, 0.5)$를 따른다. 따라서 해당 확률은

$$P(X<10)=\int_0^{10}\frac{0.5^{10}x^9e^{-0.5x}}{\Gamma(10)}dx=0.032$$

이다. ■

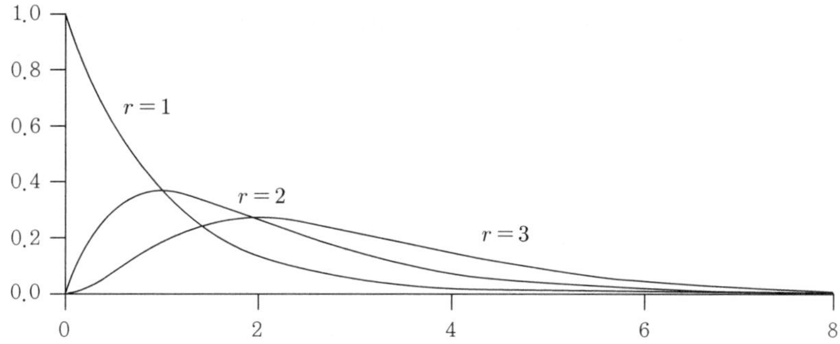

[그림 4.4] 감마분포 $Gamma(r,1)$의 확률밀도함수

[그림 4.4]는 율(rate)에 대한 모수가 1일 때 형태모수 r을 변화시켜가면서 감마분포의 확률밀도함수를 그린 것이다. 형태모수 r이 커질수록 대칭인 확률분포를 가지며 분산이 커지는 경향이 있다. 이러한 경향은 [정리 4.10]에서 기댓값과 분산을 통하여 확인할 수 있다.

4.5 베타분포와 카이제곱분포

어떤 화합물에 포함된 불순물의 비율, 특정 공정의 진행률 등은 베타분포(beta distribution)를 따르는 것으로 알려져 있다. 비율은 일반적으로 0과 1 사이의 값을 가지므로 확률변수가 취할 수 있는 값의 영역이 0과 1 사이이다.

정의 4.5 베타분포 $X \sim Beta(\alpha,\beta)$의 확률밀도함수는 다음과 같다.

$$f(x)=\frac{\Gamma(\alpha+\beta)}{\Gamma(\alpha)\Gamma(\beta)}x^{\alpha-1}(1-x)^{\beta-1},\ \alpha,\beta>0,\ 0<x<1$$

정리 4.13 확률변수 $X \sim Beta(\alpha,\beta)$일 때 다음의 적률성질을 가진다.

$$E(X)=\frac{\alpha}{\alpha+\beta},\quad Var(X)=\frac{\alpha\beta}{(\alpha+\beta)^2(\alpha+\beta+1)}$$

증명 $B(\alpha,\beta)=\dfrac{\Gamma(\alpha)\Gamma(\beta)}{\Gamma(\alpha+\beta)}$로 정의하면

$$E(X^k)=\frac{1}{B(\alpha,\beta)}\int_0^1 x^{k+\alpha-1}(1-x)^{\beta-1}dx$$

$$=\frac{B(\alpha+k,\beta)}{B(\alpha,\beta)}=\frac{\Gamma(\alpha+k)\Gamma(\beta)}{\Gamma(\alpha+\beta+k)}\cdot\frac{\Gamma(\alpha+\beta)}{\Gamma(\alpha)\Gamma(\beta)}=\frac{\Gamma(\alpha+k)\Gamma(\alpha+\beta)}{\Gamma(\alpha)\Gamma(\alpha+\beta+k)}$$

이므로

$$E(X)=\frac{\Gamma(\alpha+1)\Gamma(\alpha+\beta)}{\Gamma(\alpha)\Gamma(\alpha+\beta+1)}=\frac{\alpha}{\alpha+\beta},$$

$$E(X^2)=\frac{\Gamma(\alpha+2)\Gamma(\alpha+\beta)}{\Gamma(\alpha)\Gamma(\alpha+\beta+2)}=\frac{\alpha(\alpha+1)}{(\alpha+\beta)(\alpha+\beta+1)}$$

에서 $Var(X)$를 구할 수 있다. ■

베타분포의 확률밀도함수 그래프는 [그림 4.5]이다. 베타분포는 구간 $(0,1)$상에 여러 가지 분포형태를 포함하고 있다. 따라서 $(0,1)$ 사이에서 적절한 변환을 통하여 임의의 유한구간 $[a,b]$ 안의 값을 가지는 변수에 대한 확률모형에 베타분포는 매우 유용하게 활용된다.

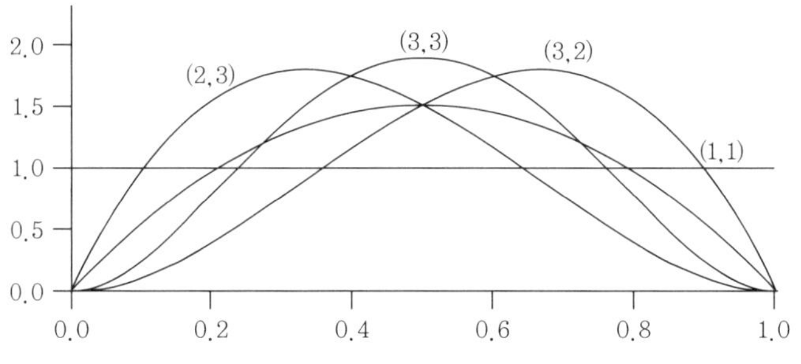

[그림 4.5] 베타분포의 확률밀도함수

특정한 베타분포의 성질을 살펴보면 $\alpha=\beta=1$인 경우에 베타분포 $Beta(1,1)$는 균등분포 $U(0,1)$이 됨을 쉽게 확인할 수 있다. [그림 4.5]에서 알 수 있듯이 확률변수 $X\sim Beta(\alpha,\beta)$일 때 확률변수 $1-X\sim Beta(\beta,\alpha)$이다. 따라서 $Beta(\alpha,\alpha)$는 대칭인 확률밀도함수를 가지며, α가 커질수록 0.5에 집중된다.

4.4절에서 다루었던 감마분포에서 두 모수를 특정하게 $r=\dfrac{n}{2}, \lambda=\dfrac{1}{2}$로 설정한 경우를 카이제곱분포(chi-square distribution)라고 한다. 이때의 카이제곱분포의

모수는 $\frac{r}{\lambda} = n$이고, 이를 자유도라 부른다. 따라서 카이제곱분포 $X \sim \chi^2(n)$을 다음과 같이 정의할 수 있다.

정의 4.6 카이제곱분포 $X \sim \chi^2(n)$일 때 확률밀도함수는 다음과 같다.

$$f(x) = \frac{1}{\Gamma(n/2)2^{n/2}} x^{n/2-1} e^{-x/2}, \; x > 0$$

정리 4.14 카이제곱분포 $X \sim \chi^2(n)$은 다음 성질을 만족한다.

$$E(X) = n, \; Var(X) = 2n, \; M(t) = (1-2t)^{-n/2}, \text{ 단 } t < \frac{1}{2}$$

증명 [정리 4.10]에서 $r = \frac{n}{2}, \lambda = \frac{1}{2}$을 대입한다. ■

[정리 4.14]로부터 자유도가 n인 카이제곱분포의 평균은 n이고, 분산은 $2n$임을 알 수 있다. [그림 4.6]은 자유도에 따른 카이제곱분포의 확률밀도함수이다. 자유도가 작을 때는 오른쪽으로 길게 늘여뜨린 분포(skewed to the right distribution)이지만 자유도가 커질수록 대칭함수 형태이다.

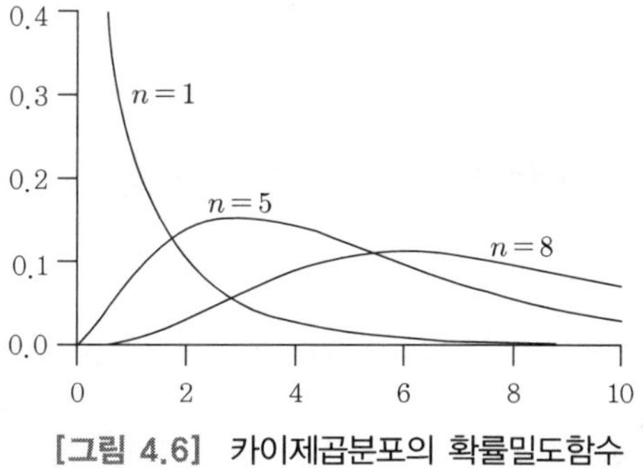

[그림 4.6] 카이제곱분포의 확률밀도함수

정리 4.15 확률변수 $X_1, \cdots, X_k$이 서로 독립이고 $X_i \sim \chi^2(r_i)$일 때

$$X_1 + \cdots + X_k \sim \chi^2(r_1 + \cdots + r_k)$$

이다.

증명 카이제곱분포는 감마분포의 특수한 경우이므로 [보조정리 4.12]에 의하여 카

이제곱분포 합 분포는 카이제곱분포이다. 또한 카이제곱분포의 모수는 각 카이제곱분포의 자유도의 합이다. ■

4.6 이변량 정규분포

4.2절에서 다룬 일변량 정규분포를 여러 개의 확률변수로 확장하여 확률벡터를 구성하여, 확률벡터의 확률분포로서 다변량 정규분포(multivariate normal distribution)를 고려할 수 있다. 그 중에서 가장 간단한 형태는 확률변수가 두 개인 이변량 정규분포(bivariate normal distribution)이다. 확률벡터 (X, Y)의 확률분포가 이변량 정규분포일 때 각각의 주변확률분포는 확률변수 X, Y는 일변량 정규분포가 된다. 두 확률변수를 동시에 고려하기 때문에 두 확률변수의 상관관계를 나타내는 상관계수를 확률밀도함수에 포함하여야 할 것이다. 여기에서는 상관계수를 $\rho = Corr(X, Y)$로 표기한다.

정의 4.7 이변량 정규확률벡터 (X, Y)의 결합확률밀도함수는

$$f_{X,Y}(x,y) = \frac{1}{2\pi\sigma_X\sigma_Y\sqrt{1-\rho^2}}$$
$$\times exp\left\{-\frac{1}{2(1-\rho^2)}\left[\left(\frac{x-\mu_X}{\sigma_X}\right)^2 - 2\rho\left(\frac{x-\mu_X}{\sigma_X}\right)\left(\frac{y-\mu_Y}{\sigma_Y}\right) + \left(\frac{y-\mu_Y}{\sigma_Y}\right)^2\right]\right\},$$

$$-\infty < x,y < \infty, -\infty < \mu_X, \mu_Y < \infty, 0 < \sigma_X, \sigma_Y < \infty, -1 < \rho < 1$$

이다. 이를 확률벡터 $(X, Y) \sim BVN(\mu_X, \mu_Y, \sigma_X, \sigma_Y, \rho)$로 표기한다.

정리 4.16 $(X, Y) \sim BVN(\mu_X, \mu_Y, \sigma_X, \sigma_Y, \rho)$일 때 다음이 성립한다.

$$X \sim N(\mu_X, \sigma_X^2),\ Y \sim N(\mu_Y, \sigma_Y^2),\ Cov(X, Y) = \rho\sigma_X\sigma_Y,\ \ Cor(X, Y) = \rho$$

[정리 2.16]에서 두 확률변수 X, Y가 서로 독립이면 공분산 $Cov(X, Y) = 0$이고 이를 '확률변수 X, Y가 비상관되어 있다' 라고 한다. [정리 2.16]의 역은 일반적으로 성립하지 않는다. 그 반례를 [예제 2.38]에서 다루었다. 그러나 정규분포를 따르는 두 확률변수 X, Y의 서로 독립과 비상관은 동치이다.

정리 4.17 정규분포를 따르는 두 확률변수 X, Y 가 비상관이면 X, Y는 서로 독립이다. 그 역도 성립한다.

증명 확률변수 X, Y의 결합확률밀도함수는 이변량 정규분포를 따르므로 [정의 4.7]과 같다. 가정에 의하여 확률변수 X, Y 가 비상관되어 있으므로 [정리 4.16]에 의하여 $\rho = Corr(X, Y) = 0$이다. 따라서

$$f_{X,Y}(x,y) = \frac{1}{2\pi\sigma_X\sigma_Y} exp\left\{-\frac{1}{2}\left[\left(\frac{x-\mu_X}{\sigma_X}\right)^2 + \left(\frac{y-\mu_Y}{\sigma_Y}\right)^2\right]\right\}$$

이다. 이를 정리하면 모든 x, y에 대하여

$$\begin{aligned} f_{X,Y}(x,y) &= \frac{1}{\sqrt{2\pi}\,\sigma_X} exp\left\{-\frac{1}{2}\left(\frac{x-\mu_X}{\sigma_X}\right)^2\right\} \times \frac{1}{\sqrt{2\pi}\,\sigma_Y} exp\left\{-\frac{1}{2}\left(\frac{y-\mu_Y}{\sigma_Y}\right)^2\right\} \\ &= f_X(x) f_Y(y) \end{aligned}$$

이다. 단, $f_X(x)$, $f_Y(y)$는 [정리 4.16]으로부터 $X \sim N(\mu_X, \sigma_X^2)$, $Y \sim N(\mu_Y, \sigma_Y^2)$의 확률밀도함수이다. 따라서 X, Y는 서로 독립이다.

역은 [정리 2.16]에서 정규분포뿐만 아니라 모든 경우에 성립한다. ■

확률벡터 $(X, Y) \sim BVN(\mu_X, \mu_Y, \sigma_X, \sigma_Y, \rho)$이고 $X = x$가 주어졌을 때 Y의 조건부 확률밀도함수는

$$\begin{aligned} f_{Y|x}(y|x) &= \frac{f_{X,Y}(x,y)}{f_X(x)} \\ &= \frac{1}{\sqrt{2\pi}\,\sqrt{\sigma_Y^2(1-\rho^2)}} exp\left\{-\frac{1}{2\sigma_Y^2(1-\rho^2)}\left[y-\mu_Y-\rho\frac{\sigma_Y}{\sigma_X}(x-\mu_X)^2\right]^2\right\} \end{aligned}$$

으로 주어진다. 이는 평균과 분산이 각각

$$\begin{aligned} E(Y|x) &= \mu_Y + \rho\frac{\sigma_Y}{\sigma_X}(x-\mu_X) \\ Var(Y|x) &= \sigma_Y^2(1-\rho^2) \end{aligned}$$

이다.

4.7 그 외의 확률분포들

지금까지 다룬 연속형 확률분포 이외에도 자주 쓰이는 몇 가지 확률분포를 살펴보면 다음과 같다.

공학분야에서 물체의 장력측정 등에 사용되는 와이블분포(Weibull distribution)의 확률밀도함수는

$$f(x;\theta,\beta)=\frac{\beta}{\theta^{\beta}}x^{\beta-1}e^{-(x/\theta)^{\beta}},\ x>0$$

이다. 여기에서 모수 β는 감마분포에서 모수 r과 마찬가지로 형태를 결정짓는 형태모수이며, 특히 $\beta=2$일 때를 랠리분포(Rayleigh distribution)라고 한다.

생의학 분야에서 자주 사용되는 파레토분포(Pareto distribution)의 확률밀도함수는

$$f(x,\theta,k)=\frac{k}{\theta}\left(1+\frac{x}{\theta}\right)^{-(k+1)}$$

로 주어진다.

또한 코시분포(Cauchy distribution)의 확률밀도함수는

$$f(x,\alpha,\beta)=\frac{1}{\pi\beta[1+\{(x-\alpha)/\beta\}^{2}]},\ -\infty<x<\infty$$

로 주어진다. 코시분포의 확률밀도함수는 α에 대하여 대칭함수이지만 평균이 존재하지 않는다.

연습문제

1 확률변수 $X \sim U(1,3)$에 대하여 $Y = \frac{1}{2}(X-1)$에 대하여 물음에 답하라.

가. Y의 확률밀도함수를 구하라.

나. Y의 적률생성함수를 구하라.

다. $E(Y), Var(Y)$를 구하라.

2 서로 독립인 확률변수 X, Y가 $U(0,1)$을 따른다고 할 때 $Z = X - Y$의 확률밀도함수를 구하라.

3 확률변수 $X \sim N(100,25)$이다.

가. $P(95 < X < 110)$를 구하라.

나. $P(|X-100| < c) = 0.95$를 만족하는 c를 구하라.

4 확률변수 $X \sim N(\mu,\sigma^2)$일 때 다음의 기댓값을 구하라.

가. $E(X^3)$

나. $E((X-\mu)^3)$

다. $E(X^4)$

라. $E((X-\mu)^4)$

5 확률변수 X의 적률생성함수가 e^{2t+t^2}일 때 $P(1 < X < 3)$을 구하라. 또한 $E(X)$, $Var(X)$ 를 구하라.

6 서로 독립인 두 확률변수 $X \sim N(\mu_1,\sigma_1^2)$과 $Y \sim N(\mu_2,\sigma_2^2)$일 때 $X - Y$의 확률밀도함수를 구하라.

7 확률밀도함수가 $f(x) = \frac{1}{3}e^{-x/3}$, $x > 0$일 때 $P(X > 4)$을 구하라. 또한 $P(X > 8 | X > 4)$을 계산하라.

8 어떤 기계의 퓨즈가 10개 있다. 10개의 퓨즈의 수명은 평균 100시간인 지수분포를 따르며 서로 독립이다. 이 기계의 퓨즈는 직렬로 연결되어 있어 10개의 퓨즈 중 하나라도 고장이 나면 기계는 멈춘다. 이 기계가 100시간 이상 작동할 확률을 구하라. 만약 이 퓨즈들이 병렬로 연결되어 있어 10개 모두 고장이 나면 기계가 멈춘다면 이 기계가 100시간 이상 작동할 확률을 구하라.

9 적률생성함수가 $M(t) = (1-2t)^{-6}$, 단 $t < \frac{1}{2}$일 때 확률밀도함수, 기댓값, 분산을 구하라.

5장

표본분포

통계학은 불확실한 결과의 대상에 대하여 실험이나 조사를 통하여 얻어진 모집단의 일부인 관측값을 통하여 모집단 전체에 대한 정보를 얻는 것이다. 모집단 전체를 조사하여 모집단에 대한 정보를 얻는 것이 가장 정확한 방법이다. 그러나 모집단 전체에 대한 조사는 불가능한 경우도 있으며, 가능하다고 하더라도 경제적인 비용이나 소요시간 측면에서 비효율적이라고 할 수 있다. 일반적으로 모집단의 일부분을 추출하거나 실험을 통해 관측값을 얻는 과정을 표본추출(sampling)이라고 하고, 표본추출을 통하여 얻어진 값인 표본(sample)을 이용해서 귀납적(inductive)인 추론으로 모집단의 정보를 얻는다. 예를 들어 대한민국의 유권자 4,000여만 명의 표심은 어떤 후보에 있는 지를 알아보기 위하여 1,000명의 유권자를 표본추출하여 후보자들의 표본지지율을 이용해 전체 유권자 4,000여만 명의 전체 지지율을 추론한다.

표본을 이용해 모집단의 정보를 구하는 일은 표본을 얻는 방법에 따라 달라지고 또한 그 정보가 불확실하다. 따라서 불확실을 나타내는 정도를 확률로 표현한다. 이 장에서는 표본의 불확실 정도를 표본의 분포를 이용해서 구하고자 한다. 특히 표본의 함수 가운데 표본평균과 표본분산의 확률분포를 자세히 살펴보기로 한다.

5.1 모집단과 표본

모집단(population)은 연구 또는 조사 대상이 되는 전체를 의미한다. 표본(sample)은 모집단의 일부분이다. 표본이 모집단의 축소판이 아닌 왜곡된 형태라면 표본을 이용해서 구한 모집단의 정보 역시 왜곡된 형태일 것이다. 따라서 표본추출은 공정하고 정확한 모집단의 정보를 얻기 위한 일차적 요소이다. 앞으로는 표본추출을 통하여 모집단의 정보가 왜곡되지 않은 표본을 구하였다고 가정한다.

잘 구하여진 표본은 모집단의 분포를 따르고 있고 하나의 자료가 다른 자료에 영향을 미치지 않으므로 서로 독립이다. 앞에서 기술한 바와 같이 대통령 후보의 지지율을 조사하기 위한 1,000명의 표본은 한 번 시행한다. 실제 조사는 한 번 이루어지지만 이러한 1,000명의 조사를 이론적으로는 무수히 많이 시행할 수 있다. 이론적으로 무수히 반복되는 조사를 통하여 구하여진 하나의 자료에 대한 분포는 모집단의 분포와 같을 것이다.

정의 5.1 랜덤표본(random sample)은 서로 독립(independent)인 확률변수 $X_1, X_2, \cdots, X_n$이 동일한 확률분포(identical distribution)를 가진다.

[정의 5.1]에서 서로 독립이면서 동일한 확률분포를 i.i.d.(independently identically distributed)라고 표현한다. 예를 들어 "$X_1,\cdots,X_n \sim i.i.d.\,N(0,1)$" 또는 "랜덤표본 $X_1,\cdots,X_n \sim N(0,1)$"이라 표기하면 확률변수 $X_1,\cdots,X_n$이 서로 독립이며 같은 확률밀도함수 $N(0,1)$을 따른다는 것이다. 확률변수 X_i의 관찰값은 x_i로 표기한다. 관측값 x_i를 이론적인 전개를 위하여 도입한 확률변수가 X_i이다. 랜덤표본 $X_1,\cdots,X_n$의 확률분포를 고려하여 모집단의 정보를 구한다.

예제 5.1 랜덤표본 $X_1,\cdots,X_n \sim i.i.d.\,N(0,1)$에 대한 $X_1,\cdots,X_n$의 결합확률밀도함수를 구하라.

풀이 확률변수 $X_1,\cdots,X_n$이 서로 독립이기 때문에

$$f_{X_1,\cdots,X_n}(x_1,\cdots,x_n) = f_{X_1}(x_1)f_{X_2}(x_2)\cdots f_{X_n}(x_n)$$

이다. 또한 $X_i \sim N(0,1)$에서 $f_{X_i}(x_i) = \dfrac{1}{\sqrt{2\pi}}e^{-x_i^2/2}$이므로

$$f_{X_1,\cdots,X_n}(x_1,\cdots,x_n) = \left(\frac{1}{\sqrt{2\pi}}\right)^n e^{-\sum_{i=1}^{n} x_i^2/2}$$

이다. ■

정의 5.2 미지의 모수를 포함하지 않는 랜덤표본의 함수 $T = T(X_1,\cdots,X_n)$을 통계량(statistic)이라고 한다. 통계량은 확률변수이고 통계량의 관찰값은 소문자 $T(x_1,\cdots,x_n)$으로 표기한다.

랜덤표본 $X_1,\cdots,X_n \sim i.i.d.\,f(x,\theta)$($\theta$는 미지의 모수)일 때 표본평균 $\overline{X} = \dfrac{1}{n}\sum_{i=1}^{n} X_i$, 표본분산 $S^2 = \dfrac{1}{n-1}\sum_{i=1}^{n}(X_i - \overline{X})^2$, 최솟값 $min\{X_1,\cdots,X_n\}$ 등은 통계량이다. 그러나 $\overline{X} - \theta$는 미지의 모수 θ를 포함하므로 통계량이 아니다.

통계량은 확률변수이므로 확률분포를 가진다. 따라서 모집단의 정보는 통계량에 함축되어 있으며, 통계량의 확률분포를 통하여 모집단의 정보를 확률적으로 표현한다.

랜덤표본 $X_1,\cdots,X_n$의 값이 작은 것부터 순서대로 배열한 통계량을 $X_{(1)},\cdots,X_{(n)}$으로 표시하고 이를 순서통계량(order statistic)이라고 한다. 특히 $X_{(1)}$을 최소통

계량(minimum order statistic), $X_{(n)}$을 최대통계량(maximum order statistic)이라고 한다.

정의 5.3 크기 n의 랜덤표본 $X_1, \cdots, X_n$의 표본분포함수(empirical distribution function)를 다음과 같이 정의한다.

$$\begin{aligned} F_n(x) &= \frac{1}{n}(x\text{를 넘지 않는 관측값들의 갯수}) \\ &= \frac{1}{n}\sum_{i=1}^{n} I(x_i < x) \end{aligned}$$

여기에서 $I(y < x)$는 괄호 안의 조건을 만족하면 1, 그렇지 않으면 0인 지시함수(indicator function)이다.

표본분포함수는 표본의 관측값들의 함수이므로 통계량이다. 함수의 형태는 2장에서 살펴본 바와 같이 계단함수이다.

5.2 합의 분포

확률변수의 적률은 적률생성함수에 의하여 구할 수 있으므로 랜덤표본의 합에 대한 적률생성함수의 성질을 이용하여 적률을 쉽게 구할 수 있다.

정리 5.1 크기 n인 서로 독립인 확률표본 $X_1, \cdots, X_n$의 적률생성함수 $M_{X_i}(t)$일 때 $Y = a_1X_1 + \cdots + a_nX_n$, ($a_i$는 상수)에 대하여 적률생성함수 $M_Y(t) = M_{X_1}(a_1t) \times \cdots \times M_{X_n}(a_nt)$이다.

증명 확률변수 $X_1, \cdots, X_n$이 서로 독립이므로

$$M_Y(t) = E(e^{t(a_1X_1 + \cdots + a_nX_n)}) = E(e^{ta_1X_1}) \cdots E(e^{ta_nX_n})$$

이다. 또한 $M_{X_i}(a_it) = E(e^{a_itX_i})$이므로 정리는 증명된다. ■

따름정리 5.2 랜덤표본 $X_1, \cdots, X_n$의 적률생성함수 $M_X(t)$일 때

(i) $Y = X_1 + \cdots + X_n$에 대해 $M_Y(t) = [M_X(t)]^n$

(ii) $\overline{X} = \frac{1}{n}\sum_{i=1}^{n} X_i$에 대해 $M_{\overline{X}}(t) = [M_X(t/n)]^n$

이다.

증명 랜덤표본은 같은 확률분포를 가지므로 $M_{X_i}(t) = M_X(t)$이고, [정리 5.1]에서 각각 $a_i = 1$ 또는 $a_i = \frac{1}{n}$을 대입하면 정리를 얻는다. ■

예제 5.2 랜덤표본 $X_i(i = 1, \cdots, n)$이 $Ber(p)$를 따를 때 $Y = \sum_{i=1}^{n} X_i$의 적률생성함수를 구하라.

풀이 X_i에 대한 적률생성함수가 [정리 3.1]에 의해 $M_{X_i}(t) = 1 - p + pe^t$이므로 [따름정리 5.2]에 의해 $M_Y(t) = (1 - p + pe^t)^n$이다. 따라서 [정리 3.2]에 의해서 $Y \sim B(n, p)$이다. ■

예제 5.3 확률변수 $X_1, \cdots, X_k$이 서로 독립이고 $X_i \sim \chi^2(r_i)$일 때 $X_1 + \cdots + X_k \sim \chi^2(r_1 + \cdots + r_k)$이다.

증명 문제에서 기술한 명제는 [정리 4.15]이다. [정리 4.14]에 의하여 카이제곱확률변수 X_i에 대한 적률생성함수는$M_{X_i}(t) = (1 - 2t)^{-r_i/2}$이다. 확률변수 X_i들이 서로 독립이므로

$$M_Y(t) = M_{X_1}(t) \times \cdots \times M_{X_k}(t) = (1 - 2t)^{-r_1/2} \times \cdots \times (1 - 2t)^{-r_k/2}$$

$$= (1 - 2t)^{-\sum_{i=1}^{k} r_i/2}$$

이다. 따라서 [정리 4.14]에 의하여 $Y \sim \chi^2(\sum_{i=1}^{k} r_i)$이다. ■

정리 5.3 랜덤표본 $X_1, \cdots, X_n$의 평균이 μ, 분산이 σ^2인 확률분포를 따를 때 이를 $X_i \sim i.i.d.(\mu, \sigma^2)$이라 표기하며,

(i) $Y = X_1 + \cdots + X_n$에 대해 $E(Y) = n\mu$, $Var(Y) = n\sigma^2$

(ii) $\overline{X} = \frac{1}{n}\sum_{i=1}^{n} X_i$에 대해 $E(\overline{X}) = \mu$, $Var(\overline{X}) = \frac{\sigma^2}{n}$

이다.

증명 주어진 정보는

$$M_X(0) = 1,\ M_X{}'(0) = \mu,\ \ M_X{}''(0) = \mu^2 + \sigma^2$$

이고 [따름정리 5.2]에서 $M_Y(t) = [M_X(t)]^n$에서

$$M_Y{}'(t) = n[M_X(t)]^{n-1} M_X{}'(t)$$

이다. 따라서

$$E(Y) = M_Y{}'(0) = n \cdot 1^n \cdot \mu = n\mu$$

이다. 또한

$$E(Y^2) = M_Y{}''(t) = n(n-1)[M_X(t)]^{n-2}[M_X{}'(t)]^2 + n[M_X(t)]^{n-1} M_X{}''(t)$$

에서

$$M_Y{}''(0) = n(n-1)\mu^2 + n(\mu^2 + \sigma^2) = n\sigma^2 + n^2\mu^2$$

이다. 따라서

$$Var(Y^2) = E(Y^2) - E^2(Y) = (n\sigma^2 + n^2\mu^2) - n^2\mu^2 = n\sigma^2$$

이다. 한편 $E(\overline{X}) = \frac{1}{n}E(Y)$, $Var(\overline{X}) = \frac{1}{n^2}Var(Y)$이므로

$$E(\overline{X}) = \mu,\ Var(\overline{X}) = \frac{\sigma^2}{n}$$

이다. 이를 $X_1 + \cdots + X_n \sim (n\mu, n\sigma^2)$, $\overline{X} \sim (\mu, \frac{\sigma^2}{n})$이라 표기한다. ■

예제 5.4 정사면체의 각 면에는 숫자가 1, 2, 3, 4가 적혀 있다. 한 번의 시행에서 1이 나왔을 때 확률변수 X_i는 1, 그렇지 않을 때 X_i는 0으로 정의한다. 이와 같은 시행을 10번 수행하였을 때 1이 나오는 횟수의 확률변수 Y에 대한 기댓값과 분산을 구하라.

풀이 확률변수 X_i는 성공률이 $\frac{1}{4}$인 베르누이 확률변수이므로 $X_i \sim B(1, \frac{1}{4})$이다. 확률변수 $Y = X_1 + \cdots + X_{10}$이고, [정리 3.3]에 의해 $Y \sim B(10, \frac{1}{4})$이다. 따라서 Y의 기댓값과 분산은

$$E(Y) = 10 \times \frac{1}{4} = \frac{5}{2}, \quad Var(Y) = 10 \times \frac{1}{4} \times \frac{3}{4} = \frac{15}{8}$$

이다.

한편 [정리 5.3]에 의해 $E(X_i) = \frac{1}{4}$, $Var(X_i) = \frac{3}{16}$이므로

$$E(Y) = 10 \times \frac{1}{4} = \frac{5}{2}, \quad Var(Y) = 10 \times \frac{3}{16} = \frac{15}{8}$$

이다. 즉 랜덤표본 합에 관한 확률변수의 기댓값과 분산을 쉽게 구할 수 있다. ■

정리 5.4 랜덤표본 $X_1, \cdots, X_n \sim N(\mu, \sigma^2)$일 때

(i) $Y = X_1 + \cdots + X_n \sim N(n\mu, n\sigma^2)$

(ii) $\overline{X} = \frac{1}{n}\sum_{i=1}^{n} X_i \sim N\left(\mu, \frac{\sigma^2}{n}\right)$ 또는 $\frac{\overline{X} - \mu}{\sigma/\sqrt{n}} \sim N(0,1)$

이다.

증명 정규분포의 성질 [정리 4.3]에 의해 $M_{X_i}(t) = M_X(t) = e^{\mu t + \sigma^2 t^2/2}$이다. 따라서 [정리 5.2]에 의해

$$M_Y(t) = [M_X(t)]^n = e^{n\mu t + n\sigma^2 t^2/2}$$

이므로 $Y \sim N(n\mu, n\sigma^2)$이다. 한편,

$$M_{\overline{X}}(t) = [M_X(t/n)]^n = (e^{\mu t/n + \sigma^2(t/n)^2/2})^n = e^{\mu t + (\sigma^2/n)t^2/2}$$

은 [정리 5.2]에서 유도되므로 $\overline{X} \sim N(\mu, \frac{1}{n}\sigma^2)$이다. 랜덤표본이 정규분포일 때 그 합 또는 표본평균의 분포는 정규분포이고, 모수는 [정리 5.3]을 따른다. ■

예제 5.5 통계학성적을 나타내는 랜덤표본 $X_1, \cdots, X_n \sim N(70, 81)$일 때 표본의 크기 n에 따라 표본평균의 분산이 달라진다. n이 커짐에 따라 분산은 점점 작아지게 되는데, $P(67 < \overline{X} < 73)$의 값을 $n = 2, 4, 9, 16, 25, 100$일 때 구하라.

풀이 [정리 5.4]에 의해 표본평균 $\overline{X} \sim N(70, \frac{1}{n}81)$이다. [그림 5.1]은 n에 따른 표본평균의 분포 그림이다. 분포의 집중도가 n이 커질수록 비례적으로 커지는 것을 알 수 있다. 즉 분산이 작아진다. 이는 분산이 $\frac{81}{n}$이기 때문이다.

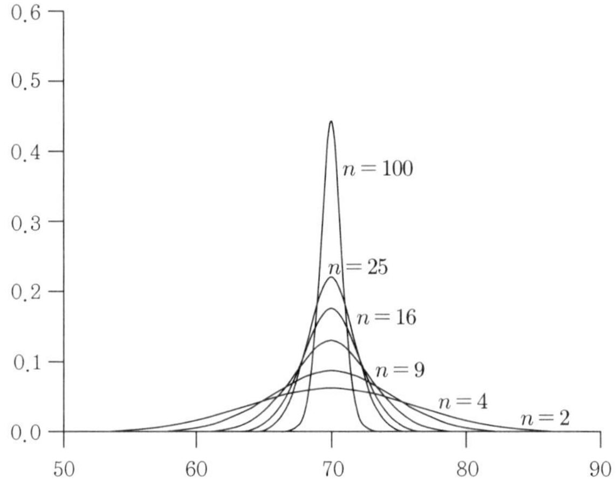

[그림 5.1] 정규모집단에서 표본평균의 분포

확률변수

$$Z = \frac{\overline{X} - 70}{\sqrt{81/n}} \sim N(0, 1)$$

이므로

$$P(67 < \overline{X} < 73) = P\left(\frac{67 - 70}{\sqrt{81/n}} < \frac{\overline{X} - 70}{\sqrt{81/n}} < \frac{73 - 70}{\sqrt{81/n}}\right)$$

$$= P\left(-\frac{\sqrt{n}}{3} < Z < \frac{\sqrt{n}}{3}\right) = 2\Phi\left(\frac{\sqrt{n}}{3}\right) - 1$$

이다. 따라서 n의 변화에 따른 확률은 [표 5.1]과 같다.

[표 5.1] 정규모집단에서 표본평균의 확률

n	2	4	9	16	25	100
$P(67 < \overline{X} < 73)$	0.363	0.495	0.683	0.818	0.904	0.999

표본의 크기 n이 커질수록 70 근처에 있을 확률이 커진다. ■

5.3 중심극한정리

[정리 5.4]를 확장하여 랜덤표본 $X_1, \cdots, X_n$이 정규분포를 따르지 않더라도 표본평균은 표본크기 n이 커질수록 정규분포에 근사적으로 접근한다. 이를 중심극한정리(central limit theorem)라고 한다. 여기에서 중심이란 표본평균을, 극한은 n이 커질 때의 성질을 의미한다.

정리 5.5 랜덤표본 $X_1, \cdots, X_n \sim (\mu, \sigma^2)$일 때 다음을 만족한다.

$$\overline{X} = \frac{1}{n}\sum_{i=1}^{n} X_i \dot{\sim} N\left(\mu, \frac{\sigma^2}{n}\right)$$

증명 $\overline{X} \dot{\sim} N(\mu, \frac{1}{n}\sigma^2)$과 동치는 $W_n = \dfrac{\overline{X} - \mu}{\sigma/\sqrt{n}} \dot{\sim} N(0,1)$이다. 표준정규분포의 적률생성함수가 $e^{t^2/2}$이므로 $\lim_{n\to\infty} E(e^{tW_n}) = e^{t^2/2}$임을 증명하기로 한다.

$Z_i = \dfrac{X_i - \mu}{\sigma}, i = 1, \cdots, n$의 적률생성함수를 $m(t) = E(e^{tZ_i})$이라고 하면

$$E(e^{tW_n}) = E(e^{t/\sqrt{n}\sum_{i=1}^{n}(X_i - \mu)/\sigma}) = \left[m\left(\frac{t}{\sqrt{n}}\right)\right]^n$$

이다. $E(Z_i) = 0$, $E(Z_i^2) = 1$이므로

$$m(t)=E(e^{tZ_i})=m(0)+m'(0)t+m''(0)t^2/2!+m'''(0)t^3/3!\cdots$$

$$m\left(\frac{t}{\sqrt{n}}\right)=1+0\cdot\frac{t}{\sqrt{n}}+1\cdot\frac{t^2}{2n}+m'''(0)\cdot\frac{t^3}{6n\sqrt{n}}+\cdots$$

이다. 따라서

$$E(e^{tW_n})=\left[m\left(\frac{t}{\sqrt{n}}\right)\right]^n=\left[1+\frac{1}{n}\left(\frac{t^2}{2}+\frac{m'''(0)t^3}{3!\sqrt{n}}+\cdots\right)\right]^n$$

이다. 그런데 $\lim_{n\to\infty}\left(1+\frac{u}{n}\right)^n=e^u$의 성질로부터 위 식에서 괄호 안을 u라고 하면

$$\lim_{n\to\infty}E(e^{tW_n})=e^{t^2/2}$$

이다. ■

중심극한정리는 통계학에서 매우 중요한 정리 가운데 하나이다. 이는 "표본의 분포 정보를 알지 못하더라도 표본평균의 분포 정보를 알 수 있다"라는 매우 강력한 확률 정보를 제공한다. 중심극한정리의 근사정도는 표본의 확률분포 및 표본의 크기 n에 따라 달라진다. 최종 점근분포가 정규분포이기 때문에 일반적으로 표본의 분포가 대칭인 경우, 꼬리부분의 확률이 작은 분포를 따르는 경우에 근사정도가 우수하다. 또한 표본크기 n이 클수록 근사정도가 우수하다.

표본의 크기에 따른 근사정도에 관한 예제를 살펴보기로 한다.

예제 5.6 랜덤표본 $X_1,\cdots,X_n \sim EXP(1)$일 때 $n=5, 10,\ 20,\ 50$ 경우에 대하여 $P(\frac{1}{2}<\overline{X}<\frac{3}{2})$의 값을 구하라.

⊕풀이 랜덤표본이 지수분포에서 추출되었으므로 [정리 4.11]에 의하여 그 합은 감마분포를 따른다. 즉, $Y=X_1+\cdots+X_n \sim Gamma(n,1)$이다. 따라서

$$P\left(\frac{1}{2}<\overline{X}<\frac{3}{2}\right)=P\left(\frac{n}{2}<\sum_{i=1}^{n}X_i<\frac{3n}{2}\right)$$

에서 정확한 확률값을 구할 수 있다. 예를 들어 $n=5$인 경우 통계소프트웨어 R을 이용하면

```
>pgamma(3*5/2,5,1)-pgamma(5/2, 5,1)
[1] 0.7591162
```

을 얻을 수 있다.

한편 중심극한정리를 이용하면 $E(X_1)=1$, $Var(X_1)=1$에서

$$P\left(\frac{1}{2}< \overline{X}< \frac{3}{2}\right)=P\left(\frac{1/2-1}{1/\sqrt{n}}< \frac{\overline{X}-1}{1/\sqrt{n}}< \frac{3/2-1}{1/\sqrt{n}}\right)$$
$$\dot{=}\Phi(0.5\sqrt{n})-\Phi(-0.5\sqrt{n})=2\Phi(0.5\sqrt{n})-1$$

이다. 이를 n에 따라 정리하면 [표 5.2]를 얻는다.

[표 5.2] n에 따른 중심극한정리의 근사정도

n	5	10	15	25	50
정확분포	0.759	0.898	0.951	0.986	0.999
중심극한정리	0.736	0.886	0.947	0.988	0.999
차이	0.023	0.012	0.004	0.001	0.001

표로부터 n이 커짐에 따라 근사정도가 우수하다는 사실을 알 수 있다. ■

이항분포는 성공률이 $\frac{1}{2}$인 경우는 확률질량함수가 대칭이지만 성공률이 0 또는 1에 가까울수록 비대칭인 확률질량함수를 가진다. 대칭성에 따른 근사정도를 살펴본다.

예제 5.7 랜덤표본 $U_1,\cdots,U_n \sim B(1,0.5)$이고 $V_1,\cdots,V_n \sim B(1,0.1)$이라고 하면 $n=5,10,20,50$에 대하여 $P(0.4<\overline{U}<0.6), P(0<\overline{V}<0.2)$의 값을 구하라.

풀이 베르누이분포 $B(1,p)$의 합은 이항분포를 따르므로

$$P(0.4<\overline{U}<0.6)=P(0.4n<\sum_{i=1}^{n}U_i<0.6n),$$
$$P(0<\overline{V}<0.2)=P(0<\sum_{i=1}^{n}V_i<0.2n)$$

이고 $\sum_{i=1}^{n}U_i \sim B(n,0.5), \sum_{i=1}^{n}V_i \sim B(n,0.1)$이다. n에 따라 확률값을 구한다. 예

를 들어 $n=5$인 경우 통계소프트웨어 R을 이용하면

```
> pbinom(0.6*5,5,0.5)-pbinom(0.4*5,5,0.5)
[1] 0.3125
```

을 얻을 수 있다. $\overline{V}$에 대한 확률도 마찬가지로 구할 수 있다.

한편 중심극한정리를 이용하면 $E(U_1)=0.5$, $Var(U_1)=0.5^2$에서

$$P(0.4<\overline{U}<0.6)=P\left(\frac{0.4-0.5}{0.5/\sqrt{n}}<\frac{\overline{U}-0.5}{0.5/\sqrt{n}}<\frac{0.6-0.5}{0.5/\sqrt{n}}\right)$$
$$=2\Phi\left(\frac{\sqrt{n}}{5}\right)-1$$

이고, 마찬가지로 $E(V_1)=0.1$, $Var(V_1)=0.09$에서

$$P(0<\overline{V}<0.2)=2\Phi\left(\frac{\sqrt{n}}{3}\right)-1$$

이다. 이를 이용하면 [표 5.3], [표 5.4]를 얻는다.

표에서 $\overline{U}$와 $\overline{V}$에 대한 정확분포와 중심극한정리에 의한 근사분포를 비교할 때 n이 작은 경우에는 표본의 분포가 대칭인 $\overline{U}$가 비대칭인 $\overline{V}$보다 근사정도가 훨씬 우수하다. 그러나 n이 커질수록 그 차이는 미미하다.

[표 5.3] 대칭분포에 대한 중심극한정리의 근사정도

n	5	10	15	25	50
$\overline{U}$ 정확분포	0.313	0.451	0.546	0.673	0.839
중심극한정리	0.345	0.473	0.561	0.682	0.843
차이	0.033	0.022	0.016	0.010	0.003

[표 5.4] 비대칭분포에 대한 중심극한정리의 근사정도

n	5	10	15	25	50
$\overline{V}$ 정확분포	0.328	0.581	0.739	0.895	0.985
중심극한정리	0.544	0.708	0.803	0.904	0.982
차이	0.216	0.127	0.064	0.010	0.004

■

예제 5.8 랜덤표본 $X_1,\cdots,X_n \sim U(0,1)$일 때 $P(\frac{1}{4}< \overline{X}< \frac{3}{4})$를 구하라.

풀이 랜덤표본의 확률분포가 알려져 있으므로 통계량 $\overline{X}$의 정확한 확률분포를 구할 수 있다. 확률변수 X_i의 적률생성함수는

$$M_{X_i}(t) = \int_0^1 e^{tx}dx = \frac{1}{t}(e^t - 1)$$

이므로 $Y = X_1 + \cdots + X_n$의 적률생성함수는

$$M_Y(t) = \left[\frac{1}{t}(e^t - 1)\right]^n$$

이다. 왜냐하면 X_i들이 서로 독립이고 같은 분포를 따르기 때문이다. 따라서 표본평균 $\overline{X}$의 적률생성함수는

$$M_{\overline{X}}(t) = M_Y\left(\frac{t}{n}\right) = \left[\frac{n}{t}(e^{t/n} - 1)\right]^n$$

이다. 그러나 이러한 형태의 적률생성함수를 가지는 확률분포를 찾기는 쉽지 않다.

따라서 중심극한정리를 사용하여 $E(X_i) = \frac{1}{2}$, $Var(X_i) = \frac{1}{12}$이므로

$$P\left(\frac{1}{4} < \overline{X} < \frac{3}{4}\right) = P\left(\frac{1/4 - 1/2}{1/\sqrt{12n}} < \frac{\overline{X} - 1/2}{1/\sqrt{12n}} < \frac{3/4 - 1/2}{1/\sqrt{12n}}\right)$$
$$\doteq \Phi(\sqrt{0.75n}) - \Phi(-\sqrt{0.75n}) = 2\Phi(\sqrt{0.75n}) - 1$$

이다. ■

한편 표준정규분포를 따르는 난수(random number)를 생성하기 위하여 $Y = \sum_{i=1}^{n} X_i \dot{\sim} N\left(\frac{n}{2}, \frac{n}{12}\right)$이므로 $\frac{Y - n/2}{\sqrt{n/12}} \dot{\sim} N(0,1)$을 이용한다. 예를 들어 $n = 12$인 경우에는 $\sum_{i=1}^{12} X_i - 6 \dot{\sim} N(0,1)$이다. 즉 12개의 균등분포 $U(0,1)$에서 난수를 생성하여 그 합에서 6을 빼면 표준정규분포를 따르는 난수를 생성할 수 있다. 위의 연산은 11번의 더하기와 1번의 빼기 연산만 사용하므로 계산이 매우 빠르다.

중심극한정리의 형태는 여러 가지로 존재한다. [정리 5.5]를 Lindberg와 Levy의 중심극한정리라고 하고 랜덤표본의 가정을 약화시킨 중심극한정리들, 즉 서로

독립인 확률변수들의 가정만을 사용하여 좀 더 강력한 형태의 Liapunov의 중심극한정리, Lindberg-Feller의 중심극한정리 등이 있다.

5.4 중심극한정리의 응용

확률을 계산할 때 일반적으로 확률분포표를 사용한다. 그런데 3장에서 다룬 이산형확률분포의 경우 모수가 자연수인 경우에 매우 큰 값에 대하여 부록의 표에서 제공하고 있지 않다. 그 이유는 5.3절의 예제에서 살펴본 바와 같이 중심극한정리에 의하여 근삿값과 정확값의 차이가 미미하기 때문이다.

이항분포의 근사에 대하여 정리하면 다음과 같다.

정리 5.6 랜덤표본 $X_1,\cdots,X_n \sim B(1,p), 0<p<1$에 대하여

$$\overline{X}=\frac{1}{n}\sum_{i=1}^{n}X_i \dot{\sim} N\left(p,\frac{p(1-p)}{n}\right) \text{ 또는 } \frac{\overline{X}-p}{\sqrt{p(1-p)/n}} \dot{\sim} N(0,1)$$

이다. 특히 $np \geq 5, n(1-p) \geq 5$인 경우에 근사정도가 우수하다.

증명 $E(X_1)=p$, $Var(X_1)=p(1-p)$라는 사실을 중심극한정리에 적용한다. ■

포아송분포도 정규분포로 근사적으로 접근한다.

정리 5.7 랜덤표본 $X_1,\cdots,X_n \sim Poisson(\lambda)$에 대하여

$$\overline{X}=\frac{1}{n}\sum_{i=1}^{n}X_i \dot{\sim} N\left(\lambda,\frac{\lambda}{n}\right) \text{ 또는 } \frac{\overline{X}-\lambda}{\sqrt{\lambda/n}} \dot{\sim} N(0,1)$$

이다.

증명 $E(X_1)=\lambda$, $Var(X_1)=\lambda$라는 사실을 중심극한정리에 적용한다. ■

[표 3.2]에서 이항분포의 포아송분포로의 근사를 살펴보았다. 포아송분포는 비대칭분포 확률질량함수를 가지고 있기 때문에 이항분포의 모수 p가 0 또는 1에 가까운 경우에 적당히 큰 표본크기 n에 대하여는 포아송분포를 이용하여 이항분포의 확률을 계산할 수 있으며, 매우 큰 표본크기 n에 대하여는 포아송분포로 근사화시

킨 후 다시 [정리 5.7]을 이용하여 정규분포로의 근사화를 이용한다. 한편 모수 p가 0.5 근처에 있는 경우 또는 매우 큰 n에 대하여는 [정리 5.6]을 이용하여 정규분포로 근사화시키는 것이 좀 더 정확도가 높은 결과를 얻는다.

예제 5.9 이항분포 $B(10,0.4)$를 따르는 랜덤표본 $X_1,\cdots,X_n$에 대하여 $n=5,\ 10,\ 20,\ 50,\ 100$에 따라 표본평균 $P(3<\overline{X}\le 6)$의 값을 구하라.

풀이 확률변수 $Y=X_1+\cdots+X_n$은 이항분포의 합이므로 [정리 3.6]에 의해 $Y\sim B(10n,0.4)$이다. 따라서

$$P(3<\overline{X}\le 6)=P(3n<Y\le 6n)$$

이고 n에 따라 정확한 분포에서 확률값을 구할 수 있다.

또한 이항분포의 포아송분포 근사화를 이용하여 $Y\dot{\sim}Poisson(4n)$에서 $P(3n<Y\le 6n)$을 계산하여 구할 수 있다.

한편 중심극한정리에 의해 표본평균

$$\overline{X}\dot{\sim}N(10\times 0.4,\frac{1}{n}\times 10\times 0.4\times 0.6)$$

이므로 $\overline{X}\dot{\sim}N(4,\frac{2.4}{n})$에서

$$P(3<\overline{X}\le 6)=P\left(\frac{3-4}{\sqrt{2.4/n}}<\frac{\overline{X}-4}{\sqrt{2.4/n}}\le\frac{6-4}{\sqrt{2.4/n}}\right)$$
$$=\Phi(1.29\sqrt{n})-\Phi(-0.65\sqrt{n})$$

을 이용하여 근사적인 값을 구할 수 있다. 이를 정리하면 [표 5.5]와 같다.

[표 5.5] 이항분포 $B(10,0.4)$의 표본평균의 정규분포, 포아송분포 근사화

n	5	10	20	30	50	100
정확분포	0.903	0.975	0.998	0.999	1.000	1.000
포아송분포 근사	0.830	0.937	0.988	0.997	1.000	1.000
정규분포 근사	0.925	0.980	0.998	1.000	1.000	1.000

성공률 $p=0.4$인 이항분포의 확률질량함수가 대칭에 가까워서 정규분포 근사가 포아송분포 근사보다 정확한 확률값을 구한다.

각각의 랜덤표본 $X_i \sim B(10,0.9)$에서 추출되었다고 가정하고 같은 방법으로 $P(6 < \overline{X} \le 9)$의 값을 구하면 [표 5.6]과 같다.

[표 5.6] 이항분포 $B(10,0.9)$의 표본평균의 포아송분포, 정규분포 근사화

n	5	10	20	30	50	100
정확분포	0.569	0.549	0.534	0.528	0.522	0.515
포아송분포 근사	0.528	0.527	0.520	0.516	0.513	0.509
정규분포 근사	0.500	0.500	0.500	0.500	0.500	0.500

성공률 $p=0.9$인 이항분포의 확률질량함수는 왼쪽으로 길게 뻗은 비대칭 함수이므로 포아송분포의 근사가 정규분포의 근사보다 정확하다. 또한 표본크기 n이 무한히 커진다면 포아송분포 근사와 정규분포 근사는 같은 값으로 수렴한다. 이경우의 관심사는 근사화의 수렴속도이다. ■

5.5 정규분포에서 추출된 통계량 분포

5.5.1 카이제곱분포

모집단에서 추출된 랜덤표본이 $X_1, \cdots, X_n \sim N(\mu, \sigma^2)$을 따를 때 표본들이 정규모집단에서 추출되었다고 한다. 정규모집단의 통계량 가운데 가장 대표적인 것은 표본평균 $\overline{X} \sim N(\mu, \frac{1}{n}\sigma^2)$이다. 이제 표본분산 $S^2 = \frac{1}{n-1}\sum_{i=1}^{n}(X_i - \overline{X})^2$의 확률분포에 대하여 살펴보기로 한다.

정리 5.8 $X \sim N(\mu, \sigma^2)$일 때 $Z^2 = \left(\frac{X-\mu}{\sigma}\right)^2 \sim \chi^2(1)$이다.

증명 확률변수 $Z = \frac{X-\mu}{\sigma} \sim N(0,1)$이므로 $M_Z(t) = e^{t^2/2}$이다. 따라서

$$M_{Z^2}(t) = \int_{-\infty}^{\infty} e^{tz^2} f_Z(z)dz = \int_{-\infty}^{\infty} e^{tz^2}\frac{1}{\sqrt{2\pi}}e^{-z^2/2}dz$$

$$= \frac{1}{\sqrt{2\pi}}\int_{-\infty}^{\infty} e^{-(1-2t)z^2/2}dz$$

이다. 여기에서 $u=\sqrt{1-2t}\,z$라 치환하면(단 $1-2t>0$), $du=\sqrt{1-2t}\,dz$이므로

$$M_{Z^2}(t)=\frac{1}{\sqrt{1-2t}}\times\frac{1}{\sqrt{2\pi}}\int_{-\infty}^{\infty}e^{-u^2/2}du=\frac{1}{\sqrt{1-2t}}$$

이다. 이 함수는 [정리 4.14]에서 자유도가 1인 카이제곱분포의 적률생성함수와 같다. 즉 $Z^2\sim\chi^2(1)$이다. ■

따름정리 5.9 랜덤표본 $X_1,\cdots,X_n\sim N(\mu,\sigma^2)$에서 추출되었다면

$$\sum_{i=1}^{n}\left(\frac{X_i-\mu}{\sigma}\right)^2\sim\chi^2(n)$$

이다.

증명 $Z_i=\dfrac{X_i-\mu}{\sigma}\sim N(0,1)$이므로 [정리 5.8]에 의해 $Z_i^2\sim\chi^2(1)$이다. 한편 X_i들이 서로 독립이므로 Z_i^2이 서로 독립이다. [정리 4.15]에 의하여

$$\sum_{i=1}^{n}\left(\frac{X_i-\mu}{\sigma}\right)^2=\sum_{i=1}^{n}Z_i^2\sim\chi^2(n)$$

이다. ■

[따름정리 5.9]는 정규모집단에서 추출된 랜덤표본을 평균 μ와 표준편차 σ에 의해 표준화된 확률변수의 제곱합은 카이제곱분포를 따른다는 것을 의미한다. 만약 μ를 모른다면 추정하여 $\overline{X}$를 사용한다. 이제 $\displaystyle\sum_{i=1}^{n}\left(\frac{X_i-\overline{X}}{\sigma}\right)^2$의 분포에 대하여 알아본다.

정리 5.10 랜덤표본 $X_1,\cdots,X_n\sim N(\mu,\sigma^2)$에서 추출되었다면 $\overline{X}=\dfrac{1}{n}\displaystyle\sum_{i=1}^{n}X_i$, $S^2=\dfrac{1}{n-1}\displaystyle\sum_{i=1}^{n}(X_i-\overline{X})^2$에 대하여 다음이 성립한다.

(i) $\overline{X}, S^2$ 은 서로 독립이다.

(ii) $\dfrac{(n-1)S^2}{\sigma^2} = \dfrac{1}{\sigma^2}\sum_{i=1}^{n}(X_i - \overline{X})^2 \sim \chi^2(n-1)$

증명 (i)은 $n=2$인 경우만 다룬다. $n \geq 3$인 경우는 행렬이론이 필요하다.

$$\overline{X} = \frac{X_1 + X_2}{2},\quad S^2 = \sum_{i=1}^{2}(X_i - \overline{X})^2 = \frac{(X_1 - X_2)^2}{2}$$

이제 $X_1 + X_2$와 $X_1 - X_2$가 서로 독립임을 증명하면 $\overline{X}$와 S^2가 서로 독립이다. 왜냐하면 $\overline{X}, S^2$이 $X_1 + X_2$, $X_1 - X_2$의 함수이기 때문이다. 확률변수 X_1, X_2가 정규분포이므로 정규분포의 선형결합인 $X_1 + X_2$와 $X_1 - X_2$는 정규분포이다. 즉,

$$X_1 + X_2 \sim N(2\mu, 2\sigma^2),\ X_1 - X_2 \sim N(0, 2\sigma^2)$$

이다. 두 정규분포의 독립성은 [정리 4.17]에 의하여 비상관되어 있음을 보이면 충분하다. 즉

$$\begin{aligned} cov(X_1 + X_2, X_1 - X_2) &= cov(X_1, X_1) - cov(X_1, X_2) + cov(X_2, X_1) - cov(X_2, X_2) \\ &= var(X_1) - var(X_2) = \sigma^2 - \sigma^2 = 0 \end{aligned}$$

이므로 $X_1 + X_2$, $X_1 - X_2$는 서로 독립이다. 따라서 $\overline{X}$, S^2은 서로 독립이다.

(ii)의 증명은 다음의 분해를 고려한다.

$$\begin{aligned} V_1 &= \frac{1}{\sigma^2}\sum_{i=1}^{n}(X_i - \mu)^2 = \frac{1}{\sigma^2}\sum_{i=1}^{n}(X_i - \overline{X})^2 + \frac{1}{\sigma^2}n(\overline{X} - \mu)^2 \\ &= V_2 + V_3 \end{aligned}$$

[따름정리 5.9]에 의해 왼쪽항 $V_1 \sim \chi^2(n)$을 따르고, [정리 5.8]에 의해 오른쪽항의 마지막 항인 $V_3 = \left(\dfrac{\overline{X} - \mu}{\sigma/\sqrt{n}}\right)^2 \sim \chi^2(1)$이다. 한편 $V_2 = \dfrac{(n-1)S^2}{\sigma^2}$이고 V_3은 $\overline{X}$ 의 함수이므로 성질 (i)에 의해서 V_2, V_3는 서로 독립이다. [정리 2.28]에 의해

$$M_{V_1}(t) = M_{V_2}(t)M_{V_3}(t)$$

이며

$$M_{V_2}(t) = \frac{M_{V_1}(t)}{M_{V_3}(t)} = \frac{(1-2t)^{-n/2}}{(1-2t)^{-1/2}} = (1-2t)^{-(n-1)/2}$$

이므로 $V_2 \sim \chi^2(n-1)$이다. ■

예제 5.10 공무원 시험의 어떤 과목은 평균이 50점이고 표준편차가 10이라고 한다. 이 모집단에서 25명을 확률표본으로 추출했을 때 표본평균 $\overline{X}$가 55점 이상이고 표본표준편차 S가 12 이하일 확률을 구하라.

풀이 $P(\overline{X} \geq 55,\ S \leq 12)$를 구하는 문제이다. [정리 5.10]에서 $\overline{X}, S^2$이 서로 독립이므로 $\overline{X}, S$ 는 서로 독립이다. 따라서

$$P(\overline{X} \geq 55,\ S \leq 12) = P(\overline{X} \geq 55)P(S \leq 12)$$

이다.

중심극한정리에 의해 $\overline{X} \dot{\sim} N(50, \frac{100}{25})$이므로

$$P(\overline{X} \geq 55) = P\left(\frac{\overline{X}-50}{2} \geq \frac{55-50}{2}\right) = P(Z \geq 2.5) = 1 - P(Z < 2.5)$$
$$= 0.006$$

이다. 여기에서 $Z \sim N(0,1)$이다.

한편 표본표준편차의 확률은

$$P(S \leq 12) = P(S^2 \leq 144) = P(\frac{24}{100}S^2 \leq \frac{24}{100} \times 144) = P(U \leq 34.56)$$

단, $U \sim \chi^2(24)$이다. 부록 5 카이제곱분포의 누적확률분포표에서 $P(S \leq 12) = 0.925$이다. 따라서 구하고자 하는 확률은

$$P(\overline{X} \geq 55, S \leq 12) = 0.006 \times 0.925 = 0.0056$$

이다. ■

정리 5.11 랜덤표본 $X_1, \cdots, X_n \sim N(\mu, \sigma^2)$에서 추출되었다면 표본분산 $S^2 = \frac{1}{n-1}\sum_{i=1}^{n}(X_i - \overline{X})^2$에 대하여

$$E(S^2) = \sigma^2,\ Var(S^2) = \frac{2\sigma^4}{n-1}$$

이다.

증명 $\frac{(n-1)S^2}{\sigma^2} \sim \chi^2(n-1)$이고 [정리 4.14]의 카이제곱분포의 평균과 분산으로부터 $E\left[\frac{(n-1)S^2}{\sigma^2}\right] = n-1$이므로 $E(S^2) = \sigma^2$이다. 즉 표본분산의 기댓값은 모분산이다. $Var\left[\frac{(n-1)S^2}{\sigma^2}\right] = 2(n-1)$로부터 $Var(S^2) = \frac{2\sigma^4}{n-1}$이다. ■

[정리 5.11]은 표본의 크기 n이 커지면 모분산 σ^2을 추정하는 데 사용되는 S^2의 정확도가 점점 커진다는 것을 나타낸다. 그 이유는 $\lim_{n\to\infty} Var(S^2) = 0$으로 n이 커질수록 S^2은 σ^2 근처에 집중된다. 카이제곱분포의 자유도(degree of freedom)는 독립적인 관측값의 개수를 의미한다. 즉 자유롭게 독립적으로 변화할 수 있는 관측값의 수를 의미한다. 이는 전체 자료의 개수에서 임의의 제약조건의 개수를 제외한 수로 계산할 수 있다. S^2을 고려할 때 표본크기는 n이고 제약조건은 $\sum_{i=1}^{n}(X_i - \overline{X}) = 0$이기 때문에 자유도는 $n-1$이다.

5.5.2 t분포

t분포(Student's t distribution)는 정규모집단에서 추출된 랜덤표본의 모평균에 대한 가설검정 등을 포함한 검정론에서 매우 중요한 역할을 한다.

정의 5.4 자유도가 k인 t분포의 확률밀도함수는

$$f(x) = \frac{\Gamma((k+1)/2)}{\Gamma(k/2)} \frac{1}{\sqrt{k\pi}} \frac{1}{(1+x^2/k)^{(k+1)/2}}$$

이며, 기호로는 $X \sim t(k)$를 사용한다.

[정의 5.4]에 정의된 t분포는 [정리 5.12]와 같이 표준정규분포와 카이제곱분포 확률변수의 변환으로 정의할 수 있다.

정리 5.12 $Z \sim N(0,1)$, $U \sim \chi^2(k)$이고 Z, U가 서로 독립일 때

$$X = \frac{Z}{\sqrt{U/k}} \sim t(k)$$

이다.

증명 확률변수 Z, U는 서로 독립이므로 결합확률밀도함수는

$$f_{Z,U}(z,u) = \frac{1}{\sqrt{2\pi}} e^{-z^2/2} \times \frac{1}{\Gamma(k/2)} \left(\frac{1}{2}\right)^{k/2} u^{k/2-1} e^{-u/2}$$

이다. 변수변환기법을 이용하여 $X = \dfrac{Z}{\sqrt{U/k}}$, $Y = U$ 라고 하면 [정리 2.9]로부터

$$\begin{aligned} f_{X,Y}(x,y) &= f_{Z,U}\left(x\sqrt{\frac{y}{k}}, y\right)\sqrt{\frac{y}{k}} \\ &= \frac{\sqrt{y/k}}{\sqrt{2\pi}} \frac{1}{\Gamma(k/2)} \left(\frac{1}{2}\right)^{k/2} y^{k/2-1} e^{-y/2 - x^2 y/2k} \end{aligned}$$

이다. 따라서

$$\begin{aligned} f_X(x) &= \int_{-\infty}^{\infty} f_{X,Y}(x,y)\,dy \\ &= \frac{1}{\sqrt{2k\pi}} \frac{1}{\Gamma(k/2)} \left(\frac{1}{2}\right)^{k/2} \int_0^{\infty} y^{k/2-1/2} e^{-\frac{1}{2}(1+x^2/k)y} dy \\ &= \frac{\Gamma((k+1)/2)}{\Gamma(k/2)} \frac{1}{\sqrt{k\pi}} \frac{1}{(1+x^2/k)^{(k+1)/2}} \end{aligned}$$

이므로 $X \sim t(k)$이다. 마지막 등식은 치환적분에 의해 유도된다. ■

[그림 5.2]는 t분포의 확률밀도함수로서 0에 관해 대칭이고 자유도가 커짐에 따라 꼬리부분의 확률이 작아지며 $n \to \infty$ 이면 t분포는 표준정규분포에 가까워진다. 한편 $k=1$일 때의 확률분포는 4.7절에서 기술한 코시분포(Cauchy distribution)와 일치한다.

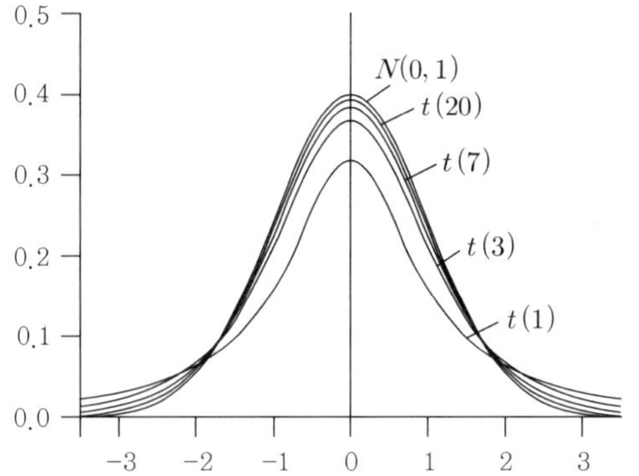

[그림 5.2] t 분포의 확률밀도함수

정규모집단에서 모분산이 알려지지 않은 경우에 표본평균의 분포는 정규분포와 같지 않다. 이를 1937년 영국인 Gosset이 student라는 필명으로 논문을 발표하여 t분포를 "student t" 분포라 부르기도 한다.

정리 5.13 $X \sim t(k)$일 때 $E(X)=0,\ Var(X)=\dfrac{k}{k-2}, k>2$이다.

정리 5.14 랜덤표본 $X_1,\cdots,X_n$이 정규모집단 $N(\mu,\sigma^2)$에서 추출될 때

$$T=\frac{\overline{X}-\mu}{S/\sqrt{n}} \sim t(n-1)$$

이다.

증명 $\dfrac{\overline{X}-\mu}{\sigma/\sqrt{n}} \sim N(0,1)$이고 $\dfrac{(n-1)S^2}{\sigma^2} \sim \chi^2(n-1)$이다. 또한 [정리 5.10]에 의해 $\overline{X}, S^2$은 서로 독립이다. 따라서 [정리 5.12]에 의해

$$\frac{\dfrac{\overline{X}-\mu}{\sigma/\sqrt{n}}}{\sqrt{\dfrac{(n-1)S^2}{\sigma^2}\dfrac{1}{n-1}}} \sim t(n-1)$$

이다. 이 확률변수를 간단히 정리하면 $T=\dfrac{\overline{X}-\mu}{S/\sqrt{n}} \sim t(n-1)$이다. ■

[정리 5.14]를 [정리 5.4] (ii)와 비교하면 정규모집단의 분산이 알려진 경우와

알려지지 않은 경우에 대하여 표본평균에 대한 분포는

$$\frac{\overline{X}-\mu}{\sigma/\sqrt{n}} \sim N(0,1),\ \frac{\overline{X}-\mu}{S/\sqrt{n}} \sim t(n-1)$$

이다. 여기에서 사용된 확률변수는 표본평균을 표준화한 것이다. 즉 표본평균의 표준화된 확률변수는 정규분포 또는 t분포를 따른다.

예제 5.11 [예제 5.10]에서 모분산이 알려지지 않은 경우 즉, 공무원 시험의 어떤 과목은 평균이 50점이라고 한다. 이 모집단에서 25명을 확률표본으로 추출했을 때 표본표준편차가 10이다. 표본평균 $\overline{X}$가 55점 이상일 확률을 구하라.

풀이 [정리 5.14]에 의해 $T \sim t(24)$일 때

$$P(\overline{X} \geq 55) = P\left(\frac{\overline{X}-50}{10/\sqrt{25}} \geq \frac{55-50}{10/\sqrt{25}}\right)$$
$$= P(T \geq 2.5) = 1 - P(T < 2.5) = 0.01$$

이다. 이는 [예제 5.10]에서 확률 $P(\overline{X} > 55) = 0.006$보다 크다. 그 이유는 표준정규분포보다 t분포가 꼬리가 두터운 확률분포이기 때문이다. ■

5.5.3 F분포

통계량의 분포 가운데 독립적인 두 표본분산의 비율에 관한 분포를 설명하는 데 중요한 역할을 하는 F분포(F distribution)인데, 특히 분산분석(分散分析, analysis of variance, ANOVA)에서 널리 쓰인다.

정의 5.5 자유도가 m,n인 F분포의 확률밀도함수는

$$f(x) = \frac{\Gamma((m+n)/2)}{\Gamma(m/2)\Gamma(n/2)}\left(\frac{m}{n}\right)^{m/2} \frac{x^{(m-2)/2}}{(1+mx/n)^{(m+n)/2}},\ x > 0$$

이며, 기호로는 $X \sim F(m,n)$을 사용한다.

[정의 5.5]에 정의된 F분포는 확률변수의 변환으로 정의할 수 있다.

정리 5.15 $U \sim \chi^2(m)$, $V \sim \chi^2(n)$이고 U, V가 서로 독립일 때

$$X = \frac{U/m}{V/n} \sim F(m,n)$$

이다.

증명 확률변수 U, V는 서로 독립이고 각각 카이제곱분포를 따르므로 [정의 4.6]에서 카이제곱분포의 확률밀도함수에서 확률변수 U, V의 결합확률밀도함수 $f_{U,V}(u,v) = f_U(u)f_V(v)$이다.

한편 $X = \frac{U/m}{V/n}$, $Y = U$이라고 하면 $f_{X,Y}(x,y) = f_U(y)f_V(\frac{y/m}{x/n})|J|$를 구하고 $f_X(x) = \int f_{X,Y}(x,y)dy$를 계산하면 정리를 증명할 수 있다. ■

[정리 5.15]의 의미는 정규모집단에서 추출된 랜덤표본에 대한 표본분산의 분포가 카이제곱분포를 따른다는 사실로부터 F분포는 서로 독립인 두 정규모집단의 표본분산의 비에 관한 분포라는 것을 유추할 수 있다는 것이다.

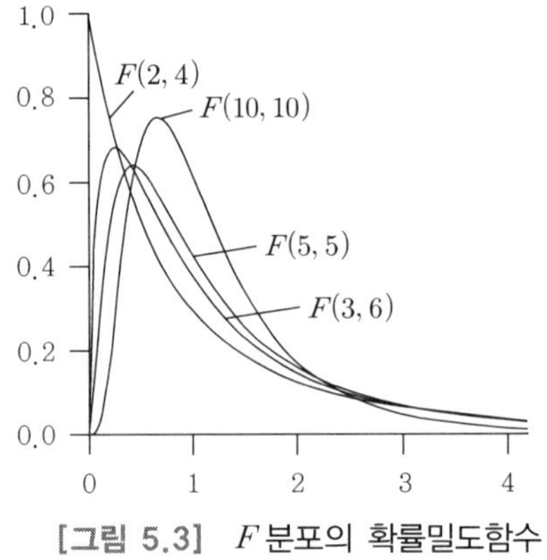

[그림 5.3] F 분포의 확률밀도함수

[그림 5.3]은 여러 가지 자유도에 따른 F분포의 확률밀도함수를 그린 것으로 카이제곱분포의 확률밀도함수인 [그림 4.6]과 마찬가지로 F분포의 확률밀도함수는 비대칭이다. 또한 자유도 m, n을 바꾼 확률분포 $F(m,n)$과 $F(n,m)$은 서로 대칭이 아니므로 자유도의 순서에 주의하여야 한다.

정리 5.16 $X \sim F(m,n)$일 때 다음과 같은 적률을 가진다.

$$E(X) = \frac{n}{n-2}, n > 2; \quad Var(X) = \frac{2n^2(n+m-2)}{m(n-2)^2(n-4)}, n > 4$$

정리 5.17 $X_1, \cdots, X_{n_1}$이 $N(\mu_1, \sigma_1^2)$에서 추출된 크기 n_1인 랜덤표본이고, 이와 독립적으로 $Y_1, \cdots, Y_{n_2}$이 $N(\mu_2, \sigma_2^2)$에서 추출된 크기 n_2인 랜덤표본이라 할 때 다음이 성립한다.

$$\frac{S_1^2/\sigma_1^2}{S_2^2/\sigma_2^2} \sim F(n_1-1, n_2-1)$$

단, $S_1^2 = \frac{1}{n_1-1}\sum_{i=1}^{n_1}(X_i - \overline{X})^2, S_2^2 = \frac{1}{n_2-1}\sum_{j=1}^{n_2}(Y_j - \overline{Y})^2$ 이다.

증명 [정리 5.10]으로부터

$$U = \frac{(n_1-1)S_1^2}{\sigma_1^2} \sim \chi^2(n_1-1), \; V = \frac{(n_2-1)S_2^2}{\sigma_2^2} \sim \chi^2(n_2-1)$$

이고 X_i, Y_j는 서로 독립이므로 U, V는 서로 독립이다. [정리 5.15]에 의해

$$\frac{U/(n_1-1)}{V/(n_2-1)} = \frac{S_1^2/\sigma_1^2}{S_2^2/\sigma_2^2} \sim F(n_1-1, n_2-1)$$

이다. ■

만약 $X \sim F(m,n)$이면 $\frac{1}{X} \sim F(n,m)$이다. $P(X > F_{\alpha,m,n}) = \alpha$를 만족한다면 $P\left(\frac{1}{X} < \frac{1}{F_{\alpha,m,n}}\right) = \alpha$이므로 $\frac{1}{F_{\alpha,m,n}} = F_{1-\alpha,n,m}$이다. 이러한 이유 때문에 부록6에서 $m \geq n$인 경우에만 누적확률분포표가 있다. 즉, $F_{0.05,2,3} = 9.55$이면 $F_{0.95,3,2} = \frac{1}{F_{0.05,2,3}} = \frac{1}{9.55} = 0.105$를 계산할 수 있다.

예제 5.12 $X_1, \cdots, X_{13} \sim N(\mu_1, 9)$, $Y_1, \cdots, Y_{10} \sim N(\mu_2, 4)$에서 추출된 랜덤표본이고 서로

5장 표본분포

독립이다. $P\left(\dfrac{\sum_{i=1}^{13}(X_i-\overline{X})^2}{\sum_{i=1}^{10}(Y_i-\overline{Y})^2} \le c\right) = 0.95$를 만족하는 c를 구하라.

풀이 [정리 5.17]에 의해 $\dfrac{S_1^2/9}{S_2^2/4} \sim F(12,9)$이므로 해당 식은

$$0.95 = P\left(\frac{12S_1^2}{9S_2^2} \le c\right) = P\left(\frac{S_1^2/9}{S_2^2/4} \le \frac{c}{3}\right)$$

을 만족한다. 부록 6으로부터 $\dfrac{c}{3} = F_{0.05,12,9} = 5.983$에서 $c = 17.949$이다. ■

[정의 5.5]에서 $m=1$일 때 확률밀도함수는 변수변환에 의하여 T^2의 확률밀도함수임을 보일 수 있다. 여기에서 $T \sim t(n)$이다. 즉 $F(1,n) = t^2(n)$이다. 특히 $t(1)$이 코시분포일 때 $t^2(1) = F(1,1)$이다.

본 책에서 다룬 표준정규분포, 카이제곱분포, t분포, F분포의 백분위수는 향후 추정론과 검정론에서 자주 사용된다. 상위백분위수를 정리하면 다음과 같은 표기한다. 부록 1~6의 표를 참조하기 바란다.

$z_\alpha : Z \sim N(0,1)$일 때 $P(Z \ge z) = \alpha$를 만족하는 z값

$\chi_{\alpha,n} : X \sim \chi^2(n)$일 때 $P(X \ge x) = \alpha$를 만족하는 x값

$t_{\alpha,n} : T \sim t(n)$일 때 $P(T \ge t) = \alpha$를 만족하는 t값

$F_{\alpha,m,n} : F \sim F(m,n)$일 때 $P(F \ge f) = \alpha$를 만족하는 f값

그런데 표준정규분포와 t분포는 0에 관하여 대칭이므로

$$z_{1-\alpha} = -z_\alpha,\ t_{1-\alpha,n} = -t_{\alpha,n}$$

이다.

5.6 순서통계량

랜덤표본 $X_1,\cdots,X_n$이 확률밀도함수 $f(x)$에서 추출되었다면 랜덤표본을 크기

순으로 나열하였을 때 $X_{(1)},\cdots,X_{(n)}$이라 하자. 만약 $i<j$이면 $X_{(i)} \le X_{(j)}$의 성질을 가진다.

이러한 순서통계량은 비모수통계학에서 특히 활용도가 크다. 여기에서는 순서통계량의 확률밀도함수 및 분포함수 등을 구한다. 특히 최솟값, 최댓값의 확률분포에 대하여 상세하게 알아보기로 한다.

정리 5.18 $X_1,\cdots,X_n \sim f(x)$에서 추출된 랜덤표본일 때 순서통계량 $X_{(k)}$, $1 \le k \le n$의 분포함수 및 확률밀도함수는 다음과 같다.

$$F_{(k)}(x)=\sum_{j=k}^{n}\binom{n}{j}F(x)^j(1-F(x))^{n-j}$$
$$f_{(k)}(x)=nf(x)\binom{n-1}{k-1}F(x)^{k-1}(1-F(x))^{n-k}$$

증명 $F_{(k)}(x)=P(X_{(k)} \le x)$인데, $X_{(k)} \le x$는 n개의 관측값 가운데 최소 k개 이상이 x보다 작거나 같은 사건이다. 그런데 하나의 관측값이 x보다 작거나 같은 확률은 $F(x)=P(X_i<x)$이므로

$$F_{(k)}(x)=P(X_{(k)} \le x)=\sum_{j=k}^{n}\binom{n}{j}F(x)^j(1-F(x))^{n-j}$$

이다. 한편 확률밀도함수는 $F_{(k)}(x)$를 미분하여

$$\begin{aligned} f_{(k)}(x)= & \sum_{j=k}^{n}\binom{n}{j}F(x)^{j-1}jf(x)(1-F(x))^{n-j} \\ & +\sum_{j=k}^{n}\binom{n}{j}F(x)^j(n-j)[-f(x)](1-F(x))^{n-j-1} \end{aligned}$$

이고, 이를 정리하면 주어진 확률밀도함수 $f_{(k)}(x)$를 구할 수 있다. ■

보조정리 5.19 $X_1,\cdots,X_n \sim f(x)$에서 추출된 랜덤표본일 때 최솟값 $X_{(1)}$과 최댓값 $X_{(n)}$의 분포함수 및 확률밀도함수는 다음과 같다.

$$F_{(1)}(x)=1-(1-F(x))^n,\ F_{(n)}(x)=F^n(x)$$
$$f_{(1)}(x)=nf(x)(1-F(x))^{n-1},\ f_{(n)}(x)=nf(x)F^{n-1}(x)$$

증명 [정리 5.18]에서 $k=1$ 또는 $k=n$을 대입한다. ■

예제 5.13 $X_1,\cdots,X_n \sim EXP(1)$에서 추출된 랜덤표본일 때 최솟값 통계량 $X_{(1)}$의 확률 $P\left(X_{(1)} < \frac{1}{n}\right)$의 값을 구하라.

풀이 분포함수가 $F(x)=1-e^{-x}, x>0$이므로 최솟값에 대한 분포함수는 [보조정리 5.19]에 의해

$$F_{X_{(1)}}(x) = 1-(1-(1-e^{-x}))^n = 1-e^{-nx}$$

이다. 따라서

$$P(X_{(1)} < \frac{1}{n}) = 1-e^{-n/n} = 1-e^{-1} = 0.632$$

이다. ■

정리 5.20 $X_1,\cdots,X_n \sim f(x)$에서 추출된 랜덤표본일 때 순서통계량들은 다음과 같은 결합확률밀도함수를 가진다.

$$f_{X_{(1)},\cdots,X_{(n)}}(x_{(1)},\cdots,x_{(n)}) = n!f(x_{(1)})\times\cdots\times f(x_{(n)}),$$

$$f_{X_{(i)},X_{(j)}}(x_{(i)},x_{(j)}) = \frac{n!}{(i-1)!(j-i-1)!(n-j)!}F(x_{(i)})^{i-1}f(x_{(i)})$$

$$\times[F(x_{(j)})-F(x_{(i)})]^{j-i-1}[1-F(x_{(j)})]^{n-j}f(x_{(j)}), i<j$$

증명 첫 번째 n개 순서통계량에 대한 결합확률밀도함수는 순서를 고려하면 $n!$개의 경우의 수가 나오므로 쉽게 증명된다. $X_{(i)}$와 $X_{(j)}$의 결합확률밀도함수는 두 개의 순서통계량은 고정되어 있기 때문에 성질

$$P(X \le x_{(i)}) = F(x_{(i)}),$$
$$P(x_{(i)} < X \le x_{(j)}) = F(x_{(j)}) - F(x_{(i)}),$$
$$P(X > x_{(j)}) = 1-F(x_{(j)})$$

을 이용하면 해당 확률밀도함수를 얻는다. ■

연습문제

1 두 확률변수 $X_1 \sim N(1,9), X_2 \sim N(-1,16)$이고 서로 독립이다.

가. $Y = X_1 + X_2$의 적률생성함수를 구하라.

나. Y의 확률분포를 구하라.

2 확률변수 $X_1 \sim N(5,50), X_2 \sim N(1,50)$이고 서로 독립일 때 $P(X_2 < X_1)$을 구하라.

3 랜덤표본 $X_1, \cdots, X_{10} \sim Poisson(3)$에서 추출되었을 때 $Y = X_1 + \cdots + X_{10}$의 확률분포를 구하라.

4 확률밀도함수 $f(x) = \frac{3}{2}x^2, -1 < x < 1$에서 추출된 랜덤표본 $X_1, \cdots, X_{15}$의 합인 $Y = X_1 + \cdots + X_{15}$일 때 $P(-4.5 < Y < 4.5)$를 근사적으로 구하라.

5 $X \sim N(4,4)$일 때 $P(\frac{2}{5} < (X-4)^2 < \frac{9}{5})$의 값을 구하라.

6 $X_1, \cdots, X_{15} \sim N(\mu,4)$에서 추출된 랜덤표본일 때 다음 값을 구하라.

$$P(2.08 < \frac{1}{15}\sum_{i=1}^{15}(X_i - \overline{X})^2 < 3.56)$$

7 $X_1, \cdots, X_{16} \sim N(5,25)$에서 추출된 랜덤표본이다. 이때 다음 값을 구하라.

$$P(0 < \overline{X} < 6,\, 2.62 < \frac{1}{50}\sum_{i=1}^{16}(X_i - \overline{X})^2 < 5.52)$$

8 모분포 $N(0,1)$에서 추출된 랜덤표본 $X_1, \cdots, X_{50}$에 대하여 물음에 답하라.

가. $P(X_2 - X_5 < 2)$의 값을 구하라.

나. $P(X_1 + X_3 < 2)$의 값을 구하라.

다. $P(X_1^2 + \cdots + X_{25}^2 < 14.61)$의 값을 구하라.

라. $P(0.559 < \frac{1}{50}(X_1^2 + \cdots + X_{50}^2) < 1.263)$의 값을 구하라.

마. $P(X_1^2 + \cdots + X_{50}^2 < 50 + c) = 0.9$를 만족하는 c를 구하라.

9 $\overline{X}$, S^2이 $N(\mu,\sigma^2)$에서 추출된 랜덤표본 $X_1, \cdots, X_{16}$에서 구하였다. 다음을 만족하는 c를 구하라.

$$P\left(-c < \frac{4(\overline{X}-\mu)}{S} < c\right) = 0.95$$

10 $X \sim B(100, \frac{1}{2})$일 때 $P(X > 60)$의 값을 근사적으로 구하라.

11 $X_1, \cdots, X_{50} \sim \chi^2(10)$에서 추출된 랜덤표본일 때 $P(9 < \overline{X} < 11)$의 값을 근사적으로 구하라.

6장

추정론

통계학은 크게 기술통계학(記述統計學, descriptive statistics)과 추측통계학(推測統計學, inferential statistics)으로 분류할 수 있다. 기술통계학은 주어진 자료를 자료의 특성을 파악하고자 하는 통계적 기법으로 자료를 그림, 도표 및 숫자로 효과적으로 요약하는 방법을 다루며, 추측통계학은 자료로부터 모집단의 성질을 추측하는 통계적 방법을 다룬다. 추측통계학에서 사용되는 도구로 확률론이 필요하기 때문에 5장까지 확률론에 대하여 살펴보았다. 추측통계학은 추정(推定, estimation)과 검정(檢定, testing)으로 나뉘는데, 추정은 모집단의 특성치인 모수를 예측하는 것이고 이 장에서 다루며, 검정은 자료에 근거하여 통계적 가설의 참, 거짓을 판정하는 것으로 7장에서 다룰 것이다.

실험과 조사의 대상인 모집단의 자료를 나타내는 확률변수 X의 확률밀도함수가 $f(x,\theta),\theta\in\Omega$일 때 모수모형(母數模型, parametric model)은 모수 θ를 제외하고 확률밀도함수 $f(\cdot)$의 형태는 이미 결정되어 있다고 가정한다. 모수모형에서는 크기가 n인 랜덤표본 $X_1,\cdots,X_n$의 함수인 통계량 $T(X_1,\cdots,X_n)$을 이용하여 모수 θ를 하나의 값으로 추정하는 방법을 점추정(點推定, point estimation)이라고 한다. 다른 하나는 두 통계량 $T_1(X_1,\cdots,X_n), T_2(X_1,\cdots,X_n)$를 이용하여 구간 $[T_1, T_2]$에 θ가 포함될 확률을 고려하는 구간추정(區間推定, interval estimation) 방법이다.

정의 6.1 모수 θ의 함수 $g(\theta)$를 추정하는 데 사용되는 통계량 $T(X_1,\cdots,X_n)$을 $g(\theta)$의 추정량(estimator)이라고 하고, 주어진 표본값 $X_1=x_1,\cdots,X_n=x_n$에서 통계량 $T(X_1,\cdots,X_n)$의 값 $T(x_1,\cdots,x_n)$을 추정값(estimate)이라고 한다.

[정의 6.1]으로부터 추정량은 확률변수이고, 추정값은 주어진 자료값 형태로 나타난다. 영어 대문자는 확률변수이고, 소문자는 관찰값을 나타낸다. 일반적으로 랜덤표본 $X_1,\cdots,X_n$으로 추정된 모수 θ의 추정량을 $\hat{\theta}$ 또는 $\hat{\theta}_n$으로 표기한다.

6.1 적률이용추정량과 최대가능도추정량

모수를 추정하는 여러 가지 방법 가운데 적률이용법(method of moments estimation, mme)과 최대가능도추정법(maximum likelihood estimation, mle) 및 최소제곱법(least squares estimation, lse) 등이 있다. 최대가능도추정법을 최대우도추정법 또는 최우추정법이라고도 한다. 최소제곱법은 회귀분석, 분산분석에서 많이 사용되는 추정법이다.

6.1.1 적률이용법

모집단의 확률변수 X의 r차 적률 $m^r = E(X^r)$의 관계식을 랜덤표본 $X_1, \cdots, X_n$에 적용시키면 r차 표본적률(sample moment)은 $\hat{m}_r = \frac{1}{n}\sum_{i=1}^{n} X_i^r$이다. 이와 같은 표본적률을 이용하여 추정의 대상인 모수의 모적률이

$$\theta = h(m_1, \cdots, m_r)$$

의 꼴로 주어지는 경우에 모적률 대신 표본적률을 이용하여

$$\hat{\theta}_{mme} = h(\hat{m}_1, \cdots, \hat{m}_r)$$

의 관계식으로부터 모수 θ를 추정하는 방법을 적률이용법이라고 한다. 이는 대수의 법칙에 의해 n이 커지면 r차 표본적률이 r차 모적률로 확률적으로 수렴한다는 사실에 기초한 방법이다.

예제 6.1 $X_1, \cdots, X_n \sim B(1, p)$에서 추출된 랜덤표본일 때 p의 적률이용추정량을 구하라.

풀이 모수와 적률과의 관계식은

$$p = E(X)$$

이다. 이를 랜덤표본에 적용하면

$$\hat{p}_{mme} = \frac{1}{n}\sum_{i=1}^{n} X_i = \overline{X}$$

의 추정량을 구할 수 있다. ■

예제 6.2 $X_1, \cdots, X_n \sim N(\mu, \sigma^2)$에서 추출된 랜덤표본일 때 μ, σ^2의 적률이용추정량을 구하라.

풀이 모수 μ, σ^2와 모적률 $E(X), E(X^2)$의 관계식

$$\mu = E(X), \sigma^2 = E(X^2) - E^2(X)$$

으로부터

$$\hat{\mu}_{mme} = \overline{X}, \hat{\sigma}^2_{mme} = \frac{1}{n}\sum_{i=1}^{n} X_i^2 - \overline{X^2} = \frac{1}{n}\sum_{i=1}^{n}(X_i - \overline{X})^2$$

의 적률이용추정량을 구할 수 있다. ■

예제 6.3 $X_1, \cdots, X_n \sim EXP(\lambda)$에서 추출된 랜덤표본일 때 λ의 적률이용추정량을 구하라.

⊕풀이 [정리 4.7]에서

$$E(X) = \frac{1}{\lambda}$$

관계로부터 적률이용추정량은

$$\hat{\lambda}_{mme} = \frac{1}{\overline{X}}$$

이다. ■

예제에서 살펴본 바와 같이 적률이용추정법은 간단하지만 때때로 추정량이 유일하지 않은 경우가 있다.

예제 6.4 $X_1, \cdots, X_n \sim Poisson(\lambda)$에서 추출된 랜덤표본일 때 λ의 적률이용추정량을 구하라.

⊕풀이 [정리 3.13]에서 $E(X) = \lambda$ 관계로부터 적률이용추정량 $\hat{\lambda}_{mme} = \overline{X}$이다.

한편 $Var(X) = \lambda$로부터 $\hat{\lambda}_{mme} = \widehat{Var}(X) = \frac{1}{n}\sum_{i=1}^{n}(X_i - \overline{X})^2$이다. 따라서 적률이용추정량이 유일하지 않다. ■

6.1.2 최대가능도추정법

확률변수 $X_1, \cdots, X_n$의 결합확률밀도함수 $f(x_1, \cdots, x_n)$의 값이 크다는 것은 주어진 관찰값 $x_1, \cdots, x_n$에서 모수의 가능도가 크다는 것을 나타낸다. 따라서 결합확률밀도함수의 값을 최대로 하는 모수를 찾는 것은 주어진 표본에서 가장 그럴듯한 모수를 추정하는 것과 같다. 이와 같은 추정 방법을 최대가능도(最大可能度) 추정법이라고 한다. 다음의 정의를 이용하여 구체적으로 기술한다.

정의 6.2 $X_1,\cdots,X_n \sim f(x)$인 랜덤표본일 때

$$L(\theta)=L(\theta;x_1,\cdots,x_n)=f(x_1,\theta)\cdots f(x_n,\theta),\theta\in\Omega$$

를 θ의 가능도함수(likelihood function) 또는 우도(尤度)함수라고 한다.

정의 6.3 $X_1,\cdots,X_n \sim f(x)$인 랜덤표본일 때 가능도함수 $L(\theta)$를 최대로 하는 θ를 최대가능도추정량(maximum likelihood estimator, mle)이라고 한다.

$$\hat{\theta}_{mle}=\text{argmax}_\theta L(\theta)=\text{argmax}_\theta L(\theta;x_1,\cdots,x_n)$$

예제 6.5 $X_1,\cdots,X_n \sim B(1,p)$에서 추출된 랜덤표본일 때 p의 최대가능도추정량을 구하라.

풀이 가능도함수는

$$L(x_1,\cdots,x_n,p)=p^{\sum_{i=1}^{n}x_i}(1-p)^{n-\sum_{i=1}^{n}x_i}=p^y(1-p)^{n-y}$$

이다. 여기에서 $y=\sum_i x_i$이다. $L(p)$를 p에 관하여 미분하여 0으로 설정하면

$$\frac{dL(p)}{dp}=p^{y-1}(1-p)^{n-y-1}(y-np)=0$$

이다. 위 방정식을 해 p가 $L(p)$를 최대로 하는 점이다. 즉 $y=np$에서 가능도함수는 최대가 된다. 따라서 최대가능도추정량은

$$\hat{p}_{mle}=\text{argmax}_p L(p)=\frac{Y}{n}=\overline{X}$$

이다. ■

[예제 6.5]에서처럼 최대가능도추정량은 최댓값이 되게 하는 정의구역에서 값을 구하는 것이므로 가능도함수가 미분가능하다면 가능도함수를 미분하여 0으로 설정해서 최대가능도추정량을 구하는 경우가 많다. 그런데 지수함수와 같은 꼴은 미분을 하면 복잡한 수식이 되므로 로그함수는 증가함수이므로 $L(\theta)$의 최대가 되는 θ를 구하는 것은 $l(\theta)=\log L(\theta)$의 최댓값이 되는 θ를 구하는 것과 같다. 즉

$$\hat{\theta}_{mle}=\text{argmax}_\theta l(\theta)=\text{argmax}_\theta L(\theta)$$

이다.

[예제 6.5]에서

$$l(p) = \log L(p) = y\log(p) + (n-y)\log(1-p)$$

이고, 이를 미분하여 도함수를 구하면

$$\frac{dl(p)}{dp} = \frac{y}{p} - \frac{(n-y)}{(1-p)}$$

이다. 따라서 최대가능도추정량은 $\frac{dl(p)}{dp} = 0$을 만족하는 해는 $y = np$이므로, p에 대한 최대가능도추정량은

$$\hat{p}_{mle} = \overline{X}$$

이다.

예제 6.6 $X_1, \cdots, X_n \sim N(\mu, \sigma^2)$에서 추출된 랜덤표본일 때 모수 μ, σ^2의 최대가능도추정량을 구하라.

풀이 정규분포의 가능도함수는

$$L(\mu, \sigma^2) = \prod_{i=1}^{n} \left\{ \frac{1}{\sigma\sqrt{2\pi}} \exp\left[-\frac{1}{2}\left(\frac{x_i - \mu}{\sigma}\right)^2 \right] \right\}$$

이고 로그함수를 취하면

$$l(\mu, \sigma^2) = \log L(\mu, \sigma^2) = -n\log(\sqrt{2\pi}) - n\log\sigma - \frac{1}{2}\sum_i \left(\frac{x_i - \mu}{\sigma}\right)^2$$

이다. 로그가능도함수 $l(\mu, \sigma^2)$을 μ, σ^2에 대하여 편미분하여 0으로 설정하면 다음과 같은 연립방정식을 얻는다.

$$\frac{\partial l(\mu, \sigma^2)}{\partial \mu} = \frac{1}{\sigma^2}\sum_{i=1}^{n}(x_i - \mu) = 0$$
$$\frac{\partial l(\mu, \sigma^2)}{\partial \sigma^2} = -\frac{n}{2\sigma^2} + \frac{1}{2\sigma^4}\sum_{i=1}^{n}(x_i - \mu)^2 = 0$$

연립방정식을 μ, σ^2 에 관하여 해를 구하면 최대가능도추정량을 구할 수 있다.

$$\hat{\mu}_{mle} = \overline{X},\ \ \hat{\sigma}^2_{mle} = \frac{1}{n}\sum_{i=1}^{n}(X_i - \overline{X})^2$$

여기에서 μ가 알려져 있다면 $\hat{\sigma}^2_{mle} = \frac{1}{n}\sum_{i=1}^{n}(X_i - \mu)^2$이고, μ가 알려져 있지 않다면 μ 대신에 $\overline{X}$를 사용한 추정량 $\hat{\sigma}^2_{mle} = \frac{1}{n}\sum_{i=1}^{n}(X_i - \overline{X})^2$ 이다. ■

예제 6.7 $X_1,\cdots,X_n \sim Poisson(\lambda)$에서 추출된 랜덤표본일 때 λ의 최대가능도추정량을 구하라.

풀이 가능도함수는

$$L(\lambda) = \frac{e^{-n\lambda}\lambda^{\sum_{i=1}^{n}x_i}}{x_1 \cdots x_n}$$

이므로

$$l(\lambda) = -n\lambda + \sum_{i=1}^{n}x_i\log\lambda - \sum_{i=1}^{n}\log(x_i!)$$

에서 λ에 관하여 미분하여 0으로 설정하면

$$l'(\lambda) = -n + n\overline{X}/\lambda = 0$$

에서 $\hat{\lambda}_{mle} = \overline{X}$이다. [예제 6.4]에서 적률이용추정량은 유일하지 않았지만 최대가능도추정량은 유일하다. ■

최대가능도추정량이 항상 미분가능한 가능도함수 $L(\theta)$가 존재하는 것이 아니다. 다음과 같은 예제를 고려할 수 있다.

예제 6.8 $X_1,\cdots,X_n \sim U(0,\theta)$에서 추출된 랜덤표본일 때 θ의 최대가능도추정량을 구하라.

풀이 가능도함수는 다음과 같다.

$$L(\theta) = \left(\frac{1}{\theta}\right)^n, 0 \le x_1 \le \theta,\cdots,0 \le x_n \le \theta$$

$L(\theta)$가 0이 아니기 위한 조건은 $x_1,\cdots,x_n$의 최댓값이 θ보다 작아야 한다. 즉,

$$L(\theta) = \left(\frac{1}{\theta}\right)^n, x_{(n)} \le \theta, \theta > 0$$

이다. $L(\theta)$는 감소함수이므로 θ가 최소일 때, 즉 $\theta = x_{(n)}$일 때 최댓값을 가진다. 따라서 $\hat{\theta}_{mle} = X_{(n)}$이다.

가능도함수를 그림으로 그리면 [그림 6.1]과 같다. 그림에서 최댓값이 $x_{(n)}$에서 발생한다는 사실을 확인할 수 있다. ■

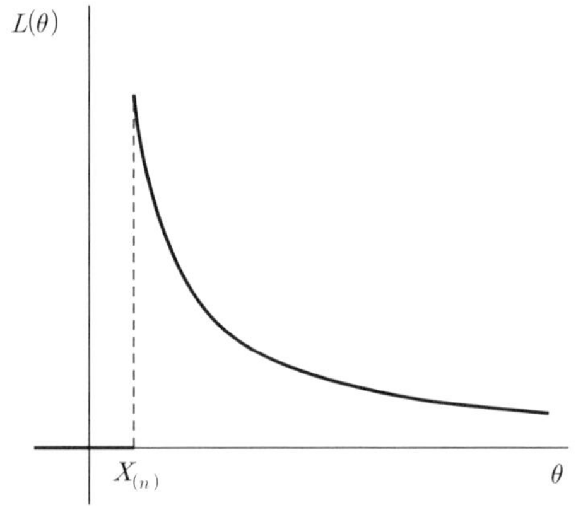

[그림 6.1] 가능도함수의 그래프

정리 6.1 최대가능도추정량 $\hat{\theta}_{mle}$일 때 θ의 일대일대응함수 $\eta = g(\theta)$의 최대가능도추정량은 $\hat{\eta}_{mle} = g(\hat{\theta}_{mle})$이다.

[정리 6.1]은 모수의 일대일대응함수에 의한 변환에 의해서는 확률밀도함수가 변화하지 않기 때문에 가능도함수는 변화하지 않는다는 사실에서 유도될 수 있다. 즉 최대가능도추정량은 일대응함수 변환에 관하여 보존된다.

예제 6.9 $X_1, \cdots, X_n \sim N(\mu, \sigma^2)$에서 추출한 랜덤표본일 때 μ, σ의 최대가능도추정량을 구하라.

풀이 [예제 6.6]에서 살펴본 바와 같이

$$\hat{\mu}_{mle} = \overline{X},\ \hat{\sigma}^2_{mle} = \frac{1}{n}\sum_{i=1}^{n}(X_i - \overline{X})^2$$

이다. 따라서 분산의 함수인 표준편차의 최대가능도추정량은

$$\hat{\sigma}_{mle} = \sqrt{\hat{\sigma}^2_{mle}} = \sqrt{\frac{1}{n}\sum_{i=1}^{n}(X_i - \overline{X})^2}$$

이다. ■

6.2 추정의 기준

6.1절에서 일반적으로 사용되는 추정량을 구하는 방법에 대하여 알아보았다. 추정이란 표본 $X_1, \cdots, X_n$을 이용하여 모수 θ를 예측하는 것이다. 만약 $\hat{\theta} = X_1$와 같은 추정량을 사용하지 않고 적률이용추정량이나 최대가능도추정량을 사용하는 이유는 무엇일까? 좋은 추정량의 조건은 무엇일까?

6.2.1 불편성(unbiasedness)

추정량은 랜덤표본 $X_1, \cdots, X_n$의 함수로 모수 θ를 추정하는 것이기 때문에 확률분포를 가진다. 따라서 추정량의 평균이 추정하고자 하는 목표값 θ와 일치하는 것은 좋은 성질 가운데 하나이다.

정의 6.4 $X_1, \cdots, X_n$의 랜덤표본에서 모수 θ의 추정량 $\hat{\theta}(X_1, \cdots, X_n)$의 편의(偏倚, bias)를 $bias(\hat{\theta}) = E(\hat{\theta}) - \theta$로 정의한다. 또한 편의가 0인 추정량을 불편(不偏)추정량(unbiased estimator)이라고 한다. 즉 $E(\hat{\theta}) = \theta$인 추정량 $\hat{\theta}$를 불편추정량이라고 한다.

예제 6.10 동전을 던져 앞면이 나오는 확률을 p라고 한다. 만약 동전을 n번 던져 앞면이 나오는 횟수를 X라고 하면 $\hat{p} = \frac{X}{n}$는 불편추정량이다.

풀이 확률변수 $X \sim B(n,p)$에서

$$E(\hat{p}) = \frac{E(X)}{n} = \frac{np}{n} = p$$

이기 때문에 $\hat{p}$는 p의 불편추정량이다. ■

예제 6.11 랜덤표본 $X_1,\cdots,X_n \sim N(\mu,\sigma^2)$에서 모수 μ, σ^2 의 최대가능도추정량

$$\hat{\mu}_{mle} = \overline{X}, \hat{\sigma}^2_{mle} = \frac{1}{n}\sum_{i=1}^{n}(X_i - \overline{X})^2$$

의 불편성을 판단하라.

풀이 기댓값 μ의 추정량에 대한 기댓값을 구하면

$$E(\hat{\mu}_{mle}) = E(\overline{X}) = \mu$$

이므로 $\hat{\mu}_{mle} = \overline{X}$는 μ의 불편추정량이다.

그러나 분산에 대한 최대가능도추정량은 $\hat{\sigma}^2_{mle} = \dfrac{n-1}{n}S^2$으로 표현할 수 있다. [정리 5.11]에 의하여

$$E(\hat{\sigma}^2_{mle}) = \frac{n-1}{n}E(S^2) = \frac{n-1}{n}\sigma^2$$

이므로 $\hat{\sigma}^2_{mle}$는 σ^2의 불편추정량이 아니나

$$E(S^2) = \sigma^2$$

이므로 S^2은 σ^2의 불편추정량이다. ■

6.2.2 평균제곱오차와 효율성

모든 불편추정량이 좋은 추정량일 수 없다. 예를 들어 평균이 μ인 $X_1,\cdots,X_n$의 랜덤표본에서 모수 μ의 추정량으로 $\hat{\mu}= X_1$이라면 $E(\hat{\mu}) = \mu$이다. 그러나 추정량 $\hat{\mu}$은 첫 번째 표본만을 사용하기 때문에 직관적으로 적절한 추정량이 아닌 것을 알 수 있다. 좋은 추정량을 구하기 위하여 추정량의 평균뿐만 아니라 표본이 모수에 얼마나 집중되어 있는가를 나타내는 추정량의 분산을 고려할 필요가 있다.

예를 들어 평균이 μ이고 분산이 σ^2인 모집단의 랜덤표본 $X_1,\cdots,X_n$에서 모수 μ의 추정량으로 $\hat{\mu}_1 = \overline{X}$, $\hat{\mu}_2 = X_1$을 고려한다. 추정량의 기댓값은

$$E(\hat{\mu}_1) = E(\hat{\mu}_2) = \mu$$

이므로 $\hat{\mu}_1$, $\hat{\mu}_2$은 불편추정량이다. 두 추정량의 분산은

$$Var(\hat{\mu}_1) = \frac{\sigma^2}{n}, \quad Var(\hat{\mu}_2) = \sigma^2$$

이므로 $n > 2$인 경우 $Var(\hat{\mu}_1) < Var(\hat{\mu}_2)$이다. 따라서 $\hat{\mu}_1$이 $\hat{\mu}_2$보다 좋은 추정량이라고 할 수 있다. 추정량의 평균과 분산을 동시에 고려하는 기준은 다음과 같이 정의할 수 있다.

정의 6.5 $X_1, \cdots, X_n$의 랜덤표본에서 모수 θ의 추정량 $\hat{\theta}$의 추정오차를 $|\hat{\theta} - \theta|$로 정의하고, $E((\hat{\theta} - \theta)^2)$을 평균제곱오차(mean squared error, MSE)라고 한다.

정리 6.2 평균제곱오차는 다음과 같이 분해된다.

$$MSE = Var(\hat{\theta}) + bias^2(\hat{\theta})$$

증명 $\mu = E(\hat{\theta})$라고 하면

$$\begin{aligned} MSE &= E(\hat{\theta} - \theta)^2 = E(\hat{\theta} - \mu + \mu - \theta)^2 \\ &= E(\hat{\theta} - \mu)^2 + 2[E(\hat{\theta} - \mu)(\mu - \theta)] + E(\mu - \theta)^2 \end{aligned}$$

이다. $(\mu - \theta)$는 상수이므로

$$2E[(\hat{\theta} - \mu)(\mu - \theta)] = 2(\mu - \theta)E(\hat{\theta} - \mu)$$

이고 $E(\hat{\theta}) = \mu$이므로 가운데 항은 0이다. 한편 $E(\hat{\theta} - \mu)^2 = Var(\hat{\theta})$이고 $E(\mu - \theta)^2 = (\mu - \theta)^2 = bias^2(\hat{\theta})$이므로 증명이 완성된다. ■

[정리 6.2]에 의하면 추정량 $\hat{\theta}$의 평균제곱오차는 추정량의 평균에 관한 측도 편의(bias)와 분산을 동시에 고려하는 측도임을 알 수 있다.

예제 6.12 동전을 던져 앞면이 나오는 확률을 p라고 한다. 만약 동전을 n번 던져 앞면이 나오는 횟수를 X라고 하면 $\hat{p}_1 = \frac{X}{n}, \hat{p}_2 = \frac{X+1}{n}$을 p의 추정량으로 이용하려고 한다. 어떤 추정량이 더 좋다고 할 수 있는가?

풀이 $X \sim B(n, p)$이므로

$$E(X)=np,\ Var(X)=np(1-p)$$

이다. 따라서 각 추정량의 평균과 분산을 구하면 다음과 같다.

$$E(\hat{p}_1)=p,\ Var(\hat{p}_1)=\frac{Var(X)}{n^2}=\frac{p(1-p)}{n}$$

$$E(\hat{p}_2)=\frac{E(X)+1}{n}=p+\frac{1}{n},\ Var(\hat{p}_2)=Var\left(\frac{X}{n}+\frac{1}{n}\right)=Var\left(\frac{X}{n}\right)=\frac{p(1-p)}{n}$$

추정량 $\hat{p}_1, \hat{p}_2$의 편의제곱은

$$bias(\hat{p}_1)=0,\ \ bias(\hat{p}_2)=\frac{1}{n}$$

이므로 $\hat{p}_1, \hat{p}_2$의 평균제곱오차는 다음과 같다.

$$MSE(\hat{p}_1)=\frac{p(1-p)}{n}+0^2,\ \ MSE(\hat{p}_2)=\frac{p(1-p)}{n}+\frac{1}{n^2}$$

따라서 평균제곱오차측면에서 $\hat{p}_1$이 $\hat{p}_2$보다 좋은 추정량이라고 할 수 있다. ■

예제 6.13 $X_1,\cdots,X_n \sim N(\mu,\sigma^2)$에서 추출된 랜덤표본일 때 σ^2의 추정량으로 최대가능도 추정량과 표본분산을 고려할 수 있다.

$$\hat{\sigma}^2_{mle}=\frac{1}{n}\sum_{i=1}^{n}(X_i-\overline{X})^2,\ S^2=\frac{1}{n-1}\sum_{i=1}^{n}(X_i-\overline{X})^2$$

평균제곱오차를 계산하라.

풀이 $\hat{\sigma}^2_{mle}, S^2$은 분모가 n이냐 $n-1$이냐 차이뿐이다. [예제 6.11]에서 살펴본 바와 같이 [정리 5.10]에 의하여 $\dfrac{\sum_{i=1}^{n}(X_i-\overline{X})^2}{\sigma^2} \sim \chi^2(n-1)$이다. 따라서

$$E\left(\sum_{i=1}^{n}(X_i-\overline{X})^2\right)=(n-1)\sigma^2,\ Var\left(\sum_{i=1}^{n}(X_i-\overline{X})^2\right)=2(n-1)\sigma^4$$

이다. 그러므로

$$E(\hat{\sigma}^2_{mle}) = \frac{n-1}{n}\sigma^2,\ Var(\hat{\sigma}^2_{mle}) = \frac{2(n-1)}{n^2}\sigma^4,\ MSE(\hat{\sigma}^2_{mle}) = \frac{2n-1}{n^2}\sigma^4$$
$$E(S^2) = \sigma^2,\qquad Var(S^2) = \frac{2}{n-1}\sigma^4,\qquad MSE(S^2) = \frac{2}{n-1}\sigma^4$$

추정량의 평균측면에서는 S^2은 불편추정량이므로 $\hat{\sigma}^2_{mle}$보다 우수하지만 분산측면에서는 $\frac{2n-1}{n^2} < \frac{2}{n-1}$이므로 $\hat{\sigma}^2_{mle}$가 S^2보다 우수하다.

이를 통합한 평균제곱오차측면에서는 $n \geq 2$인 경우에

$$MSE(\hat{\sigma}^2_{mle}) < MSE(S^2)$$

이다. 그러나 n이 매우 큰 경우에 $\hat{\sigma}^2_{mle}, S^2$ 의 MSE 차이는 없다. ■

모수의 추정량을 비교하기 위한 기준으로 MSE 를 이용하여 다음과 같이 효율성을 정의한다.

정의 6.6 모수 θ의 추정량 $\hat{\theta}_1, \hat{\theta}_2$에 대하여 $MSE(\hat{\theta}_1) \leq MSE(\hat{\theta}_2)$일 때 $\hat{\theta}_1$이 $\hat{\theta}_2$보다 더 효율적(efficient)인 추정량이라고 한다. 또한 추정량 $\hat{\theta}_1$의 $\hat{\theta}_2$에 대한 상대효율(relative efficiency)을

$$e(\hat{\theta}_1, \hat{\theta}_2) = \frac{MSE(\hat{\theta}_2)}{MSE(\hat{\theta}_1)}$$

으로 정의한다.

예제 6.14 [예제 6.13]에서 $\hat{\sigma}^2_{mle}$의 S^2에 대한 상대효율을 구하고 어떤 추정량이 MSE 측면에서 좋은 추정량인가를 판단하라.

풀이 [예제 6.13]으로부터

$$e(\hat{\sigma}^2_{mle}, S^2) = \frac{MSE(S^2)}{MSE(\hat{\sigma}^2_{mle})} = \frac{2n^2}{(n-1)(2n-1)} > 1,\ n \geq 2 \text{에 대해}$$

이다. 따라서 상대효율 $e(\hat{\theta}_1, \hat{\theta}_2) > 1$이면 $\hat{\theta}_1$이 $\hat{\theta}_2$에 비해 MSE 측면에서 효율적이다. 여기에서는 $\hat{\sigma}^2_{mle}$가 S^2보다 MSE 측면에서 좋은 추정량이다. ■

예제 6.15 $X_1,\cdots,X_n \sim U(0,\theta)$에서 추출된 랜덤표본일 때 $\hat{\theta}_1 = 2\overline{X}$, $\hat{\theta}_2 = X_{(n)}$일 때 $e(\hat{\theta}_1,\hat{\theta}_2)$를 구하라.

풀이 $E(X_1) = \dfrac{\theta}{2}$, $Var(X_1) = \dfrac{\theta^2}{12}$이므로

$$E(\hat{\theta}_1) = 2E(\overline{X}) = 2E(X_1) = \theta,\quad Var(\hat{\theta}_1) = \frac{4}{n}Var(X_1) = \frac{\theta^2}{3n}$$

이다. 따라서 $\hat{\theta}_1$에 대한 평균제곱오차는

$$MSE(\hat{\theta}_1) = Var(\hat{\theta}_1) + bias^2(\hat{\theta}_1) = \frac{\theta^2}{3n} + 0^2 = \frac{\theta^2}{3n}$$

이다. 한편 최댓값 $X_{(n)}$의 확률밀도함수는 [보조정리 5.19]로부터

$$f_{(n)}(x) = n\frac{1}{\theta}\left(\frac{x}{\theta}\right)^{n-1},\ 0 < x < \theta$$

이다. 따라서 일차, 이차적률을 구하면

$$E(X_{(n)}) = \int_0^{\theta} xf_{(n)}(x)dx = \int_0^{\theta}\frac{nx^n}{\theta^n}dx = \frac{n}{n+1}\theta$$

$$E(X_{(n)}^2) = \int_0^{\theta} x^2 f_{(n)}(x)dx = \int_0^{\theta q} n\frac{x^{n+1}}{\theta^n}dx = \frac{n}{n+2}\theta^2$$

이므로

$$Var(X_{(n)}) = \left[\frac{n}{n+2} - \left(\frac{n}{n+1}\right)^2\right]\theta^2$$

이므로 평균제곱오차는

$$MSE(\hat{\theta}_2) = \left[\frac{n}{n+2} - \left(\frac{n}{n+1}\right)^2\right]\theta^2 + \left(-\frac{1}{n+1}\theta\right)^2 = \frac{2}{(n+1)(n+2)}\theta^2$$

이다. 따라서 $\hat{\theta}_1$의 $\hat{\theta}_2$에 대한 효율은

$$e(\hat{\theta}_1,\hat{\theta}_2) = \frac{MSE(\hat{\theta}_2)}{MSE(\hat{\theta}_1)} = \frac{6n}{(n+1)(n+2)} \le 1,\ n \ge 1$$

이므로 $\hat{\theta}_1$이 $\hat{\theta}_2$에 비해 비효율적이다. 특히 $\hat{\theta}_1$이 $\hat{\theta}_2$에 비해 n이 커질수록 반비례하여 효율이 급격히 떨어진다. [예제 6.8]에서 살펴본 바와 같이 $\hat{\theta}_2 = X_{(n)}$은 θ의 최대가능도추정량이다. 이처럼 6.1절에서 구한 최대가능도추정량은 효율적인 추정량인 경우가 많다. ■

6.2.3 일치성

현실에서 사용하는 표본은 대부분 유한하다. 비용적인 이유로 표본의 크기가 작은 경우가 많다. 그렇지만 이론적인 측면에서 표본의 크기를 점점 늘려 모집단과 같은 경우 또는 표본의 크기가 커졌을 때 추정량 $\hat{\theta}$은 모수 θ에 가까워져야 할 것이다. 그런데 추정량 $\hat{\theta}$은 확률변수이고 모수 θ는 고정된 값이므로 수열을 고려할 수 없다. 따라서 확률 $P(|\hat{\theta}-\theta| > \epsilon)$이 0에 접근해야 할 것이다. (다양한 확률적 수렴에 대하여는 Rohatgi (1976)을 참고하기 바란다.)

정의 6.7 크기가 n인 표본으로부터 모수 θ의 추정량 $\hat{\theta}_n$이 임의의 양수 ϵ에 대하여

$$\lim_{n\to\infty} P(|\hat{\theta}_n - \theta| > \epsilon) = 0$$

일 때 $\hat{\theta}_n$은 θ의 일치(一致)추정량(consistent estimator)이라고 한다. 특히

$$\lim_{n\to\infty} MSE(\hat{\theta}_n) = 0$$

일 때 $\hat{\theta}_n$은 θ의 MSE 일치추정량이라고 한다.

MSE가 분산과 편의제곱의 합이므로 MSE 일치추정량은 분산과 편의가 동시에 0으로 접근한다. 또한 체비세프 부등식에 의해

$$P(|\hat{\theta}_n - \theta| > \epsilon) \le \frac{1}{\epsilon^2} E(\hat{\theta}_n - \theta)^2$$

에서 우변은 $E(\hat{\theta}_n - \theta)^2 = MSE(\hat{\theta}_n)$이 된다. 따라서 만약 $\lim_{n\to\infty} MSE(\hat{\theta}_n) = 0$이면 $\lim_{n\to\infty} P(|\hat{\theta}_n - \theta| > \epsilon) = 0$이므로 MSE 일치추정량은 일치추정량이다. 즉 MSE 일치추정량이 일치추정량보다 더 강한 조건이다.

예제 6.16 $X_1, \cdots, X_n \sim N(\mu, \sigma^2)$에서 추출된 랜덤표본일 때 $\overline{X}$는 μ의 일치추정량이고, $\hat{\sigma}^2_{mle}$, S^2은 σ^2의 일치추정량임을 증명하라.

증명 $\overline{X} \sim N(\mu, \sigma^2/n)$이므로 $MSE(\overline{X}) = \dfrac{\sigma^2}{n}$이기 때문에 $\lim\limits_{n\to\infty} MSE(\overline{X}) = 0$이다. 즉 표본평균 $\overline{X}$는 MSE 일치추정량이다. 따라서 $\overline{X}$는 일치추정량이다.

한편 $\dfrac{(n-1)S^2}{\sigma^2} \sim \chi^2(n-1)$ 사실과 [예제 6.13]의 결과를 이용하면 $MSE(\hat{\sigma}^2_{mle}) = \dfrac{(2n-1)}{n^2}\sigma^4$이므로 $\hat{\sigma}^2_{mle}$는 MSE 일치추정량이다. 따라서 $\hat{\sigma}^2_{mle}$는 일치추정량이다.

$MSE(S^2) = \dfrac{2\sigma^4}{(n-1)}$에서 $\lim\limits_{n\to\infty} MSE(S^2) = 0$이므로 S^2은 MSE 일치추정량이다. 따라서 S^2은 일치추정량이다. ■

예제 6.17 동전을 던져 앞면이 나오는 확률을 p라고 한다. 만약 동전을 n번 던져 앞면이 나오는 횟수를 X라고 하면 $\hat{p}_1 = \dfrac{X}{n}$, $\hat{p}_2 = \dfrac{X+1}{n}$, $\hat{p}_3 = \dfrac{1}{2}$을 p의 추정량으로 이용하려고 한다. 일치추정량을 모두 구하라.

풀이 [예제 6.12]에서

$$MSE(\hat{p}_1) = \frac{p(1-p)}{n}, \quad MSE(\hat{p}_2) = \frac{p(1-p)}{n} + \frac{1}{n^2}$$

이다. MSE 정의에 의하여

$$MSE(\hat{p}_3) = E\left(\frac{1}{2} - p\right)^2 = \left(\frac{1}{2} - p\right)^2$$

이다. 따라서

$$\lim_{n\to\infty} MSE(\hat{p}_1) = 0, \quad \lim_{n\to\infty} MSE(\hat{p}_2) = 0, \quad \lim_{n\to\infty} MSE(\hat{p}_3) = \left(\frac{1}{2} - p\right)^2$$

이다. $\hat{p}_1, \hat{p}_2$은 MSE 일치추정량이지만 $\hat{p}_3$은 MSE 일치추정량이 아니다.

또한 임의의 양수 ϵ에 대하여 $p \neq \dfrac{1}{2}$이면

$$\lim_{n \to \infty} P\left(\left|\frac{1}{2} - p\right| > \epsilon\right) = P\left(\left|\frac{1}{2} - p\right| > \epsilon\right) > 0$$

이므로 $\hat{p}_3$은 일치추정량이 아니다. ■

이상에서 평균이 μ이고 분산이 σ^2인 정규모집단에서 평균 μ의 최대가능도추정량인 $\overline{X}$와 분산 σ^2의 추정량 S^2은 불편추정량이고 일치추정량인 것을 알 수 있다. 또한 $\hat{\sigma}^2_{mle}$은 불편추정량은 아니지만 S^2에 비해 효율적인 추정량이며 일치추정량이다. 한편 모비율 p의 추정량으로 $\hat{p} = \frac{X}{n}$은 불편추정량이며 일치추정량이다.

6.3 구간추정

6.2절에서 좋은 추정량의 조건에 대하여 알아보았다. 그러나 점추정은 모수를 하나의 값으로 추정하는 것으로 통계적 정확도를 표현하지 못한다는 단점이 있다. 예를 들어 이항분포의 경우 성공확률 p를 추정하는 데 있어 $\frac{X}{n}$이 추정의 좋은 성질을 가지나 추정된 값이 어느 정도의 정확성을 가지는가에 관한 정보는 없다. 따라서 모수의 추정을 어떤 하나의 값으로 예측하는 것이 아니라 어떤 구간을 정하여 모수가 이 구간에 포함될 확률을 제공하여 추정의 정확도를 표현하려 한다. 이러한 추정방법을 구간추정이라고 한다.

정의 6.8 랜덤표본 $X_1, \cdots, X_n$에서 모수 θ에 대하여 구간 $[L, U]$가

$$P(L \leq \theta \leq U) = 1 - \alpha, 0 < \alpha < 1$$

를 만족할 때 구간 $[L, U]$를 θ의 $100(1-\alpha)\%$ 신뢰구간(信賴區間, confidence interval)이라고 한다. L, U를 각각 하한, 상한이라고 한다.

[정의 6.8]에서 하한, 상한 L, U는 랜덤표본 $X_1, \cdots, X_n$의 함수이어야 한다. $1-\alpha$를 신뢰계수(信賴計數, confidence coefficient) 또는 신뢰도(信賴度, confidence level)라고 한다. 때로는 신뢰구간이 실직선상의 반구간이 되는 경우도 있다.

정의 6.9 랜덤표본 $X_1, \cdots, X_n$에서 모수 θ에 대하여 구간 $(-\infty, U]$가

$$P(\theta \le U) = 1 - \alpha, 0 < \alpha < 1$$

를 만족할 때 구간 $(-\infty, U]$를 θ의 $100(1-\alpha)\%$ 단측상한신뢰구간(one side upper confidence interval)이라고 한다. 또, 구간 $[L, \infty)$가

$$P(L \le \theta) = 1 - \alpha, 0 < \alpha < 1$$

를 만족할 때 구간 $[L, \infty)$를 θ의 $100(1-\alpha)\%$ 단측하한신뢰구간(one side lower confidence interval)이라고 한다.

예제 6.18 $X_1, \cdots, X_n \sim N(\mu, 9)$의 랜덤표본일 때 $L = \overline{X} - \frac{6}{\sqrt{n}}$, $U = \overline{X} + \frac{6}{\sqrt{n}}$이면 구간 $[L, U]$는 95.44% 신뢰구간임을 증명하라.

증명 $\alpha = 0.0456$일 때 $1 - \alpha = P(L < \mu < U)$임을 보이면 충분하다. 표본분포의 성질로부터 $\overline{X} \sim N(\mu, \frac{9}{n})$에서

$$P\left(\overline{X} - \frac{6}{\sqrt{n}} \le \mu \le \overline{X} + \frac{6}{\sqrt{n}}\right) = P\left(-2 \le \frac{\overline{X} - \mu}{3/\sqrt{n}} \le 2\right)$$
$$= \Phi(2) - \Phi(-2) = 0.9544$$

이다. ■

신뢰구간을 구하는 방법은 추축변량(樞軸變量, pivotal quantity)을 사용하는 방법과 추축변량을 구하기 어려운 경우에 대하여 일반적인 방법을 사용할 수 있다.

6.3.1 추축변량을 이용한 신뢰구간

정의 6.10 랜덤표본 $X_1, \cdots, X_n$에서 모수 θ에 대하여 통계량 T의 분포가 θ에 무관한 분포일 때 통계량 T를 추축변량이라고 한다.

예제 6.19 $X_1, \cdots, X_n \sim N(\mu, \sigma^2)$의 랜덤표본일 때 $T = \frac{\overline{X} - \mu}{\sigma/\sqrt{n}}$은 추축변량이다.

풀이 표본분포의 이론에서 $T \sim N(0, 1)$로 모수 μ, σ^2과 무관하다. ■

추축변량을 사용하여 θ^*가 추축변량이라면 $1-\alpha = P(l < \theta^* < u)$를 만족하는 l, u를 구할 수 있다. θ^*는 θ를 포함하므로 $l < \theta^* < u$와 동치인 $L < \theta < U$ 관계를 구할 수 있다. 해당되는 $[L, U]$가 $100(1-\alpha)\%$ 신뢰구간이다. 한편, 추축변량이 언제나 존재한다거나 또는 유일하다는 보장은 없다. 따라서 추축변량을 사용한 신뢰구간의 성능을 판단하는 기준으로 같은 신뢰도에 대하여 신뢰구간의 길이가 짧은 신뢰구간을 좋은 신뢰구간의 기준으로 사용할 수 있다.

(1) 정규분포의 모수에 관한 신뢰구간: 단일모집단

정규모집단에서 추출된 랜덤표본 $X_1, \cdots, X_n \sim N(\mu, \sigma^2)$에 대하여 모수들의 신뢰구간을 구하기로 한다.

먼저 모평균 μ에 관한 $100(1-\alpha)\%$ 신뢰구간을 구한다. 모평균 μ의 추정량은 $\overline{X}$이고 $\overline{X}$의 함수이면서 μ에 무관한 분포를 가지는 확률변수로 표준화된 확률변수 $\dfrac{\overline{X}-\mu}{\sigma/\sqrt{n}} \sim N(0,1)$이다. 따라서 $\dfrac{\overline{X}-\mu}{\sigma/\sqrt{n}}$이 추축변량이 된다. 모표준편차 σ가 알려진 경우에는 추축변량이 표준정규분포이다. 따라서

$$\begin{aligned} 1-\alpha &= P\left(-z_{\alpha/2} \le \frac{\overline{X}-\mu}{\sigma/\sqrt{n}} \le z_{\alpha/2}\right) \\ &= P\left(\overline{X}-z_{\alpha/2}\times\frac{\sigma}{\sqrt{n}} \le \mu \le \overline{X}+z_{\alpha/2}\times\frac{\sigma}{\sqrt{n}}\right) \end{aligned}$$

에서 μ의 $100(1-\alpha)\%$ 신뢰구간은

$$\left[\,\overline{X}-z_{\alpha/2}\frac{\sigma}{\sqrt{n}},\ \overline{X}+z_{\alpha/2}\frac{\sigma}{\sqrt{n}}\,\right]$$

이다.

그러나 모표준편차 σ가 알려지지 않은 경우에는 [정리 5.14]에 의하여 $\dfrac{\overline{X}-\mu}{S/\sqrt{n}} \sim t(n-1)$을 이용한다. 따라서

$$\begin{aligned} 1-\alpha &= P\left(-t_{\alpha/2,n-1} \le \frac{\overline{X}-\mu}{S/\sqrt{n}} \le t_{\alpha/2,n-1}\right) \\ &= P\left(\overline{X}-t_{\alpha/2,n-1}\times\frac{S}{\sqrt{n}} \le \mu \le \overline{X}+t_{\alpha/2,n-1}\times\frac{S}{\sqrt{n}}\right) \end{aligned}$$

이고 모평균 μ의 $100(1-\alpha)\%$ 신뢰구간은

$$[\ \overline{X}-t_{\alpha/2,n-1}\frac{S}{\sqrt{n}},\ \ \overline{X}+t_{\alpha/2,n-1}\frac{S}{\sqrt{n}}\ ]$$

이다.

모표준편차 σ가 알려지지 않은 경우에도 표본의 크기 n이 큰 경우는 t분포가 표준정규분포에 가까워진다. 따라서 μ의 $100(1-\alpha)\%$ 신뢰구간은

$$[\ \overline{X}-z_{\alpha/2}\frac{S}{\sqrt{n}},\ \ \overline{X}+z_{\alpha/2}\frac{S}{\sqrt{n}}\ ]$$

을 사용하여도 된다.

정리 6.3 $X_1,\cdots,X_n \sim N(\mu,\sigma^2)$에서 추출된 랜덤표본에 대하여 모평균 μ의 $100(1-\alpha)\%$ 신뢰구간은 다음과 같다.

(i) σ가 알려진 경우: $\left[\overline{X}-z_{\alpha/2}\frac{\sigma}{\sqrt{n}},\overline{X}+z_{\alpha/2}\frac{\sigma}{\sqrt{n}}\right]$

(ii) σ가 미지이고 n이 작은 경우 : $\left[\overline{X}-t_{\alpha/2,n-1}\frac{S}{\sqrt{n}},\overline{X}+t_{\alpha/2,n-1}\frac{S}{\sqrt{n}}\right]$

(iii) σ가 미지이고 n이 큰 경우: $\left[\overline{X}-z_{\alpha/2}\frac{S}{\sqrt{n}},\overline{X}+z_{\alpha/2}\frac{S}{\sqrt{n}}\right]$

단, $S^2=\frac{1}{n-1}\sum_{i=1}^{n}(X_i-\overline{X})^2$이다.

예제 6.20 $X_1,\cdots,X_{10} \sim N(\mu,\sigma^2)$의 랜덤표본일 때 $\overline{x}=10.4,\ s=3.2$일 때 μ의 95% 신뢰구간을 구하라.

풀이 [정리 6.3]의 (ii)에 의하여 $\alpha=0.05$이므로 $t_{0.025,9}=2.26$에서

$$[10.4-2.26\times\frac{3.2}{\sqrt{10}},10.4+2.26\times\frac{3.2}{\sqrt{10}}]=[8.11,12.69]$$

이다. ■

[정리 6.3]으로부터 σ가 알려진 경우 신뢰구간의 길이는 $2z_{\alpha/2}\frac{\sigma}{\sqrt{n}}$이다. 따라서 σ가 작을수록 n이 클수록 신뢰구간의 길이는 짧아진다. 분산이 작고 표본의 크

기가 크면 좋은 성능의 신뢰구간을 얻을 수 있다.

[정의 6.8]에서 정의된 신뢰구간은 모수 θ가 $[L, U]$에 포함될 확률이 $1-\alpha$라는 것인데 이는 모수 θ가 고정된 상수라면 모순이다. 즉 모수 θ는 구간 $[L, U]$에 포함되거나 포함되지 않거나 둘 중 하나이어야 한다. 그러나 표본의 크기가 n인 표본을 하나만 고려하는 것이 아니라 무수히 많이 고려한다고 하면 고정된 θ가 주어진 표본으로 결정된 $[L, U]$에 포함되는 경우가 근사적으로 $100(1-\alpha)\%$라는 것을 의미한다. [그림 6.2]는 $X_1, \cdots, X_{10} \sim N(10, 9)$에서 추출된 90% 신뢰구간을 20번 반복 실험한 결과이다. 그림에서는 20번 가운데 2번의 신뢰구간이 10을 포함하고 있지 않고 18번은 10을 포함하고 있다.

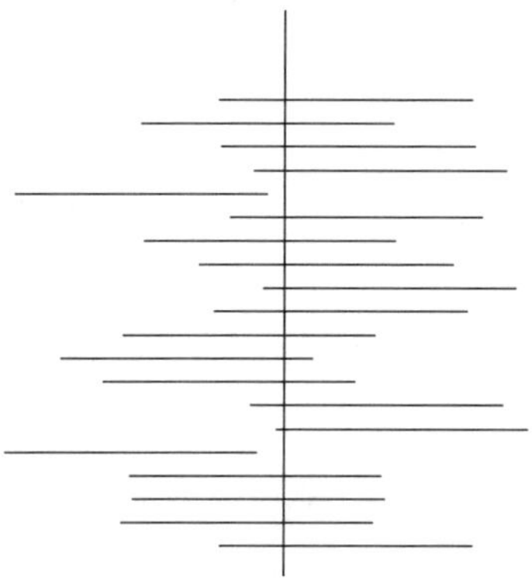

[그림 6.2] μ의 90% 신뢰구간을 20번 관측 결과

[정리 6.3]은 표본들이 정규모집단에서 추출되지 않더라도 중심극한정리에 의해 정규분포를 따르기 때문에 정규모집단으로부터 추출된 표본의 조건이 약화될 수 있다.

모분산 σ^2에 대한 신뢰구간을 구하기로 한다. 모평균 μ가 알려진 경우에 σ^2의 추정량은 $\frac{1}{n}\sum_{i=1}^{n}(X_i-\mu)^2$이고, μ가 알려지지 않은 경우에는 σ^2의 추정량으로 $S^2 = \frac{1}{n-1}\sum_{i=1}^{n}(X_i-\overline{X})^2$을 고려한다. 따라서

$$\frac{1}{\sigma^2}\sum_{i=1}^{n}(X_i-\mu)^2 \sim \chi^2(n),$$

$$\frac{(n-1)S^2}{\sigma^2} \sim \chi^2(n-1)$$

을 추축변량으로 고려한다. 따라서 모분산의 경우는 모평균의 신뢰구간을 구하는

경우와 달리 카이제곱분포는 정규분포로부터 파생되는 확률분포이므로 표본이 정규모집단이어야 한다는 가정이 필수적이다.

모평균 μ가 알려진 경우는 모분산 σ^2의 $100(1-\alpha)\%$ 신뢰구간은

$$1-\alpha = P\left(\chi^2_{1-\alpha/2,n} \le \frac{1}{\sigma^2}\sum_{i=1}^{n}(X_i-\mu)^2 \le \chi^2_{\alpha/2,n}\right)$$
$$= P\left(\frac{1}{\chi_{\alpha/2,n}}\sum_{i=1}^{n}(X_i-\mu)^2 \le \sigma^2 \le \frac{1}{\chi^2_{1-\alpha/2,n}}\sum_{i=1}^{n}(X_i-\mu)^2\right)$$

으로부터 구할 수 있다. 또한 모평균 μ가 알려지지 않은 경우는

$$1-\alpha = P\left(\chi^2_{1-\alpha/2,n-1} \le (n-1)\frac{S^2}{\sigma^2} \le \chi^2_{\alpha/2,n-1}\right)$$
$$= P\left(\frac{(n-1)S^2}{\chi_{\alpha/2,n-1}} \le \sigma^2 \le \frac{(n-1)S^2}{\chi^2_{1-\alpha/2,n-1}}\right)$$

으로부터 다음과 같이 결과를 얻을 수 있다.

정리 6.4 $X_1,\cdots,X_n \sim N(\mu,\sigma^2)$인 랜덤표본에 대하여 모분산 σ^2의 $100(1-\alpha)\%$ 신뢰구간은 다음과 같다.

(i) 모평균 μ가 알려진 경우: $\left[\dfrac{\sum_{i=1}^{n}(X_i-\mu)^2}{\chi^2_{\alpha/2,n}},\ \dfrac{\sum_{i=1}^{n}(X_i-\mu)^2}{\chi^2_{1-\alpha/2,n}}\right]$

(ii) 모평균 μ가 알려지지 않은 경우: $\left[\dfrac{(n-1)S^2}{\chi^2_{\alpha/2,n-1}},\ \dfrac{(n-1)S^2}{\chi^2_{1-\alpha/2,n-1}}\right]$

단, $S^2 = \dfrac{1}{n-1}\sum_{i=1}^{n}(X_i-\overline{X})^2$이다.

예제 6.21 $X_1,\cdots,X_{10} \sim N(\mu,\sigma^2)$의 랜덤표본일 때 $\overline{x}=10.4$, $s=3.2$일 때 모분산 σ^2의 95% 신뢰구간을 구하라.

풀이 [정리 6.4]의 (ii)에 의해 $\alpha=0.05$이므로 부록 5 표로부터 $\chi^2_{0.025,9}=19.02$, $\chi^2_{0.975,9}=2.70$이다. 따라서 σ^2의 95% 신뢰구간은

$$\left[\frac{9\times 3.2^2}{19.02}, \frac{9\times 3.2^2}{2.70}\right] = [4.85,\ 34.13]$$

이다. ■

(2) 정규분포의 모수에 관한 신뢰구간: 서로 독립인 두 모집단

$X_1, \cdots, X_{n_1}$이 $N(\mu_1, \sigma_1^2)$에서 추출된 크기 n_1인 랜덤표본이고, 이와 독립적으로 $Y_1, \cdots, Y_{n_2}$이 $N(\mu_2, \sigma_2^2)$에서 추출된 크기 n_2인 랜덤표본이라 할 때 관심모수는 $\mu_1 - \mu_2$는 모평균의 차이, $\dfrac{\sigma_1^2}{\sigma_2^2}$은 모분산의 비 등이다.

먼저 두 모평균의 차 $\mu_1 - \mu_2$에 대한 추정량으로 $\overline{X} - \overline{Y}$를 고려할 수 있으며, 그 표본분포를 구하면

$$\overline{X} - \overline{Y} \sim N\left(\mu_1 - \mu_2, \frac{\sigma_1^2}{n_1} + \frac{\sigma_2^2}{n_2}\right)$$

이기 때문에 추축변량으로

$$\frac{\overline{X} - \overline{Y} - (\mu_1 - \mu_2)}{\sqrt{\sigma_1^2/n_1 + \sigma_2^2/n_2}} \sim N(0,1)$$

을 고려한다. 따라서 6.3.1 (1)과 마찬가지로 모평균의 차 $\mu_1 - \mu_2$의 $100(1-\alpha)\%$ 신뢰구간은

$$\left[\overline{X} - \overline{Y} - \sqrt{\frac{\sigma_1^2}{n_1} + \frac{\sigma_2^2}{n_2}}\, z_{\alpha/2},\ \overline{X} - \overline{Y} + \sqrt{\frac{\sigma_1^2}{n_1} + \frac{\sigma_2^2}{n_2}}\, z_{\alpha/2}\right]$$

이다.

한편 σ_1^2, σ_2^2이 알려지지 않았지만 등분산 가정 $\sigma_1^2 = \sigma_2^2 = \sigma^2$인 경우에

$$S_1^2 = \frac{1}{n_1 - 1}\sum_{i=1}^{n_1}(X_i - \overline{X})^2,\ S_2^2 = \frac{1}{n_1 - 1}\sum_{i=1}^{n_2}(Y_i - \overline{Y})^2$$

에 대해 σ^2의 추정량으로 합동분산추정량(合同分散推定量 pooled variance estimator)

$$S_p^2 = \frac{(n_1-1)S_1^2 + (n_2-1)S_2^2}{n_1+n_2-2}$$

을 고려한다. 이제 S_p^2의 분포를 구하기 위하여 먼저 S_1^2, S_2^2의 분포는

$$\frac{(n_1-1)S_1^2}{\sigma^2} \sim \chi^2(n_1-1),\ \frac{(n_2-1)S_2^2}{\sigma^2} \sim \chi^2(n_2-1)$$

이며 서로 독립임을 알고 있다. 카이제곱분포의 가산성으로부터

$$\frac{(n_1+n_2-2)S_p^2}{\sigma^2} = \frac{(n_1-1)S_1^2}{\sigma^2} + \frac{(n_2-1)S_2^2}{\sigma^2} \sim \chi^2(n_1+n_2-2)$$

이다. 따라서 [정리 5.14]를 이용하여 추축변량은

$$\frac{\dfrac{\overline{X}-\overline{Y}}{\sqrt{\sigma^2/n_1+\sigma^2/n_2}}}{\sqrt{\dfrac{(n_1+n_2-2)S_p^2}{\sigma^2} \times \dfrac{1}{n_1+n_2-2}}} = \frac{\overline{X}-\overline{Y}}{S_p\sqrt{1/n_1+1/n_2}} \sim t(n_1+n_2-2)$$

이다. [정리 6.3] (ii)와 마찬가지로 $\mu_1-\mu_2$의 $100(1-\alpha)\%$ 신뢰구간은 다음과 같다.

$$\left[\overline{X}-\overline{Y}-S_p\sqrt{\frac{1}{n_1}+\frac{1}{n_2}}\,t_{\alpha/2,n_1+n_2-2},\ \overline{X}-\overline{Y}+S_p\sqrt{\frac{1}{n_1}+\frac{1}{n_2}}\,t_{\alpha/2,n_1+n_2-2}\right]$$

또한 σ_1^2, σ_2^2이 알려지지 않았지만 등분산 가정이 없는 경우에는 σ_1^2, σ_2^2의 추정량으로 S_1^2, S_2^2을 고려하며 추축변량으로

$$\frac{\overline{X}-\overline{Y}}{\sqrt{\dfrac{S_1^2}{n_1}+\dfrac{S_2^2}{n_2}}} \dot{\sim} t(df^*)$$

를 이용한다. 고려된 추축변량이 근사적으로 t분포를 따른다는 것은 Welch와 Satterswaithe가 증명하였다. 여기에서

$$df^* = \frac{\left[\dfrac{S_1^2}{n_1} + \dfrac{S_2^2}{n_2}\right]}{\dfrac{(S_1^2/n_1)^2}{n_1 - 1} + \dfrac{(S_2^2/n_2)^2}{n_2 - 1}}$$

이다. 따라서 서로 독립인 정규모집단의 등분산 가정하에서 두 모평균의 차 $\mu_1 - \mu_2$에 대한 $100(1-\alpha)\%$ 신뢰구간은

$$\left[\overline{X} - \overline{Y} - \sqrt{\frac{S_1^2}{n_1} + \frac{S_2^2}{n_2}}\, t_{\alpha/2, df^*},\ \overline{X} - \overline{Y} + \sqrt{\frac{S_1^2}{n_1} + \frac{S_2^2}{n_2}}\, t_{\alpha/2, df^*}\right]$$

이다.

표본 크기 $n_1 n_2$가 큰 경우에 t분포는 표준정규분포에 근사적으로 접근하기 때문에 각각의 추축변량이 표준정규분포에 접근한다. 따라서 모평균의 차 $\mu_1 - \mu_2$에 대한 $100(1-\alpha)\%$ 신뢰구간은

$$\left[\overline{X} - \overline{Y} - \sqrt{\frac{S_1^2}{n_1} + \frac{S_2^2}{n_2}}\, z_{\alpha/2},\ \overline{X} - \overline{Y} + \sqrt{\frac{S_1^2}{n_1} + \frac{S_2^2}{n_2}}\, z_{\alpha/2}\right]$$

을 사용할 수 있다.

이를 정리하면 다음과 같다.

정리 6.5 $X_1, \cdots, X_{n_1}$이 $N(\mu_1, \sigma_1^2)$에서 추출된 크기 n_1인 랜덤표본이고, 이와 독립적으로 $Y_1, \cdots, Y_{n_2}$이 $N(\mu_2, \sigma_2^2)$에서 추출된 크기 n_2인 랜덤표본이라 할 때 $\mu_1 - \mu_2$의 $100(1-\alpha)\%$ 신뢰구간은 다음과 같다.

(i) σ_1^2, σ_2^2 가 알려진 경우:

$$\left[\overline{X} - \overline{Y} - \sqrt{\frac{\sigma_1^2}{n_1} + \frac{\sigma_2^2}{n_2}}\, z_{\alpha/2},\ \overline{X} - \overline{Y} + \sqrt{\frac{\sigma_1^2}{n_1} + \frac{\sigma_2^2}{n_2}}\, z_{\alpha/2}\right]$$

(ii) $\sigma_1^2 = \sigma_2^2 = \sigma^2$이 미지이고 n_1, n_2가 작은 경우:

$$\left[\overline{X} - \overline{Y} - S_p\sqrt{\frac{1}{n_1} + \frac{1}{n_2}}\, t_{\alpha/2, n_1+n_2-2},\ \overline{X} - \overline{Y} + S_p\sqrt{\frac{1}{n_1} + \frac{1}{n_2}}\, t_{\alpha/2, n_1+n_2-2}\right]$$

(iii) σ_1^2, σ_2^2이 미지이고 n_1, n_2가 작은 경우:

$$\left[\overline{X}-\overline{Y}-\sqrt{\frac{S_1^2}{n_1}+\frac{S_2^2}{n_2}}\,t_{\alpha/2,df^*},\ \overline{X}-\overline{Y}+\sqrt{\frac{S_1^2}{n_1}+\frac{S_2^2}{n_2}}\,t_{\alpha/2,df^*}\right]$$

(iv) σ_1^2, σ_2^2이 미지이고 n_1, n_2가 큰 경우:

$$\left[\overline{X}-\overline{Y}-\sqrt{\frac{S_1^2}{n_1}+\frac{S_2^2}{n_2}}\,z_{\alpha/2},\ \overline{X}-\overline{Y}+\sqrt{\frac{S_1^2}{n_1}+\frac{S_2^2}{n_2}}\,z_{\alpha/2}\right]$$

단, $S_1^2=\dfrac{1}{n_1-1}\displaystyle\sum_{i=1}^{n_1}(X_i-\overline{X})^2$, $S_2^2=\dfrac{1}{n_{2-1}}\displaystyle\sum_{i=1}^{n_2}(Y_i-\overline{Y})^2$,

$S_p^2=\dfrac{(n_1-1)S_1^2+(n_2-1)S_2^2}{(n_1+n_2-2)}$, $df^*=\dfrac{\left[\dfrac{S_1^2}{n_1}+\dfrac{S_2^2}{n_2}\right]}{\dfrac{(S_1^2/n_1)^2}{n_1-1}+\dfrac{(S_2^2/n_2)^2}{n_2-1}}$ 이다.

이제 두 모분산의 비를 통하여 모분산을 비교한다. $\dfrac{\sigma_1^2}{\sigma_2^2}$의 추정량으로 $\dfrac{S_1^2}{S_2^2}$을 고려하며 [정리 5.17]에 의해 추축통계량은

$$\frac{S_2^2/\sigma_2^2}{S_1^2/\sigma_1^2}\sim F(n_2-1, n_1-1)$$

을 고려한다. 따라서

$$\begin{aligned}1-\alpha &= P\left(f_{1-\alpha/2,n_2-1,n_1-1}\le\frac{S_2^2/\sigma_2^2}{S_1^2/\sigma_1^2}\le f_{\alpha/2,n_2-1,n_1-1}\right)\\ &= P\left(f_{1-\alpha/2,n_2-1,n_1-1}\frac{S_1^2}{S_2^2}\le\frac{\sigma_1^2}{\sigma_2^2}\le f_{\alpha/2,n_2-1,n_1-1}\frac{S_1^2}{S_2^2}\right)\end{aligned}$$

에서 $\dfrac{\sigma_1^2}{\sigma_2^2}$의 $100(1-\alpha)\%$ 신뢰구간은

$$\left[f_{1-\alpha/2,n_2-1,n_1-1}\frac{S_1^2}{S_2^2},\ f_{\alpha/2,n_2-1,n_1-1}\frac{S_1^2}{S_2^2}\right]$$

이다. 모평균 μ_1, μ_2가 알려진 경우에는 S_1^2 대신에 $\frac{1}{n_1}\sum_{i=1}^{n_1}(X_i-\mu_1)^2$을 대입하고 S_2^2 대신에 $\frac{1}{n_2}\sum_{i=1}^{n_2}(Y_i-\mu_2)^2$를 대입하고 자유도는 n_1, n_2가 된다.

정리 6.6 $X_1,\cdots,X_{n_1}$이 $N(\mu_1,\sigma_1^2)$에서 추출된 크기 n_1인 랜덤표본이고, 이와 독립적으로 $Y_1,\cdots,Y_{n_2}$이 $N(\mu_2,\sigma_2^2)$에서 추출된 크기 n_2인 랜덤표본이라 할 때 $\frac{\sigma_1^2}{\sigma_2^2}$의 $100(1-\alpha)\%$ 신뢰구간은 다음과 같다.

(i) μ_1, μ_2가 알려진 경우:

$$\left[f_{1-\alpha/2,n_2,n_1}\frac{\sum_{i=1}^{n_1}(X_i-\mu_1)^2/n_1}{\sum_{i=1}^{n_2}(Y_i-\mu_2)^2/n_2}, f_{\alpha/2,n_2,n_1}\frac{\sum_{i=1}^{n_1}(X_i-\mu_1)^2/n_1}{\sum_{i=1}^{n_2}(Y_i-\mu_2)^2/n_2}\right]$$

(ii) μ_1, μ_2가 알려지지 않은 경우:

$$\left[f_{1-\alpha/2,n_2-1,n_1-1}\frac{S_1^2}{S_2^2}, f_{\alpha/2,n_2-1,n_1-1}\frac{S_1^2}{S_2^2}\right]$$

단, $S_1^2=\frac{1}{n_1-1}\sum_{i=1}^{n_1}(X_i-\overline{X})^2$, $S_2^2=\frac{1}{n_{2-1}}\sum_{i=1}^{n_2}(Y_i-\overline{Y})^2$이다.

(3) 모비율에 관한 신뢰구간: 단일 모집단

성공률 p인 실험을 n번 반복시행 했을 때 성공 횟수 X를 실험 횟수 n으로 나눈 값이 성공률 p의 점추정량이다. 즉 $\hat{p}=\frac{X}{n}$은 최대가능도추정량이며 그 분산은 $Var(\hat{p})=\frac{p(1-p)}{n}$이다. 중심극한정리에 의해 $100(1-\alpha)\%$ 신뢰구간은

$$1-\alpha \approx P\left[-z_{\alpha/2} \le \frac{\hat{p}-p}{\sqrt{p(1-p)/n}} \le z_{\alpha/2}\right]$$

을 만족하고, 이를 다시 쓰면

$$1-\alpha \approx P\left[\frac{2n\hat{p}+z_{\alpha/2}^2-z_{\alpha/2}\sqrt{z_{\alpha/2}^2+4n\hat{p}-4n\hat{p}^2}}{2(n+z_{\alpha/2}^2)} \le p \le \frac{2n\hat{p}+z_{\alpha/2}^2+z_{\alpha/2}\sqrt{z_{\alpha/2}^2+4n\hat{p}-4n\hat{p}^2}}{2(n+z_{\alpha/2}^2)}\right]$$

이다. 여기에서 $\lim_{n\to\infty}\frac{z_{\alpha/2}^2}{n}=0$을 이용하여 $z_{\alpha/2}^2$항은 무시할 수 있으므로

$$1-\alpha \approx P\left[\hat{p}-z_{\alpha/2}\sqrt{\frac{\hat{p}(1-\hat{p})}{n}} \le p \le \hat{p}+z_{\alpha/2}\sqrt{\frac{\hat{p}(1-\hat{p})}{n}}\right]$$

이다.

위 방정식은 $Var(\hat{p})=\frac{p(1-p)}{n}$ 대신에 $\frac{\hat{p}(1-\hat{p})}{n}$을 대입하여 처음 방정식을 p에 관해 정리한 것과 일치한다. 일반적으로 일치추정량의 분산 $Var(\hat{\theta})=g(\theta)$ 대신에 $g(\hat{\theta})$을 대입하여도 같은 근사정도로 $\hat{\theta}$의 분포를 따르게 된다. 여기에서는 $\hat{p}\dot{\sim}N(p,\frac{p(1-p)}{n})$ 대신에 $\hat{p}\dot{\sim}N(p,\frac{\hat{p}(1-\hat{p})}{n})$을 사용하여도 그 근사정도가 크게 벗어나지 않게 된다.

정리 6.7 $X_1,\cdots,X_n \sim B(1,p)$의 랜덤표본일 때 충분히 큰 n에 대하여 성공 횟수가 X일 때 성공률 p의 점추정량은 $\hat{p}=\frac{X}{n}$이고 $100(1-\alpha)\%$ 신뢰구간은 다음과 같다.

$$\left[\hat{p}-z_{\alpha/2}\sqrt{\frac{\hat{p}(1-\hat{p})}{n}},\ \hat{p}+z_{\alpha/2}\sqrt{\frac{\hat{p}(1-\hat{p})}{n}}\right]$$

(4) 모비율에 관한 신뢰구간: 서로 독립인 두 모집단

성공률이 p_1인 실험을 독립적으로 n_1번 반복 시행했을 때 성공 횟수 X에 대하여 $\hat{p}_1=\frac{X}{n_1}$과 성공률이 p_2인 실험을 독립적으로 n_2번 반복 시행했을 때 성공 횟수 Y에 대하여 $\hat{p}_2=\frac{Y}{n_2}$는 각각 p_1,p_2의 최대가능도추정량이다. 모비율의 차 p_1-p_2에 대한 최대가능도추정량은 $\hat{p}_1-\hat{p}_2$이다. 중심극한정리에 의해

$$\hat{p}_1-\hat{p}_2 \dot{\sim} N\left(p_1-p_2, \frac{p_1(1-p_1)}{n_1}+\frac{p_2(1-p_2)}{n_2}\right)$$

이므로 [정리 6.7]을 적용하면 다음과 같은 결과를 얻는다.

정리 6.8 $X_1,\cdots,X_{n_1} \sim B(1,p_1)$, $Y_1,\cdots,Y_{n_2} \sim B(1,p_2)$에서 추출된 충분히 큰 n_1, n_2의 서로 독립인 랜덤표본일 때 성공률의 차이 $p_1 - p_2$의 점추정량은

$$\hat{p}_1 - \hat{p}_2 = \frac{X}{n_1} - \frac{Y}{n_2}$$

이고, $100(1-\alpha)\%$ 신뢰구간은 다음과 같다.

$$\left[\hat{p}_1 - \hat{p}_2 - z_{\alpha/2}\sqrt{\frac{\hat{p}_1(1-\hat{p}_1)}{n_1} + \frac{\hat{p}_2(1-\hat{p}_2)}{n_2}}, \hat{p}_1 - \hat{p}_2 + z_{\alpha/2}\sqrt{\frac{\hat{p}_1(1-\hat{p}_1)}{n_1} + \frac{\hat{p}_2(1-\hat{p}_2)}{n_2}}\right]$$

예제 6.22 주사위를 던져 짝수의 성공률 p_1과 3의 배수의 성공률 p_2이라고 한다. 만약 주사위를 100번 던져 짝수가 45번 나왔고, 또한 독립적으로 주사위를 100번 던져 3의 배수는 40번 나왔다. 두 성공률의 차이 $p_1 - p_2$에 대한 95% 신뢰구간을 구하라.

풀이 [정리 6.8]로부터

$$\hat{p}_1 = \frac{45}{100}, \hat{p}_2 = \frac{40}{100}, z_{0.025} = 1.96$$

로부터 신뢰구간은 $[-0.087, 0.187]$이다. ■

(5) 기타

만약 $X_1,\cdots,X_n \sim f(x,\theta)$으로부터 추출된 랜덤표본일 때 분포함수 $F(x,\theta)$가 연속이라면 [정리 4.2]에 의해 $F(X_i,\theta) \sim U(0,1)$이다. 따라서 $u > 0$에서

$$P(-\log F(X_i,\theta) \geq u) = P(\log F(X_i,\theta) \leq -u) = P(F(X_i,\theta) \leq e^{-u}) = e^{-u}$$

이다. 즉 $-\log F(x_i,\theta)$의 누적분포함수는 $1-e^{-u}$이고 $-\log F(X_i,\theta)$의 확률밀도함수는 $e^{-u}I_{(0,\infty)}(u)$이다. 즉 $\log F(X_i,\theta) \sim Gamma(1,1)$이고 $-\sum_{i=1}^{n}\log F(X_i,\theta) \sim Gamma(n,1)$이다. 따라서

$$\begin{aligned} P\left[q_1 \leq \prod_{i=1}^{n} F(X_i,\theta) \leq q_2\right] &= P\left[-\log q_2 \leq -\sum_{i=1}^{n}\log F(X_i,\theta) \leq -\log q_1\right] \\ &= \int_{-\log q_2}^{-\log q_1} \frac{1}{\Gamma(n)} z^{n-1} e^{-z} dz, 0 < q_1 < q_2 < 1 \end{aligned}$$

이고 모수 θ와 상관없다. 여기에서 경계점의 값 $-\log q_1 = Gamma(\frac{\alpha}{2,}n,1)$, $-\log q_2 = Gamma(1-\frac{\alpha}{2},n,1)$이다. $Gamma(\alpha,r,k)$는 $Gamma(r,k)$의 확률분포에서 상위 확률이 α가 되게 하는 점이다. $\prod_{i=1}^{n} F(X_i,\theta)$ 또는 $-\sum_{i=1}^{n}\log F(X_i,\theta)$는 모수 θ에 상관없으므로 θ의 추축변량이다.

예제 6.23 $X_1,\cdots,X_n \sim f(x,\theta)=\theta x^{\theta-1}I_{(0,1)}(x)$에서 추출된 랜덤표본일 때 θ의 $100(1-\alpha)\%$ 신뢰구간을 구하라.

풀이 주축변량이 $-\sum_{i=1}^{n}\log F(X_i,\theta) \sim Gamma(n,1)$을 따르기 때문에

$$-\log q_1 = Gamma(\frac{\alpha}{2,}n,1),\ -\log q_2 = Gamma(1-\frac{\alpha}{2},n,1)$$

을 구할 수 있다.

구한 값 q_1, q_2에 대해 분포함수가 $F(x,\theta)=x^{\theta}I_{(0,1)}(x)+I_{[1,\infty)}(x)$이므로

$$1-\alpha = P(q_1 \le \prod_{i=1}^{n}F(X_i,\theta) \le q_2) = P(q_1 \le \prod_{i=1}^{n}X_i^{\theta} \le q_2)$$

$$= P\left[\frac{\log q_2}{\sum_{i=1}^{n}\log X_i} \le \theta \le \frac{\log q_1}{\sum_{i=1}^{n}\log X_i}\right]$$

로부터 θ의 $100(1-\alpha)\%$ 신뢰구간은 $\left[\frac{\log q_2}{\sum_{i=1}^{n}\log X_i}, \frac{\log q_1}{\sum_{i=1}^{n}\log X_i}\right]$이다. ■

6.3.2 일반적인 신뢰구간

추축변량을 쉽게 구할 수 없는 경우에 모수의 신뢰구간을 구하는 방법에 대하여 알아본다. 랜덤표본 $X_1,\cdots,X_n \sim f(x,\theta)$에 대하여 T가 최대가능도추정량 등과 같은 합리적인 추정량이라 할 때 T의 확률밀도함수가 $g(x,\theta)$에 대하여 $\alpha_1>0, \alpha_2>0,\ 0<\alpha_1+\alpha_2<1$을 만족하는 임의의 $\alpha_1,\ \alpha_2$에 대하여

$$\int_{-\infty}^{h_1(\theta)} g(t,\theta)dt = \alpha_1, \ \int_{h_2(\theta)}^{\infty} g(t,\theta)dt = \alpha_2$$

를 만족하는 $h_1(\theta)$, $h_2(\theta)$ (단, $h_1(\theta) < h_2(\theta)$)가 존재한다고 가정한다. 이를 그림으로 표현하면 [그림 6.3]과 같다.

임의의 관찰값 $x_1,\cdots,x_n$ 에 대하여 $h_1(\theta)$, $h_2(\theta)$가

$$h_1(\theta_0) < t_0 = T(x_1,\cdots,x_n) < h_2(\theta_0) \Leftrightarrow l(x_1,\cdots,x_n) < \theta_0 < u(x_1,\cdots,x_n)$$

을 만족하는 단조함수라고 가정한다. 다음과 같은 관계식을 얻는다.

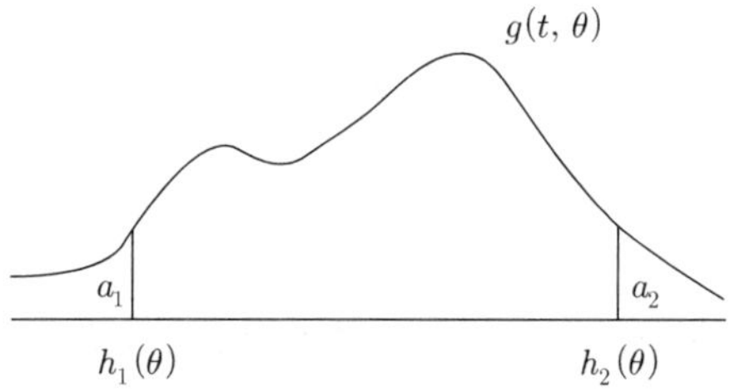

[그림 6.3] 일반적인 신뢰구간

$$P(h_1(\theta_0) < T < h_2(\theta_0)|\theta = \theta_0) = 1 - \alpha_1 - \alpha_2$$

$$\Leftrightarrow P(L(X_1,\cdots,X_n) < \theta_0 < U(X_1,\cdots,X_n)|\theta = \theta_0) = 1 - \alpha_1 - \alpha_2$$

구간 $[L, U]$는 θ의 $100(1-\alpha_1-\alpha_2)\%$ 신뢰구간이다.

예제 6.24 $X_1,\cdots,X_n \sim U(0,\theta)$의 랜덤표본일 때 θ의 $100(1-\alpha_1-\alpha_2)\%$ 신뢰구간을 구하라.

풀이 $T = X_{(n)}$이 최대가능도추정량임을 [예제 6.8]에서 보였다. [보조정리 5.19]에 의해 T의 확률밀도함수는

$$f_T(x,\theta) = n\left(\frac{t}{\theta}\right)^{n-1}\left(\frac{1}{\theta}\right)I_{(0,\theta)}(t)$$

이다. 주어진 α_1, α_2에 대하여

$$\alpha_1 = \int_0^{h_1(\theta)} f_T(t,\theta)dt, \ \alpha_2 = \int_{h_2(\theta)}^{\infty} f_T(t,\theta)dt$$

으로부터 단조함수 $h_1(\theta)$, $h_2(\theta)$를 구한다. 예를 들어 $\alpha_1 = (h_1(\theta)/\theta)^n$에서 $h_1(\theta) = \theta\alpha_1^{1/n}$이고, $\alpha_2 = 1-(h_2(\theta)/\theta)^n$에서 $h_2(\theta) = \theta(1-\alpha_2)^{1/n}$이다.

한편 최댓값의 구간 확률은

$$P(h_1(\theta) < T < h_2(\theta)) = P(\theta\alpha_1^{1/n} < T < \theta(1-\alpha_2)^{1/n}) = \int_{\theta\alpha_1^{1/n}}^{\theta(1-\alpha_2)^{1/n}} f_T(t,\theta)dt$$

$$= \left(\frac{\theta(1-\alpha_2)^{1/n}}{\theta}\right)^n - \left(\frac{\theta\alpha_1^{1/n}}{\theta}\right)^n = 1-\alpha_1-\alpha_2$$

이므로

$$1-\alpha_1-\alpha_2 = P(h_1(\theta) < X_{(n)} < h_2(\theta)) = P(\theta\alpha_1^{1/n} < X_{(n)} < \theta(1-\alpha_2)^{1/n})$$

$$= P(X_{(n)}(1-\alpha_2)^{-1/n} < \theta < X_{(n)}\alpha_1^{-1/n})$$

에서 θ의 $100(1-\alpha_1-\alpha_2)\%$ 신뢰구간은 $[X_{(n)}(1-\alpha_2)^{-1/n}, X_{(n)}\alpha_1^{-1/n}]$이다. ■

이산형 확률변수의 모수의 구간추정은 $\int$ 대신 $\sum$을 사용한다.

예제 6.25 $X_1, \cdots, X_n \sim B(1,p)$의 랜덤표본일 때 p의 근사신뢰구간이 아닌 정확한 $100(1-\alpha_1-\alpha_2)\%$ 신뢰구간을 구하라.

풀이 중심극한정리를 이용하여 p의 추정량 $\sum_{i=1}^{n} X_i/n \dot{\sim} N(p, p(1-p)/n)$ 성질로부터 근사적인 신뢰구간을 구할 수 있다.

이제 정확한 신뢰구간을 구하기로 한다. $T = \sum_{i=1}^{n} X_i \sim B(n,p)$이므로

$$\alpha_1 = \sum_{y=0}^{t} \binom{n}{y} p_L^y (1-p_L)^{n-y},\ \alpha_2 = \sum_{y=t}^{n} \binom{n}{y} p_U^y (1-p_U)^{n-y}$$

를 만족하는 p_L, p_U가 존재하면 $[p_L, p_U]$는 모수 p에 대한 $100(1-\alpha_1-\alpha_2)\%$ 신뢰구간이다. 그러나 현실적으로 이상의 방법으로 $[p_L, p_U]$를 구하는 것은 매우 어려운 과정이다. 따라서 [정리 6.8]과 같은 신뢰구간을 이용한다. ■

6.3.3 신뢰구간과 표본의 크기

표본의 크기 n이 커질수록 모수 θ의 신뢰구간의 길이는 짧아지고 신뢰도는 높아진다. 주어진 신뢰계수 $1-\alpha$를 얻기 위한 최소의 표본 크기는 얼마일까?

정규모집단 $N(\mu,\sigma^2)$에서 추출한 n개의 랜덤표본을 이용하여 모수 μ의 $100(1-\alpha)\%$ 신뢰구간은 $(\overline{X}-\frac{\sigma}{\sqrt{n}}z_{\alpha/2}, \overline{X}+\frac{\sigma}{\sqrt{n}}z_{\alpha/2})$이다. 이러한 신뢰구간은 $\overline{X}$를 중심으로 $\epsilon=\frac{\sigma}{\sqrt{n}}z_{\alpha/2}$의 오차를 가진다. 즉 $n=\left(z_{\alpha/2}\frac{\sigma}{\epsilon}\right)^2$이다. 다시 말하면 주어진 오차 ϵ 이내로 신뢰구간 $100(1-\alpha)\%$로 모평균을 구간추정하려면 표본의 크기 n은 다음을 만족하여야 한다.

$$n \geq \left(z_{\alpha/2}\frac{\sigma}{\epsilon}\right)^2.$$

한편 베르누이시행에서 성공률 p를 추정하기 위하여 시행 횟수 n에 대한 성공 횟수는 $X\sim B(n,p)$를 고려하면 성공률 p의 $100(1-\alpha)\%$ 신뢰구간은 $\left(\hat{p}-z_{\alpha/2}\frac{\sqrt{p(1-p)}}{n},\ \hat{p}+z_{\alpha/2}\sqrt{\frac{p(1-p)}{n}}\right)$이다. 이러한 신뢰구간은 $\hat{p}=\frac{X}{n}$을 중심으로 $\epsilon=\sqrt{\frac{p(1-p)}{n}}z_{\alpha/2}$의 오차를 가진다. 즉 $n=\left(z_{\alpha/2}\frac{\sqrt{p(1-p)}}{\epsilon}\right)^2$이다. 그런데 p는 미지의 모수이므로 p를 추정하여야 한다. 보수적인 입장에서 n은 $p=\frac{1}{2}$일 때 최대이므로 $n=\left(\frac{z_{\alpha/2}}{2\epsilon}\right)^2$이다. 만약 p를 추정하기 위한 표본을 추출한 경우는 추정된 p^*를 이용하여 $n=\left(z_{\alpha/2}\frac{\sqrt{p^*(1-p^*)}}{\epsilon}\right)^2$이다.

예제 6.26 성공률 p를 추정할 때 오차한계를 10% 수준으로 하고 결과의 신뢰도를 95%로 정하였을 때 최소의 표본크기는?

풀이 p에 대한 사전정보가 없으므로 보수적인 입장에서

$$n=\left(\frac{z_{0.025}}{2\times 0.1}\right)^2=96.04$$

로부터 최소의 표본크기는 97이다. ■

6.4 충분통계량과 최소분산불편추정량

6.2절에서 좋은 추정량의 조건으로 추정량의 불편성, 효율성, 일치성 등을 살펴보았다. 이 절에서는 좋은 추정량을 찾는 방법에 대하여 알아보기로 한다. 좋은 추정량의 또 다른 조건으로 충분통계량을 고려하기로 한다. 불편추정량 가운데 평균제곱오차를 최소로 하기 위해서 분산을 최소로 하는 최소분산불편추정량을 고려하고 어떤 통계량이 최소분산불편추정량인가를 확인하는 방법과 최소분산불편추정량을 구하는 방법에 대하여 알아본다.

6.4.1 충분통계량

정의 6.11 $X_1,\cdots,X_n$가 모수 θ를 가지는 분포로부터 추출된 랜덤표본일 때 통계량 $T(X_1,\cdots,X_n)$에 대하여 $P(X_1=x_1,\cdots,X_n=x_n|T=t)$가 θ에 무관할 때 T를 충분통계량(充分統計量, sufficient statistic)이라고 한다.

[정의 6.11]은 통계량 T가 주어졌을 때 $X_1,\cdots,X_n$의 결합확률밀도함수가 미지의 모수 θ에 무관하므로 표본으로부터 결합확률밀도함수를 구할 수 있다. 따라서 표본의 정보가 충분통계량 T로 함축되는 꼴이 되어, 결합확률밀도함수를 알기 위하여 표본을 모두 알 필요가 없으며 단지 T만 알면 충분하다. 예를 들어, 랜덤표본 $X_1,\cdots,X_n$은 그 자체가 충분통계량이다. 왜냐하면

$$P(X_1=x_1,\cdots,X_n=x_n|X_1=x_1,\cdots,X_n=x_n)=1$$

이기 때문이다.

예제 6.27 $X_1,\cdots,X_n \sim B(1,p)$의 랜덤표본에 대하여 $Y=\sum_{i=1}^{n}X_i$가 p의 충분통계량임을 보여라.

풀이 $Y\sim B(n,p)$이므로

$$P(X_1=x_1,\cdots,X_n=x_n|Y=y)=\frac{\prod_{i=1}^{n}p^{x_i}(1-p)^{1-x_i}}{\binom{n}{y}p^y(1-p)^{n-y}}I_{x_1+\cdots+x_n=y}(x_1,\cdots,x_n)$$

$$= \binom{n}{y} I_{x_1 + \cdots + x_n = y}(x_1, \cdots, x_n), \forall p, 0 < p < 1$$

으로 모수 p에 무관하다. 여기에서 $I_c(x)$는 x가 조건 c를 만족하면 1이고, 그렇지 않으면 0인 지시함수(indicator function)이다. 따라서 $\sum_{i=1}^{n} X_i$는 p의 충분통계량이다. ■

[예제 6.27]과 같이 어떤 통계량이 충분통계량인가를 증명하기 위해서는 조건부 확률분포를 계산해야 하는 어려움이 있다. 충분통계량을 위한 필요충분조건이 다음의 네이만의 분해정리(Neyman factorization theorem)이다.

정리 6.9 $X_1, \cdots, X_n \sim f(x, \theta)$의 랜덤표본일 때 $T = u(X_1, \cdots, X_n)$가 충분통계량일 필요충분조건은 다음을 만족하는 함수 k_1, k_2가 존재하는 것이다.

$$\prod_{i=1}^{n} f(x_i, \theta) = k_1(u(x_1, \cdots, x_n), \theta) k_2(x_1, \cdots, x_n), \quad \forall \theta$$

증명 이산형인 경우만 증명하기로 한다. 벡터 $x = (x_1, \cdots, x_n)^T$ 표기를 사용하기로 한다.

먼저 T가 충분통계량이면 $P(X = x | T = u(x))$는 θ에 무관하므로 이를 $k_2(x)$로 설정한다. $P(T = u(x)) = k_1(u(x), \theta)$라고 하면

$$\begin{aligned} P(X_1 = x_1, \cdots, X_n = x_n) &= P(X_1 = x_1, \cdots, X_n = x_n, T = u(x)) \\ &= P(X = x | T = u(x)) P(T = u(x)) = k_1(u(x), \theta) k_2(x) \end{aligned}$$

이다. 따라서 필요조건이 증명되었다.

주어진 조건을 만족하는 k_1, k_2가 존재한다면

$$\begin{aligned} P(X_1 = x_1, \cdots, X_n = x_n | T = u(x)) &= \frac{P(X_1 = x_1, \cdots, X_n = x_n) I_{u(x) = t}(x)}{\sum_{u(z) = t} P(X_1 = z_1, \cdots, X_n = z_n)} \\ &= \frac{k_1(t, \theta) k_2(x) I_{u(x) = t}(x)}{k_1(t, \theta) \sum_{u(z) = t} k_2(z)} \\ &= \frac{k_2(x) I_{u(x) = t}(x)}{\sum_{u(z) = t} k_2(z)} \end{aligned}$$

에서 모수 θ와 무관하므로 T는 충분통계량이다. ■

예제 6.28 $X_1, \cdots, X_n \sim B(1, p)$의 랜덤표본에 대하여 $Y = \sum_{i=1}^{n} X_i$가 p의 충분통계량임을 보여라.

풀이 [예제 6.27]에서는 $P(X = x | Y = y)$를 계산하였지만 [정리 6.9]를 이용하여

$$\prod_{i=1}^{n} f(x_i, p) = p^{\sum x_i}(1-p)^{n - \sum x_i}$$

일 때

$$k_1(y, \theta) = p^y (1-p)^{n-y}, k_2(x) = 1$$

로 설정하면 네이만분해정리를 만족하는 k_1, k_2 함수가 존재하므로 Y는 p의 충분통계량이다. ■

정리 6.10 $X_1, \cdots, X_n \sim f(x, \theta)$의 랜덤표본일 때 $T = u(X_1, \cdots, X_n)$가 충분통계량일 때 일대일함수 $g(T)$에 의한 통계량 $W = g(T)$도 충분통계량이다.

증명 충분통계량 [정의 6.11]에서

$$P(X_1 = x_1, \cdots, X_n = x_n | W = w) = P(X_1 = x_1, \cdots, X_n = x_n | T = g^{-1}(w))$$

는 T가 충분통계량이므로 모수 θ에 무관하다. 따라서 W는 충분통계량이다. ■

예제 6.29 $X_1, \cdots, X_n \sim N(\mu, \sigma^2)$의 랜덤표본일 때 $\sum_{i=1}^{n} X_i$, $\sum_{i=1}^{n} X_i^2$이 모수 μ, σ^2의 충분통계량임을 보여라.

풀이 가능도함수가

$$\prod_{i=1}^{n} f(x_i, \mu, \sigma^2) = \exp\left\{\frac{\mu}{\sigma^2}\sum_{i=1}^{n} x_i - \frac{1}{2\sigma^2}\sum_{i=1}^{n} x_i^2 - \frac{n\mu^2}{2\sigma^2} - \frac{n}{2}\log(2\pi\sigma^2)\right\}$$

이므로 [정리 6.9]에서 $k_1 = \prod_{i=1}^{n} f(x_i, \mu, \sigma^2)$, $k_2(x) = 1$로 설정하면 $\sum_{i=1}^{n} X_i$, $\sum_{i=1}^{n} X_i^2$

은 모수 μ, σ^2의 충분통계량이다. 또한 $\sum_{i=1}^{n} X_i$, $\sum_{i=1}^{n} X_i^2$의 일대일함수를 이용하여 [정리 6.10]에 의해 $\overline{X}$, $\frac{1}{n-1}\sum_{i=1}^{n}(X_i - \overline{X})^2$도 충분통계량이다. ■

정리 6.11 $X_1, \cdots, X_n \sim f(x, \theta)$의 랜덤표본일 때 최대가능도추정량 $\hat{\theta}_{mle}$가 유일하게 존재한다면 $\hat{\theta}_{mle}$는 임의의 충분통계량 T의 함수이다.

증명 만약 $T = u(X)$가 충분통계량이라면

$$\hat{\theta}_{mle} = \text{argmax}_{\theta}\prod_{i=1}^{n} f(x_i, \theta) = \text{argmax}_{\theta} k_1(u(x), \theta) k_2(x) = \text{argmax}_{\theta} k_1(u(x), \theta)$$

이다. 따라서 최대가능도추정량 $\hat{\theta}_{mle}$는 충분통계량 T의 함수이다. ■

[정리 6.11]에서 최대가능도추정량은 충분통계량의 함수이므로 충분통계량이다. 임의의 다른 충분통계량의 기본이 되는 충분통계량을 최소충분통계량(最小充分統計量, minimal sufficient statistics)이라고 한다. 즉, 최소충분통계량이 좋은 추정량의 출발점이다. [예제 6.29]에서 $\sum_{i=1}^{n} X_i$, $\sum_{i=1}^{n} X_i^2$은 μ, σ^2의 최소충분통계량이고, 이들의 함수인 $\overline{X}, S^2$이 최대가능도추정량이다.

6.4.2 최소분산불편추정량

적률이용추정량은 충분통계량과 관계없으나 최대가능도추정량은 충분통계량이다. 충분통계량은 좋은 추정량의 출발점이다. 좋은 추정량은 불편추정량이고 효율적인 추정량이라고 할 수 있는데, 효율적인 추정량은 최소평균제곱추정량이다. [정리 6.2]에서 평균제곱은 분산과 편의의 제곱으로 분해되며, 분산과 편의의 제곱은 모수에 따라 달라질 수 있다. 따라서 모든 추정량 가운데 평균제곱오차를 최소로 하는 추정량을 구할 수 없다. 그 해결책으로 모든 추정량에 대하여 최소평균제곱추정량을 구할 것이 아니라 좋은 추정량의 조건 가운데 하나인 불편추정량에 대하여 최소평균제곱추정량을 구하기로 추정량을 제한한다. 결과적으로 최소평균제곱추정량은 최소분산추정량이며, 이를 최소분산불편추정량(最小分散不偏推定量, minimum variance unbiased estimator, MVUE)이라고 한다. 좋은 추정량은 불편추정량이

고 효율적인 추정량을 일컫고, 이는 최소분산불편추정량이고 할 수 있다.

정의 6.12 $X_1,\cdots,X_n$가 모수 θ를 가지는 분포로부터 추출된 랜덤표본일 때 추정량 T가 다음을 만족할 때 최소분산불편추정량이라고 한다.

(i) $E(T)=\theta$

(ii) 임의의 불편추정량 T'에 대하여 $Var(T) \le Var(T')$이다.

이제 어떤 추정량 T가 최소분산불편추정량인가를 확인하는 방법에 대하여 알아본다. 다음을 크라머-라오 하한(Cramer-Rao lower bound)정리라고 하고 이로부터 불편추정량의 분산 최솟값을 구할 수 있다. 만약 어떤 불편추정량의 분산이 하한과 같다면 그 불편추정량은 최소분산불편추정량이다.

정리 6.12 $X_1,\cdots,X_n \sim f(x,\theta)$ 랜덤표본일 때 $f(x,\theta)$의 정의역이 θ에 무관하고 $\frac{\partial}{\partial\theta}\ln f(x,\theta)$, $\frac{\partial^2}{\partial\theta^2}\ln f(x,\theta)$가 존재할 때 임의의 불편추정량 U에 대하여

$$Var(U) \ge \frac{1}{I(\theta)}$$

이다. 단, $I(\theta)=nE\left[\left(\frac{\partial}{\partial\theta}\ln f(X,\theta)\right)^2\right]=-nE\left[\frac{\partial^2}{\partial\theta^2}\ln f(X,\theta)\right]$이다.

[정리 6.12]의 증명은 수식이 복잡하므로 생략하기로 한다. 정보량 $I(\theta)$(情報量, amount of information)는 표본크기 n이 커지면 증가하며, 분산이 커지면 감소한다. 즉 모수에 대한 정보크기를 의미한다.

예제 6.30 $X_1,\cdots,X_n \sim B(1,p)$의 랜덤표본에서 $Y=\sum_{i=1}^{n}X_i$일 때 $\hat{p}=\frac{Y}{n}$은 p의 최소분산불편추정량임을 보여라.

풀이 $E(\hat{p})=\frac{E(Y)}{n}=\frac{np}{n}=p$ 이므로 $\hat{p}$은 불편추정량이다. 분산의 최솟값을 구하기 위해 [정리 6.13]을 이용한다. 확률밀도함수

$$f(x,p)=p^x(1-p)^{1-x},\ x=0,1$$

를 모수 p에 관하여 미분하면

$$\frac{\partial}{\partial p}\ln f(x,p) = \frac{\partial}{\partial p}[x\ln p + (1-x)\ln(1-p)] = \frac{x}{p} - \frac{1-x}{1-p}$$

$$\frac{\partial^2}{\partial p^2}\ln f(x,p) = -\frac{1}{(1-p)^2} - \left(\frac{1}{p^2} - \frac{1}{(1-p)^2}\right)x$$

이다. $E(X) = p$이므로

$$E\left(\frac{\partial^2}{\partial p^2}\ln f(X,p)\right) = -\frac{1}{(1-p)^2} - \left(\frac{1}{p^2} - \frac{1}{(1-p)^2}\right)p = -\frac{1}{p(1-p)}$$

이고

$$I(p) = -nE\left[\frac{\partial^2}{\partial p^2}\ln f(X,p)\right] = \frac{n}{p(1-p)}$$

이다. [정리 6.12]의 크라머-라오 하한은

$$\frac{1}{I(p)} = \frac{p(1-p)}{n}$$

이다.

그런데 추정량 $\hat{p}$의 분산을 구하면

$$Var(\hat{p}) = Var\left(\frac{Y}{n}\right) = \frac{Var(Y)}{n^2} = \frac{p(1-p)}{n}$$

이고, 불편추정량 $\hat{p}$의 분산과 크라머-라오 하한이 일치한다. 따라서 $\hat{p}$은 최소분산을 가지는 불편추정량이므로 최소분산불편추정량이다. ■

예제 6.31 $X_1, \cdots, X_n \sim N(\mu, 1)$의 랜덤표본일 때 $\hat{\mu} = \overline{X}$가 μ의 최소분산불편추정량임을 보여라.

풀이 표본평균의 기댓값은 $E(\overline{X}) = \mu$이므로 $\overline{X}$는 불편추정량이다. 확률밀도함수 $f(x,\mu)$를 미분하면

$$\ln f(x,\mu) = \ln\left[\frac{1}{\sqrt{2\pi}}\exp\left(-\frac{1}{2}(x-\mu)^2\right)\right] = -\frac{1}{2}(x-\mu)^2 - \frac{1}{2}\ln(2\pi)$$

$$\frac{\partial}{\partial \mu}\ln f(x,\mu) = x - \mu$$

$$\frac{\partial^2}{\partial \mu^2}\ln f(x,\mu) = -1$$

이다. 따라서

$$I(\mu) = -nE\left[\frac{\partial^2}{\partial \mu^2}\ln f(X,\mu)\right] = -nE(-1) = n$$

이므로 크라머-라오 하한은 $\frac{1}{n}$ 이다.

그런데 $Var(\overline{X}) = \frac{1}{n}$ 으로 크라머-라오 하한과 일치하므로 $\overline{X}$는 최소분산불편추정량이다. ■

크라머-라오 하한 정리는 주어진 추정량이 최소분산불편추정량인가를 확인하는 것이지 어떻게 최소분산불편추정량을 구하는가를 알려주지는 않는다. 다음의 라오-블랙웰 정리(Rao-Blackwell theorem)는 최소분산불편추정량을 찾는 데 중요한 역할을 한다.

정리 6.13 U가 불편추정량이고 $W = E(U|T)$는 다음을 만족한다.

(i) W는 T의 함수이다.

(ii) $E(W) = \theta$

(iii) $Var(W) \le Var(U)$

증명 (i) W는 T가 주어졌을 때 U의 기댓값이므로 T의 함수이다.

(ii) 이중기댓값정리에 의해

$$E(W) = E(E(U|T)) = E(U) = \theta$$

이다.

(iii) U의 분산을 계산하면

$$\begin{aligned} Var(U) = E(U-\theta)^2 &= E(U-W+W-\theta)^2 \\ &= E(U-W)^2 + 2E[(U-W)(W-\theta)] + E(W-\theta)^2 \\ &= E(U-W)^2 + Var(W) \ge Var(W) \end{aligned}$$

의 결과를 얻는다. 여기에서 네 번째 등호의 성립은

$$E[(U-W)(W-\theta)|T] = (W-\theta)E[(U-W)|T]$$
$$= (W-\theta)(E(U|T)-W) = 0$$

이기 때문에

$$E[(U-W)(W-\theta)] = E[E[(U-W)(W-\theta)|T]] = E(0) = 0$$

로부터 유도된다.

따라서 $W = E(U|T)$는 최소분산불편추정량이다. 만약 T가 충분통계량이면 W가 T의 함수이므로 충분통계량이 되고, 모수 θ에 무관한 분포를 가진다. ■

예제 6.32 $X_1, \cdots, X_n \sim B(1, p)$의 랜덤표본에 대하여 p의 최소분산불편추정량을 구하라.

풀이 $Y = \sum_{i=1}^{n} X_i$일 때 [예제 6.27]에 의해 Y는 충분통계량이다. 또한 $U = \frac{Y}{n}$이라고 하면 $E(U) = \frac{E(Y)}{n} = p$이므로 불편추정량이다. [정리 6.13]에 의해

$$W = E(U|Y) = \frac{Y}{n}$$

는 최소분산불편추정량이다.

$Var(W) = \frac{p(1-p)}{n}$ 이고 [예제 6.29]에서 W에 대한 분산의 최솟값을 확인하였다. ■

예제 6.33 $X_1, \cdots, X_n \sim N(\mu, 1)$의 랜덤표본일 때 μ의 최소분산불편추정량을 구하라.

풀이 [예제 6.29]에 의해 $T = \sum_{i=1}^{n} X_i$는 μ의 충분통계량이다. 또한 $U = \frac{T}{n}$이라고 하면 $E(U) = \mu$이다. 따라서 라오-블랙웰 정리에 의해

$$W = E(U|T) = \overline{X}$$

는 μ의 최소분산불편추정량이다. [예제 6.31]에서 $Var(W)$의 최솟값을 확인할 수 있었다. ■

라오-블랙웰 정리를 이용하면 충분통계량을 사용한 불편추정량이 유일한 경우

그 추정량은 최소분산불편추정량이다. 불편추정량의 유일성(唯一性, uniqueness)의 조건은 무엇일까?

정의 6.13 모든 모수 θ에 대하여 $E(T)=0$을 만족하는 통계량은 $T=0$뿐일 때 T를 완비통계량(完備統計量, complete statistic)이라고 한다.

예제 6.34 $X_1,\cdots,X_n \sim B(1,p)$의 랜덤표본에 대하여 X_1-X_2는 완비통계량이 아니며, $\sum_{i=1}^{n} X_i$는 완비충분통계량임을 보여라.

풀이 $E(X_1-X_2)=0$을 만족하는 것은 X_1-X_2가 반드시 0일 때뿐만 아니라 모든 경우에 $E(X_1-X_2)=0$이기 때문에 완비통계량이 아니다.

그런데 $T=\sum_{i=1}^{n} X_i$이 충분통계량임은 [예제 6.27]에서 증명되었으며 $E(T)=0$이면 $T\sim B(n,p)$이므로

$$E(T)=(1-p)^n \sum_{t=0}^{n} t\binom{n}{p}\left(\frac{p}{1-p}\right)^t=0$$

이다. 우변이 0일 때 좌변 다항식의 모든 계수는 0이어야 하기 때문에 모든 $t=0$이다. 따라서 $T=0$이다. 따라서 T는 완비충분통계량이다. ■

예제 6.35 $X_1,\cdots,X_n \sim N(\mu,1)$의 랜덤표본일 때 $T=\sum_{i=1}^{n} X_i$는 완비충분통계량인가?

풀이 $T\sim N(n\mu,n)$이므로

$$0=E(T)=\int_{-\infty}^{\infty} t f_T(t)dt$$

이기 위한 조건은

$$\mu=0 \text{ 또는 } t=0 \ \forall t\in R$$

이다. 즉 $\mu=0$이면 $T\neq 0$이더라도 $E(T)=0$이므로 $\sum_{i=1}^{n} X_i$은 완비통계량이 아니다. ■

완비충분통계량을 이용하여 균일(均一)분산최소불편추정량을 구할 수 있는데 이것이 [정리 6.14]의 레만–쉐페 정리(Lehman–Scheffe theorem)이다.

정리 6.14 통계량 T가 완비충분통계량이면 모수 θ에 대하여 불편추정량 U에 대한 조건부기댓값 $W=E(U|T)$는 균일최소분산불편추정량(uniformly minimum variance unbiased estimator, UMVUE)이다.

완비성은 추정량의 유일성을 보장한다. 즉 $E(T_1)=\theta, E(T_2)=\theta$이면 $E(T_1-T_2)=0$에 의하여 $T_1-T_2=0$이므로 $T_1=T_2$가 된다. 따라서 어떤 충분통계량의 함수가 불편추정량이 또한 완비통계량의 함수이면 이는 유일한 최소분산불편추정량이 된다.

그런데 때로는 완비성을 입증하는 데 많은 계산을 필요로 한다. 다음과 정의되는 지수족(指數族, exponential family)에 대하여 완비충분성이 보장된다.

정의 6.14 확률밀도함수가 다음과 같을 때 모수 $\theta_1,\cdots,\theta_k$를 가진 지수족이라고 한다.

$$f(x,\theta)$$
$$=\exp\{\sum_{j=1}^{k}B_j(\theta)T_j(x)-A(\theta)+S(x)\},-\infty<x<\infty,\theta=(\theta_1,\cdots,\theta_k)$$

예제 6.36 $X\sim B(1,p)$는 지수족임을 보여라.

풀이 확률밀도함수가

$$f(x,p)=p^x(1-p)^{1-x},x=0,1$$
$$=\exp\left\{x\log\left(\frac{p}{1-p}\right)+\log(1-p)\right\}$$

로 표현되므로

$$B(p)=\log\left(\frac{p}{(1-p)}\right),\ A(p)=-\log(1-p),\ T(x)=x$$

라 정의하면 [정의 6.14]에 의해 이항분포는 지수족이다. ■

6장 추정론

예제 6.37 $X \sim N(\mu,\sigma^2)$은 지수족임을 보여라.

풀이 확률밀도함수가

$$f(x,\mu,\sigma) = \exp\left\{-\frac{1}{2}\left(\frac{x-\mu}{\sigma}\right)^2 - \frac{1}{2}\log(2\pi\sigma^2)\right\}$$
$$= \exp\left\{-\frac{1}{2}\frac{x^2}{\sigma^2} + \frac{\mu}{\sigma}x - \frac{1}{2}\frac{\mu^2}{\sigma^2} - \frac{1}{2}\log(2\pi\sigma^2)\right\}$$

이므로

$$B_1(\mu,\sigma) = \frac{\mu}{\sigma},\ T_1(x) = x,\ B_2(\mu,\sigma) = -\frac{1}{2\sigma^2},\ T_2(x) = x^2$$

라 정하면 [정의 6.14]에 의해 정규분포는 지수족이다. ■

지수족에 속하는 확률분포로는 3장, 4장에서 다루었던 정규분포, 지수분포, 베타분포, 감마분포, 이항분포, 음이항분포, 포아송분포 등이 있다. 그러나 정의구역 x의 영역에 모수가 포함되어 있는 $U(0,\theta)$와 같은 분포는 지수족에 포함되지 않는다. 지수족에 대하여 완비충분통계량을 쉽게 구할 수 있다. [정리 6.15]는 증명은 생략하도록 한다.

> **정리 6.15** $X_1,\cdots,X_n$이 지수족에 속하는 확률밀도함수로부터 추출된 랜덤표본일 때 통계량 $\sum_{i=1}^{n} T_1(X_i),\cdots,\sum_{i=1}^{n} T_k(X_i)$는 모수 $\theta_1,\cdots,\theta_k$에 대한 결합완비충분통계량이다.

예제 6.38 $X_1,\cdots,X_n \sim B(1,p)$의 랜덤표본일 때 p의 균일최소분산불편추정량을 구하라.

풀이 [예제 6.36]에서 $T(x) = x$이므로 [정리 6.15]에 의해 $\sum_{i=1}^{n} X_i$는 완비충분통계량이다. $E(\sum_{i=1}^{n} X_i) = np$이므로 $\overline{X} = \frac{1}{n}\sum_{i=1}^{n} X_i$은 불편추정량이다. [정리 6.14]에서 $U = \overline{X}$, $T = \sum_{i=1}^{n} X_i$라 정하면

$$E(U|T) = E(\overline{X}|\sum_i X_i) = \overline{X}$$

는 균일최소분산불편추정량이다. ■

예제 6.39 $X_1,\cdots,X_n \sim N(\mu,\sigma^2)$이 랜덤표본일 때 통계량 $(\overline{X},S^2)$이 모수 (μ,σ^2)의 균일최소분산불편추정량임을 증명하라.

풀이 $X_1,\cdots,X_n$의 결합확률밀도함수는

$$f(x_1,\cdots,x_n)=(\sqrt{2\pi}\,\sigma)^{-n}\exp\left(-\frac{1}{2\sigma^2}\sum_{i=1}^{n}(x_i-\mu)^2\right)$$

이다. 그런데 지수부분이

$$\sum_{i=1}^{n}(x_i-\mu)^2=\sum_{i=1}x_i^2-2\mu\sum_{i=1}^{n}x_i+n\mu^2$$

이므로

$$f(x_1,\cdots,x_n)=\exp\left(-\frac{1}{2\sigma^2}\sum_{i=1}^{n}x_i^2+\frac{\mu}{\sigma^2}\sum_{i=1}^{n}x_i-n\frac{\mu^2}{2\sigma^2}-\frac{n}{2}\log(2\pi\sigma^2)\right)$$

이다. 따라서 [정리 6.15]에 의해 $\sum_{i=1}^{n}X_i$, $\sum_{i=1}^{n}X_i^2$는 완비충분통계량이다. 이들과 일대일대응함수 $\overline{X}$, S^2의 기댓값이 $E(\overline{X})=\mu$, $E(S^2)=\sigma^2$이므로 $\overline{X}$, S^2는 모수 μ, σ^2의 균일최소분산불편추정량이다. μ가 알려진 경우에는 $\frac{1}{n}\sum_{i=1}^{n}(X_i-\mu)^2$이 σ^2의 균일최소분산불편추정량이다. ■

연습문제

1 $\hat{\theta}_1 \sim (\theta, \sigma_1^2)$, $\hat{\theta}_2 \sim (\theta, \sigma_2^2)$이고 서로 독립이라면 $\hat{\theta}_3 = a\hat{\theta}_1 + (1-a)\hat{\theta}_2$일 때 $\hat{\theta}_3$가 불편추정량임을 보이고 $Var(\hat{\theta}_3)$을 최소로 하는 a를 구하라.

2 랜덤표본 X_1, $X_2 \sim \exp(\frac{1}{\theta})$에서 추출하였을 때, 다음의 4가지 추정량 중에서 불편추정량은 무엇이며 평균제곱오차 관점에서 가장 효율적인 추정량을 구하라.

$$T_1 = X_1,\ T_2 = \frac{X_1 + X_2}{2},\ T_3 = \frac{X_1 + 2X_2}{3},\quad T_4 = X_{(1)}$$

3 $X \sim B(1, p)$일 때 모수 p에 대한 추정량으로

$$T_1(X) = X,\quad T_2(X) = \frac{1}{2}$$

를 고려한다.

가. $T_1(X)$와 $T_2(X)$의 불편성에 대하여 답하라.

나. $T_1(X)$와 $T_2(X)$의 평균제곱오차를 비교하라.

4 랜덤표본 $X_1, \cdots, X_n \sim Poisson(\lambda)$에서 추출하였다면

가. 적률이용법에 의하여 $\frac{1}{\lambda}$의 추정량을 구하라.

나. 최대가능도법에 의하여 $\frac{1}{\lambda}$의 추정량을 구하라.

5 랜덤표본 $X_1, \cdots, X_n$을 확률밀도함수

$$f(x, \theta_1, \theta_2) = \left(\frac{1}{\theta_2}\right)\exp\left(-\frac{x-\theta_1}{\theta_2}\right), x > \theta_1,\ \theta_2 > 0$$

에서 추출하였을 때 모수 θ_1, θ_2의 최대가능도추정량을 구하라.

6 랜덤표본 $X_1, \cdots, X_{n_1} \sim N(\mu_1, \sigma^2)$, $Y_1, \cdots, Y_{n_2} \sim N(\mu_2, \sigma^2)$에서 추출하였고, 서로 독립이라면 σ^2의 최대가능도추정량을 구하라.

7 $X_1, \cdots, X_{15} \sim N(\mu, 4)$인 랜덤표본일 때 μ의 95% 신뢰구간을 구하라.

8 랜덤표본 $X_1,\cdots,X_n$을

$$f(x,\theta)=\frac{1}{\theta}\exp\left(-\frac{x}{\theta}\right),\ \theta>0, x>0$$

에서 추출하였다.

가. θ의 90% 신뢰구간을 구하라.

나. θ^2의 90% 신뢰구간을 구하라.

다. $\exp(-\theta)=P(X>1)$에 대한 90% 신뢰구간을 구하라.

9 선거에서 후보자의 지지율을 조사하여 100명 가운데 54명이 지지하였다. 이 자료로부터 지지율 p의 신뢰도에 대한 90%, 95%, 99% 신뢰구간을 구하고 비교하라.

10 랜덤표본 $X_1,\cdots,X_n$을 모수가 λ인 포아송분포에서 추출하였다.

가. $\sum_{i=1}^{n}X_i$는 λ의 충분통계량임을 보여라.

나. X_1은 λ의 불편추정량임으로 보여라.

다. λ의 최대가능도추정량은 $\sum_{i=1}^{n}X_i$의 함수임으로 보여라.

라. λ의 정보량 $I(\lambda)$를 구하라.

마. λ의 불편추정량 $\overline{X}$의 분산은 크라머-라오의 하한 $\frac{1}{I(\lambda)}$임을 보여라. 즉, $\overline{X}$는 λ의 최소분산불편추정량임을 보여라.

11 랜덤표본 $X_1,\cdots,X_n$을 모분포 $N(0,\sigma^2)$에서 추출하였다.

가. σ^2의 충분통계량을 구하라.

나. σ^2의 불편추정량을 구하라.

다. σ의 최대가능도추정량을 구하라.

라. σ^2의 정보량 $I(\sigma^2)$을 구하라.

마. σ^2의 최소분산불편추정량을 구하라.

12 $X\sim N(\mu,\mu^2)$일 때 완비성이 없음을 보여라.

13 랜덤표본 $X_1,\cdots,X_n$을 $EXP(\lambda)$에서 추출하였다.

가. 지수분포가 지수족임을 보여라.

나. 모수 λ의 균일최소분산불편추정량을 구하라.

14 랜덤표본 $X_1,\cdots,X_n$이 $U(0,\theta)$에서 추출하였다.

가. 모수 θ의 최소충분통계량을 구하라.

나. 모수 θ의 최소분산불편추정량을 구하라.

15 랜덤표본 $X_1,\cdots,X_n$이 레일리(Rayleigh)분포에서 추출하였다. 레일리분포의 확률밀도함수는 $f(x,\theta)=\left(\frac{2x}{\theta}\right)e^{-x^2/\theta},\ x>0$이다. 단, $E(X_1)=\frac{\sqrt{\theta\pi}}{2}$, $Var(X_1)=\frac{\theta(4-\pi)}{4}$이다.

가. 모수 θ의 최대가능도추정량을 구하라.

나. $\sum_{i=1}^{n}X_i^2$이 θ의 충분통계량임을 보여라.

다. 정보량 $I(\theta)$를 구하고 θ의 최소분산불편추정량을 구하라.

7장

검정론

자료조사의 궁극적인 목적은 모집단의 특성을 파악하는 것이다. 모집단의 특성을 파악하는 방법의 한 가지로 6장에서 모수의 추정을 다루었다. 그러나 모수에 대한 가능한 가설의 옳고 그름을 판단하고자 하는 경우가 있다. 예를 들어 어떤 시험의 평균이 70점 이상인가를 표본자료에 근거하여 판단하고자 한다. 이와 같이 표본으로부터 주어진 정보를 이용하여 모수에 대한 예상, 주장 또는 단순한 추측 등의 옳고 그름을 판단하는 과정을 **통계적 가설검정**(統計的 假說檢定, statistical hypothesis testing) 또는 **검정**(testing)이라고 한다.

7.1 검정의 원리

주어진 자료로부터 통계적 가설검정을 시행하는 것은 모든 가설에 대하여 실시할 수 있는 것은 아니다. 따라서 통계적 가설을 다음과 같이 정의하며 7장에서 통계적 가설에 대한 검정방법을 다룬다. 앞으로 모집단의 확률밀도함수 $f(x,\theta)$로부터 추출된 랜덤표본 $X_1,\cdots,X_n$이 주어져 있다고 가정한다.

정의 7.1 하나 또는 그 이상의 확률변수들의 분포에 대한 단정이나 추측 등의 표현을 **통계적 가설**이라고 한다. 이 가설에 의하여 분포의 형태가 결정되어지면 **단순가설**(simple hypothesis), 그렇지 않으면 **복합가설**(composite hypothesis)이라고 한다.

랜덤표본 $X_1,\cdots,X_n \sim N(\mu,\sigma^2)$에서 추출하였을 때, 가설

$$H_0 : \mu = 1, \sigma^2 = 1$$

은 모수 μ, σ^2이 확률분포의 형태를 결정하므로 통계적 가설이며 또한 확률밀도함수가 결정되므로 단순가설이며,

$$H_0 : \mu \neq 1,\ \sigma^2 > 0$$

는 분포가 결정되지 않으므로 복합가설이다.

통계적 실험이나 조사의 목적은 기존의 사실이 아닌 새로운 사실을 입증하기 위한 근거를 찾는 데 있다. 기존의 사실을 **귀무가설**(歸無假說, null hypothesis)로 하고(기호는 H_0) 연구자 또는 통계분석가가 입증하고자 하는 가설을 **대립가설**(對立

假說, alternative hypothesis)로 (기호는 H_1) 설정한다. 귀무가설을 기각할 만한 특별한 증거가 있는 지를 실험이나 조사를 통하여 얻은 자료에서 찾는 것이 통계적 가설검정 절차의 일반적인 방법이다. 이러한 통계적 검정 절차는 자료에 기반을 둔 방법으로 모집단에 대한 특성을 시스템적으로 접근하는 것이 아니기 때문에 새로운 주장의 가설인 대립가설이 옳다고 주장할 수 없다. 따라서 정공법이 아닌 우회적 공략 방법에 기반을 두어 기존의 가설인 귀무가설이 옳지 않다고 주장함으로써 대립가설이 옳다고 주장하는 논리를 이용한다. 기존 가설은 일반적으로 대부분의 사람들이 믿고 있는 것이거나 이미 입증된 것이기 때문에 특별한 증거가 없다면 기존 가설은 기각할 수 없다.

표본을 근거로 귀무가설 H_0을 기각하는 데 사용되는 통계량을 **검정통계량**(testing statistic)이라고 한다. 대부분의 검정통계량은 모수의 충분통계량에서 출발한다. 왜냐하면 충분통계량은 모수에 대한 정보를 모두 가지고 있기 때문이다. 검정통계량을 이용하여 귀무가설을 기각하게 되는 영역을 **기각역**(critical region 또는 rejection region)이라고 한다. 만약 기각역이 주어져 있다면 표본이 기각역에 속한다면 귀무가설 H_0을 기각할 것이며, 그렇지 않다면 H_0을 기각할 수 없다.

예제 7.1 랜덤표본 $X_1, \cdots, X_{25} \sim N(\mu, 10^2)$에서 추출하였을 때 통계적 귀무가설

$$H_0 : \mu = 10 \quad H_1 : \mu > 10$$

에 대한 기각역은

$$R = \left\{ \frac{\overline{X} - 10}{10/\sqrt{25}} \geq 1.645 \right\}$$

이다. 만약 자료로부터 $\overline{x} = 12$라고 한다면 위의 통계적 가설에 대하여 검정하라.

풀이 자료로부터 $\overline{x} \in R$ 여부에 의하여 H_0을 기각 또는 기각하지 않는다. 그런데 $\dfrac{12-10}{10/\sqrt{25}} = 1$이므로 $\overline{x} = 12 \notin R$ 이다. 그러므로 H_0을 기각할 수 없다. ■

[예제 7.1]에서 살펴본 바와 같이 귀무가설과 대립가설은 모수를 포함하고 있으므로 모수에 대한 추정량이 검정통계량의 기본통계량이다. [예제 7.1]에서 가설이 모평균 μ에 관한 것이므로 추정량 $\overline{X}$를 이용하여 기각역을 구축할 수 있다. 또한 기각역의 형태를 고려할 때 H_0을 기각하는 영역이므로 H_1의 형태를 따라야 할 것이다. [예제 7.1]에서는 $\overline{X}$가 어떤 값보다 클 때 H_0을 기각하게 될 것이다. 따

라서 기각역은 $\{\overline{X} > c\}$ 형태이다. 이제 기각값(critical value) c를 결정하는 문제가 남아있다. 그런데 검정통계량 $\overline{X} \sim N(\mu, \frac{10^2}{25})$를 따르므로 귀무가설하에서 $\overline{X} \sim N(\mu, \frac{10^2}{25})$을 이용한다.

통계적 가설검정에는 두 가지 오류가 존재한다. 하나는 H_0가 참인 데도 불구하고 H_0을 기각하는 오류이고, 다른 하나는 H_1이 참인 데도 불구하고 H_1을 기각하는 오류이다. 이를 표로 정리하면 다음과 같다.

[표 7.1] 오류의 종류

검정결과 \ 실제현상	H_0 참	H_1 참
H_0 기각	제1종 오류	옳은 결정
H_0 기각 안함	옳은 결정	제2종 오류

좋은 검정법이란 **제1종 오류**(type I error)와 **제2종 오류**(type II error)를 최소화하는 검정법이다. 그러나 제1종 오류확률과 제2종 오류확률은 서로 트레이드오프(trade off) 관계에 있어 기각값 c에 따라 제1종 오류확률이 커지면 제2종 오류확률은 작아지고, 제1종 오류확률이 작아지면 제2종 오류확률은 커진다. 따라서 두 오류확률을 동시에 최소화하는 검정법은 존재하지 않는다. 차선책으로 두 오류확률 가운데 하나를 일정한 한계 이내에 있게 하고 다른 오류확률을 최소화시키는 검정법을 고려하게 된다. 그런데 기존 가설 H_0가 옳음에도 불구하고 H_0을 기각하는 오류인 제1종 오류가 제2종 오류보다 더 심각한 오류이다(그렇기 때문에 오류의 명명 또한 1, 2를 사용하였다). 따라서 제1종 오류확률을 일정한 허용한계 이내에 존재하는 검정법 가운데 제2종 오류확률을 최소화시키는 유의수준 검정법(significance test)을 찾는다. 이러한 제1종 오류확률의 최대허용한계를 **유의수준**(有意水準, significance level)이라고 한다.

제1종 오류확률은 검정통계량 T에 대해

$$\alpha = P(H_0\text{을 기각} \mid H_0) = P(T \in R \mid H_0)$$

이고, 제2종 오류확률은

$$\beta = P(H_0\text{을 기각하지 않음} \mid H_1) = P(T \notin R \mid H_1)$$

로 표현할 수 있다.

정의 7.2 통계적 검정의 용어

1. 대립가설(H_1): 표본으로부터 주장하고자 하는 가설.
2. 귀무가설(H_0): 대립가설에 상반되는 가설. 기존 가설.
3. 검정통계량: 검정에 사용되는 통계량.
4. 기각역: 귀무가설 H_0를 기각시키는 검정통계량의 관측값의 영역.
5. 제1종 오류: H_0가 참인 데도 H_0을 기각하는 오류.
6. 제2종 오류: H_1이 참인 데도 H_0을 기각하지 않는 오류.
7. 유의수준: 제1종 오류의 최대허용한계 확률.

예제 7.2 [예제 7.1]에서 제1종 오류확률과 제2종 오류확률을 구하라.

풀이 기각역이 $R = \{\overline{X} \geq 13.29\}$ 이므로 제1종 오류확률은

$$\alpha = P((X_1, \cdots, X_{25}) \in R | H_0) = P(\overline{X} \geq 13.29 | \mu = 10)$$

$$= P\left(\frac{\overline{X} - 10}{10/\sqrt{25}} \geq \frac{13.29 - 10}{10/\sqrt{25}}\right) = P(Z \geq 1.645) = 0.05$$

이고, 제2종 오류확률은

$$\beta = P((X_1, \cdots, X_{25}) \in R^c | H_1) = P(\overline{X} \leq 13.29 | \mu_1 > 10)$$

$$= P\left(\frac{\overline{X} - \mu_1}{10/\sqrt{25}} \leq \frac{13.29 - \mu_1}{10/\sqrt{25}}\right) = P\left(Z \leq \frac{13.29 - \mu_1}{2}\right)$$

이다. 예를 들어 $\mu_1 = 15$ 이라면 제2종 오류확률은

$$P\left(Z \leq \frac{13.29 - 15}{2}\right) = 0.196$$

이다. 이를 그림으로 표현하면 [그림 7.1]과 같다. 그림에서 검은색 부분이 제1종 오류확률이고 회색 부분이 제2종 오류확률이다. 그림에서 알 수 있듯이 13.29의 선이 오른쪽으로 움직이면 제1종 오류확률은 작아지고 제2종 오류확률은 커진다. 따라서 제1종 오류확률과 제2종 오류확률을 동시에 최소화하는 기각값 c를 구할 수 없다. ■

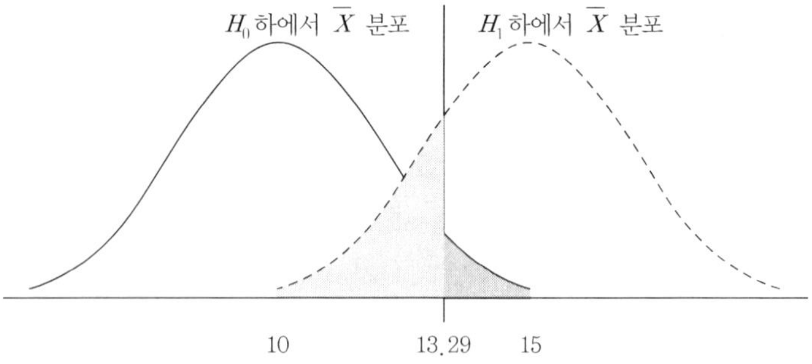

[그림 7.1] 제1종 오류확률과 제2종 오류확률

통계적 가설검정에서 미리 정해진 유의수준에서 기각역이 주어지면 검정법이 정의된다. 보통 사용하는 유의수준은 0.01, 0.05 등이다. 이와 같이 작은 유의수준을 사용하기 때문에 귀무가설이 참일 때 기각역의 크기는 작고, 기각하지 않은 영역의 크기는 크다. 일반적으로 귀무가설을 '기각한다' 또는 '기각하지 않는다' 라는 표현을 사용한다. 귀무가설을 '기각하지 않는다'는 표현은 의미상 대립가설을 채택한다는 뜻이다. 그러나 통계적 검정은 우회적인 증명 논리를 이용하기 때문에 '채택한다'와 같은 강력한 증거를 뒷받침하여야 하는 용어는 일반적으로 사용하지 않는다.

주어진 유의수준에 따라 검정의 결과는 '귀무가설을 기각한다' 또는 '귀무가설을 기각하지 않는다'이다. 유의수준 α 검정법은 제1종 오류확률이 α보다 작으면 '귀무가설을 기각한다'. 주어진 자료로부터 유의수준 α를 최소화하는 값을 **유의확률**(有意確率) 또는 p · 값(p · value)이라고 한다. 이제 유의확률을 구하여 유의확률이 유의수준보다 작으면 '귀무가설을 기각한다' 라는 결론에 이르며, 유의확률이 유의수준보다 작지 않으면 '귀무가설을 기각할 수 없다' 라는 결론에 이른다. 이와 같은 유의확률을 이용한 검정법은 유의수준 α가 미리 주어질 필요가 없기 때문에 통계소프트웨어에서 많이 사용한다.

예제 7.3 [예제 7.1]을 유의확률을 이용하여 유의수준 0.05에서 검정하라.

풀이 자료로부터 $\overline{x}=12$이므로 유의확률은

$$p \cdot 값 = P(\overline{X} > 12) = P\left(\frac{\overline{X}-10}{10/\sqrt{25}} > \frac{12-10}{10/\sqrt{25}}\right)$$

$$= P(Z > 1) = 1 - 0.841 = 0.159$$

이다. $p \cdot 값 \not< 0.05$으로 p · 값이 주어진 유의수준 0.05보다 작지 않으므로 귀무가설을 기각할 수 없다. 이것은 [예제 7.1]과 같은 결론에 도달한다.

통계패키지의 결과로 나오는 p · 값을 살펴봄으로써 통계적 가설검정을 수행할

수 있다. 통계패키지를 이용할 때는 p · 값이 결과로 나타나기 때문에 귀무가설과 대립가설이 무엇인가를 파악하는 것이 중요하다. ■

대립가설이 단순가설이 아닌 복합가설인 경우 제2종 오류확률을 모수 θ의 함수로 나타낼 수 있다면, 이 함수는 검정법의 여러 가지 특징을 나타낼 수 있다. [정의 7.3]을 이용하여 검정법의 특징을 알아본다.

정의 7.3 통계적 검정법에서 귀무가설 H_0를 기각시킬 확률을 **검정력 함수**(檢定力p函數, ower function)라고 하며 수식으로

$$\pi(\theta) = P(H_0\text{을 기각}|\theta)$$

이다. 또한 대립가설에 속하는 θ에 대한 검정력 함수를 **검정력**(power)이라고 한다.

예제 7.4 [예제 7.1]에서 검정력을 구하라.

풀이 $\overline{X} \sim N(\mu, 2^2)$이므로

$$\pi(\mu) = P(\overline{X} > 13.29) = P\left(\frac{\overline{X} - \mu}{2} > \frac{13.29 - \mu}{2}\right) = 1 - \Phi\left(6.65 - \frac{\mu}{2}\right)$$

이다. 여기에서 $\Phi(x)$는 표준정규분포의 분포함수이다. 검정력 함수 $\pi(\mu)$를 그림으로 표현하면 [그림 7.2] 와 같다. ■

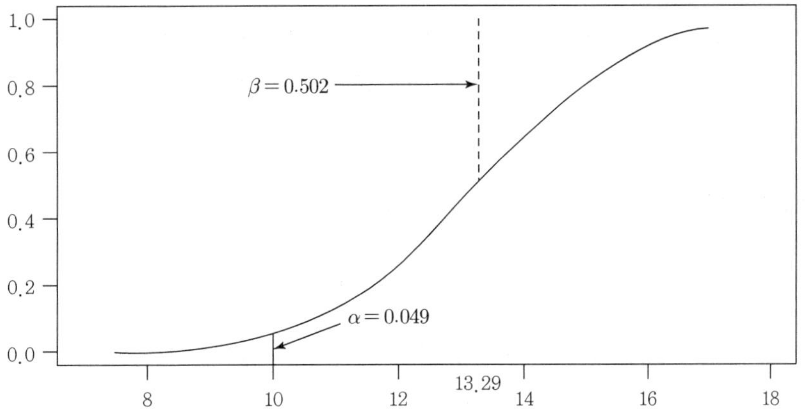

[그림 7.2] 검정력 곡선

검정력 함수를 $\pi(\theta)$라고 하면 $sup_{\theta \in H_0}\pi(\theta)$는 유의수준이고 제2종 오류확률은

$\beta(\theta_1) = 1 - \pi(\theta_1)$, $\theta_1 \in H_1$이다. 또한 좋은 검정법이란 같은 유의수준에서 검정력이 큰 것(제2종 오류확률이 작은 것)이 좋은 검정법이다.

7.2 최강력 검정법

좋은 검정법은 제1종 오류확률이 작고 검정력이 큰 검정법인데, 최적인 검정법인 제1종 오류확률을 최소화하고 검정력을 최대화하는 검정법은 존재하지 않는다. 따라서 검정법의 범위를 제1종 오류확률을 유의수준보다 작은 검정법인 유의수준 검정법에서 검정력을 최대로 하는 검정법이 좋은 검정법이다. 왜냐하면 통계학은 매우 보수적이어서 뚜렷한 증거가 있지 않으면 기존 가설인 귀무가설을 기각하지 않기 때문이다. 귀무가설은 기존 가설로서 일반적으로 한 번의 검증을 거쳤다고 여겨지기 때문에 귀무가설이 참인 데도 불구하고 귀무가설을 기각하는 오류인 제1종 오류를 범하는 것이 제2종 오류를 범하는 것보다 중대한 오류라고 생각하기 때문에 제1종 오류의 한계를 먼저 정하여 항상 만족시키게 한 후, 제2종 오류확률을 최소화하는 검정을 택하게 된다. 다시 말해서 제1종 오류확률의 최대허용한계인 유의수준 검정법 가운데 제2종 오류확률을 최소화시키는 검정법이 좋은 검정법이다.

정의 7.4 귀무가설 $H_0 : \theta = \theta_0$ 대 대립가설 $H_1 : \theta = \theta_1$에 대한 기각역 R^*이 다음 조건을 만족할 때 유의수준 α인 **최강력 검정법**(最强力 檢定法, most powerful test, MP test)의 기각역이라고 한다.

(i) $\pi_{R^*}(\theta_0) = \alpha$

(ii) $\pi_R(\theta_0) \le \alpha$인 다른 기각역 R에 대하여 $\pi_{R^*}(\theta_1) \ge \pi_R(\theta_1)$

여기에서 $\pi_R(\theta)$은 기각역 R에 대한 검정력이다.

예제 7.5 다음 표와 같은 검정통계량의 확률밀도함수에 대하여

$$H_0 : \theta = 0 \text{ 대 } H_1 : \theta = 1$$

에 대한 유의수준 0.05의 최강력 기각역을 구하라.

	1	2	3	4
$P(x\|\theta=0)$	0.01	0.04	0.05	0.90
$P(x\|\theta=1)$	0.05	0.08	0.10	0.77

풀이 유의수준이 0.05이므로 $\theta=0$일 때의 확률이 0.05인 x를 찾으면 기각역으로 고려할 수 있는 것은

$$R_1=\{1,2\},\ R_2=\{3\}$$

이다. 왜냐하면

$$P(X=1,2|\theta=0)=0.01+0.04=0.05,\quad P(X=3|\theta=0)=0.05$$

이기 때문이다. 이제 검정력을 계산하면

$$\pi_{R_1}(\theta=1)=P(R_1|\theta=1)=0.13>\pi_{R_2}(\theta=1)=P(R_2|\theta=1)=0.1$$

이므로 R_1이 유의수준 0.05에서 최강력 기각역이다. ■

귀무가설과 대립가설 H_0, H_1이 단순가설일 때 최강력 기각역은 가능도비(可能度比, likelihood ratio)를 이용한 네이만-피어슨(Neyman-Pearson) 정리로부터 구할 수 있다.

정리 7.1 랜덤표본 $X_1,\cdots,X_n$이 $f(x,\theta)$에서 추출되었을 때

$$H_0:\theta=\theta_0 \text{ 대 } H_1:\theta=\theta_1$$

에 대하여 유의수준 α의 최강력 기각역 R^*는 다음을 만족하는 점$(x_1,\cdots,x_n)$이다.

(i) $P((X_1,\cdots,X_n)\in R^*|\theta_0)=\alpha$

(ii) $\left\{(x_1,\cdots,x_n)\in R^*|\lambda=\dfrac{L(\theta_0)}{L(\theta_1)}\le k,k>0\right\}$

단, $L(\theta)=f(x_1,\theta)\times\cdots\times f(x_n,\theta)$이다.

증명 $X=(X_1,\cdots,X_n)$이라고 하고 연속인 경우에만 증명하기로 한다. 기각역 R, R^*를 유의수준 α 검정법의 기각역이라고 하면 $\pi_{R^*}(\theta_0)=\pi_R(\theta_0)=\alpha$이다. 검정력이 $\pi_{R^*}(\theta_1)\ge\pi_R(\theta_1)$임을 증명하면 된다. 기각역은 다음과 같이 분해되어

$$R=(R\cap R^{*c})\cup(R\cap R^*),\ \ R^*=(R\cap R^*)\cup(R^*\cap R^c)$$

이다. 만약

$$R_1=R\cap R^{*c}, R_2=R\cap R^*, R_3=R^*\cap R^c$$

이라고 하면

$$R=R_1\cup R_2, R^*=R_2\cup R_3$$

이다. 유의수준 α 조건에 의해

$$P(R_1\cup R_2|\theta_0)=P(R_1|\theta_0)+P(R_2|\theta_0)=P(R_2\cup R_3|\theta_0)=P(R_2|\theta_0)+P(R_3|\theta_0)$$

에서 $P(R_1|\theta_0)=P(R_3|\theta_0)$이다.

한편 R_1에서는 (ii)를 만족하지 않고, R_2, R_3에서는 (ii)를 만족한다.

$$\begin{aligned}\pi_R(\theta_1)&=\int_R L(\theta_1)dx=\int_{R_1}L(\theta_1)dx+\int_{R_2}L(\theta_1)dx\\&\le\frac{1}{k}\int_{R_1}L(\theta_0)dx+\int_{R_2}L(\theta_1)dx=\frac{1}{k}\int_{R_3}L(\theta_0)dx+\int_{R_2}L(\theta_1)dx\\&\le\int_{R_3}L(\theta_1)dx+\int_{R_2}L(\theta_1)dx=\pi_{R^*}(\theta_1)\end{aligned}$$

따라서 $\pi_R(\theta_1)\le\pi_{R^*}(\theta_1)$이다. ■

이제 최강력 기각역은 유의수준 α 검정법 가운데 [정리 7.1] (ii)의 가능도비를 만족하는 영역을 구하면 된다.

예제 7.6 랜덤표본 $X_1,\cdots,X_n\sim N(\mu,1)$에서 추출하였을 때

$$H_0:\mu=\mu_0 \text{ 대 } H_1:\mu=\mu_1, \mu_1>\mu_0$$

에 대한 유의수준 α 최강력 기각역을 구하라.

풀이 가능도비를 구하면

$$\lambda = \frac{L(\mu_0)}{L(\mu_1)} = \frac{(2\pi)^{-n/2}\exp\left\{-\frac{1}{2}\sum_{i=1}^{n}(x_i-\mu_0)^2\right\}}{(2\pi)^{-n/2}\exp\left\{-\frac{1}{2}\sum_{i=1}^{n}(x_i-\mu_1)^2\right\}}$$

$$= \exp\left\{n\overline{x}(\mu_0-\mu_1) - \frac{1}{2}(\mu_0^2-\mu_1^2)\right\}$$

이다. 그런데 $\mu_0 < \mu_1$이므로

$$\{\lambda \le k\} = \{\overline{x} \ge k'\}$$

이다. 여기에서 k'은 $\alpha = P(\overline{X} \ge k' | \mu = \mu_0)$에서 결정한다. 주어진 α에 대해

$$\alpha = P\left(\frac{\overline{X}-\mu_0}{1/\sqrt{n}} \ge \frac{k'-\mu_0}{1/\sqrt{n}}\right) = P\left(Z \ge \frac{k'-\mu_0}{1/\sqrt{n}}\right)$$

를 만족하는 값은 $\dfrac{k'-\mu_0}{1/\sqrt{n}} = z_\alpha$이므로 $k' = \mu_0 + z_\alpha \dfrac{1}{\sqrt{n}}$이다. 즉 유의수준 α 최강력 기각역은

$$R^* = \left\{\frac{\overline{X}-\mu_0}{1/\sqrt{n}} \ge z_\alpha\right\} = \left\{\overline{X} \ge \mu_0 + \frac{1}{\sqrt{n}}z_\alpha\right\}$$

이다.

한편 최강력 기각법의 검정력은

$$\pi(\mu_1) = P\left(\overline{X} \ge \mu_0 + \frac{1}{\sqrt{n}}z_\alpha | \mu = \mu_1\right) = P\left(\frac{\overline{X}-\mu_1}{1/\sqrt{n}} \ge \frac{\mu_0-\mu_1}{1/\sqrt{n}} + z_\alpha\right)$$

$$= 1 - \Phi(\sqrt{n}(\mu_0-\mu_1) + z_\alpha)$$

이다. 따라서 μ_1이 μ_0보다 클수록 또는 표본의 크기 n이 클수록 검정력은 증가한다. ■

예제 7.7 $X_1, \cdots, X_n \sim B(1, p)$에서 추출한 랜덤표본일 때

$$H_0 : p = p_0 \text{ 대 } H_1 : p = p_1,\ p_0 < p_1$$

의 유의수준 α 최강력 기각역을 구하라.

풀이 가능도비로부터 다음의 성질을 얻는다.

$$\left\{\lambda = \frac{L(p_0)}{L(p_1)} = \frac{p_0^{n\bar{x}}(1-p_0)^{n-n\bar{x}}}{p_1^{n\bar{x}}(1-p_1)^{n-n\bar{x}}} \le k\right\} \Leftrightarrow \left\{\left(\frac{p_0(1-p_1)}{p_1(1-p_0)}\right)^{n\bar{x}} \le k'\right\} \Leftrightarrow \{n\bar{x} \ge k''\}$$

$n\overline{X} \sim B(n,p)$이므로 $P(n\overline{X} \ge k'' | p = p_0) = \alpha$를 만족하는 k''을 찾아 기각역을 결정할 수 있다. 그런데 $B(n,p)$가 이산형이므로 주어진 α에 대하여 정확한 k''을 구할 수 없다. 다시 말하면

$$p(n\overline{X} \ge k'' | p = p_0) = \sum_{i \ge k''} \binom{n}{i} p_0^i (1-p_0)^{n-i}$$

를 만족하는 정수 k''을 구할 수 없다. 이와 같이 이산형확률분포의 모수에 대한 최강력 기각역은 확률화(確率化, randomization)를 통해 해결한다.

구체적으로 $n = 10$이고 $\bar{x} = 3$일 때

$$H_0 : p = 0.2 \text{ 대 } H_1 : p = 0.3$$

이고 유의수준 $\alpha = 0.05$이라 가정한다.

검정통계량 $n\overline{X} \sim B(10,p)$이므로 기각역의 확률은

$$P(\text{기각역} | H_0) = P(n\overline{X} \ge k'' | p = 0.2)$$

를 부록 1의 누적이항분포표를 이용하면 다음과 같다.

k''	0	1	2	3	4	5	6	⋯
$P(\text{기각} \| H_0)$	1	0.993	0.624	0.322	0.121	0.033	0.006	⋯

즉 $k'' = 5$인 경우에 제1종 오류확률은 0.033이고, $k'' = 4$인 경우에 제1종 오류확률은 0.121이다. 따라서 주어진 유의수준 $\alpha = 0.05$를 최대한 이용하기 위해

$$0.033 + \gamma P(n\overline{X} = 4 | p = 0.2) = 0.05$$

를 만족하는 γ를 구한다. 즉

$$0.033 + \gamma \times (0.121 - 0.033) = 0.05$$

에서 $\gamma = 0.195$이다. 이를 해석하면 표본이 영역 $\{n\overline{X} \ge 5\}$을 만족할 때는 H_0를

기각하고, $\{n\overline{X}=4\}$인 경우에는 0.195의 확률로 H_0을 기각하고, $\{n\overline{X}<4\}$인 경우에는 H_0을 기각하지 않는다. 이러한 확률검정과정을 확률화 과정이라고 한다.

본 예제에서는 $n\overline{x}=10\times 3=30\geq 5$이므로 H_0를 기각한다. ■

7.3 균일최강력 검정법

이제 단순가설을 확장하여 복합가설에 대한 최강력 기각역을 구하기로 한다. [예제 7.6]에서 귀무가설과 대립가설을 $H_0:\mu=\mu_0$ 대 $H_1:\mu>\mu_0$로 확장하면 H_1을 만족하는 모든 모수에 대하여 최강력 검정법을 구할 수 있다면 이를 균일최강력 검정법(uniformly most powerful test, UMP test)이라고 한다.

정의 7.5 귀무가설 $H_0:\theta\in\Omega_0$ 대 대립가설 $H_1:\theta\in\Omega-\Omega_0$에 대한 기각역 R^*이 다음 조건을 만족할 때 유의수준 α인 **균일최강력 검정법**의 기각역이라고 한다.

(i) $\max(\pi_{R^*}(\theta)|\theta\in\Omega_0)=\alpha$

(ii) 유의수준 α의 다른 기각역 R에 대하여

$$\pi_{R^*}(\theta)\geq\pi_R(\theta)\ \forall\,\theta\in\Omega-\Omega_0$$

[정의 7.5]에서 정의된 균일최강력 검정법은 유의수준 α 검정법 가운데 H_1의 모든 점에서 검정력이 가장 큰 검정법이다.

예제 7.8 랜덤표본 $X_1,\cdots,X_n\sim N(\mu,1)$에서 추출하였을 때

$$H_0:\mu\leq\mu_0 \text{ 대 } H_1:\mu>\mu_0$$

의 유의수준 α 균일최강력 기각역을 구하라.

풀이 $\mu_1\leq\mu_0<\mu_2$를 만족하는 임의의 μ_1,μ_2에 대한 가능도비는 다음과 같다.

$$\lambda=\frac{L(\mu_1)}{L(\mu_2)}=\exp\left\{\frac{1}{2}\sum_i(x_i-\mu_2)^2-\frac{1}{2}\sum_i(x_i-\mu_1)^2\right\}$$

한편 가능도비의 관계가

$$\{\lambda \le k\} \Leftrightarrow \left\{(\mu_1 - \mu_2)\bar{x} \le k'\right\} \Leftrightarrow \{\bar{x} \ge k''\}$$

이므로 유의수준 α 검정법이기 위해 제1종 오류확률을 구하면

$$\pi(\mu_1) = P(\overline{X} \ge k'' | \mu_1) = P\left(\frac{\overline{X} - \mu_1}{1/\sqrt{n}} \ge \frac{k'' - \mu_1}{1/\sqrt{n}}\right) = 1 - \Phi(\sqrt{n}(k'' - \mu_1))$$

이다. 그런데 $\pi(\mu_1)$은 μ_1에 대하여 증가함수이므로

$$\max_\theta \pi(\mu | \mu \le \mu_0) = \pi(\mu_0)$$

이다. 따라서 [정의 7.5]의 (i)을 만족하려면 $\alpha = 1 - \Phi(\sqrt{n}(k'' - \mu_0))$이므로 $\sqrt{n}(k'' - \mu_0) = z_\alpha$이다. 그러므로 $k'' = \mu_0 + \frac{1}{\sqrt{n}} z_\alpha$이다. 이러한 최강력 검정법이 μ_2에 상관없이 적용되므로 이 검정법은 균일최강력 검정법이다. 유의수준 α 균일최강력 검정법의 기각역은

$$R^* = \left\{\overline{X} \ge \mu_0 + \frac{1}{\sqrt{n}} z_\alpha\right\} = \left\{\frac{\overline{X} - \mu_0}{1/\sqrt{n}} \ge z_\alpha\right\}$$

이다. ■

일반적으로 검정방법의 성능을 재는 척도인 검정력 함수는 표본크기에 의존한다. 표본크기가 크면 검정력이 크다. 예를 들어 [예제 7.8]의 검정력은

$$\begin{aligned}\pi(\mu) &= P\left(\overline{X} \ge \mu_0 + \frac{1}{\sqrt{n}} z_\alpha | \mu > \mu_0\right) = P\left(\frac{\overline{X} - \mu}{1/\sqrt{n}} \ge \frac{\mu_0 - \mu}{1/\sqrt{n}} + z_\alpha\right) \\ &= 1 - \Phi(\sqrt{n}(\mu_0 - \mu) + z_\alpha)\end{aligned}$$

이다.

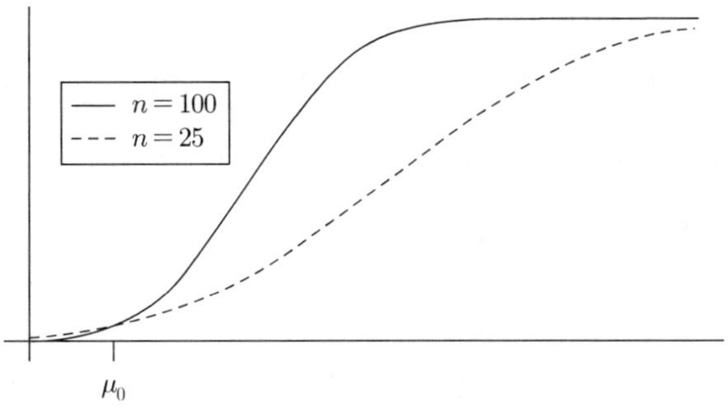

[그림 7.3] 표본크기에 따른 검정력 함수

이를 표본크기 $n = 25$, 100에 대하여 검정력함수의 그림을 그리면 [그림 7.3]과 같다. 그림에서 n이 커지면 검정력이 커지며 H_1의 모수 μ가 μ_0로부터 멀리 떨어져 있으면 검정력이 커지는 것을 알 수 있다. 이러한 현상은 위의 식으로부터 확인할 수 있다.

모분산 σ^2이 알려진 정규모집단에서

$$H_0 : \mu < \mu_0 \text{ 대 } H_1 : \mu \geq \mu_0 \text{ (또는 } H_0 : \mu > \mu_0 \text{ 대 } H_1 : \mu \leq \mu_0)$$

에 대한 유의수준 α 검정법에서 대립가설 아래에서 어떤 점 μ_1에 대한 제2종 오류확률이 β 이하가 되게 하는 표본의 크기 n을 구하기로 한다.

$$1 - \pi(\mu_1) = \Phi(\sqrt{n}(\mu_0 - \mu_1)/\sigma + z_\alpha) \leq \beta$$

를 만족해야 하므로

$$\frac{\sqrt{n}(\mu_0 - \mu_1)}{\sigma} \leq \Phi^{-1}(\beta) - z_\alpha$$

에서 n은 다음을 만족한다.

$$n \geq \left\{ \frac{z_{1-\alpha} + z_{1-\beta}}{(\mu_0 - \mu_1)/\sigma} \right\}^2$$

최강력 검정법을 모든 복합가설에 적용할 때 모두가 균일최강력 검정법이 될 수 없으며 다음에 정의되는 단조가능도비(單調可能度比, monotone likelihood ratio)의 조건이 필요하다.

정의 7.6 랜덤표본 $X_1,\cdots,X_n$의 가능도비 $\dfrac{L(\theta_1)}{L(\theta_2)}$가 $\theta_1 < \theta_2$에 대하여 단조성(비감소함수 또는 비증가함수)을 가질 때 통계량 $T(X_1,\cdots,X_n)$은 **단조가능도비의 성질**을 가진다고 한다.

예제 7.9 $X \sim B(n,p)$일 때 X는 단조가능도비 성질을 가짐을 보여라.

풀이 $p_1 < p_2$에 대하여 $L(p) = p^x(1-p)^{n-x}$에서 단조가능도비는

$$\frac{L(p_1)}{L(p_2)} = \left\{\frac{1-p_1}{1-p_2}\right\}^n \left\{\frac{p_1(1-p_2)}{p_2(1-p_1)}\right\}^x$$

이다. 그런데 $0 < \dfrac{p_1(1-p_2)}{p_2(1-p_1)} < 1$이므로 x가 증가함에 따라 단조가능도비는 비감소함수이다. 그러므로 X는 단조가능도비 성질을 가진다. ■

정리 7.2 랜덤표본 $X_1,\cdots,X_n$의 통계량 $T(X_1,\cdots,X_n)$이 단조가능도비 성질을 가진다.

(i) $H_0: \theta \le \theta_0 \, H_1: \theta > \theta_0$에 대한 균일최강력 기각역

$$R^* = \{(X_1,\cdots,X_n) | T(X_1,\cdots,X_n) \ge k\}$$

이며 k는 $P(R^*|\theta_0) = \alpha$에 의해 결정된다.

(ii) $H_0: \theta \ge \theta_0 \, H_1: \theta < \theta_0$에 대한 균일최강력 기각역

$$R^* = \{(X_1,\cdots,X_n) | T(X_1,\cdots,X_n) \le k\}$$

이며 k는 $P(R^*|\theta_0) = \alpha$에 의해 결정된다.

[정리 7.2]에서 기각역의 형태는 대립가설의 형태와 비슷하다. 그 이유는 기각역은 귀무가설 H_0을 기각하고 대립가설 H_1을 채택하는 영역이기 때문이다. 또한 k는 유의수준 α에 의해 결정된다.

예제 7.10 $X_1,\cdots,X_n \sim B(1,p)$에서 추출한 랜덤표본일 때

$$H_0: p \le p_0 \text{ 대 } H_1: p > p_0$$

의 유의수준 α 균일최강력 기각역을 구하라.

풀이 [예제 7.9]에서 이항분포가 단조가능도비 성질을 가짐을 증명하였다. 이제 [정리 7.2]에 의하여 유의수준 α 균일최강력 기각역은 $R^* = \{n\overline{X} > k\}$이다.

[예제 7.7]에서 살펴본 바와 같이 이산형확률분포에서 추출한 랜덤표본에 대하여 $\alpha = P(R^*|p_0)$을 만족하는 k는 확률화 검정을 통하여 결정할 수 있다.

한편 n이 큰 값이면 근사화에 의하여 $n\overline{X} \sim B(n,p)$이므로

$$\alpha = P(R^*|p_0) = P(n\overline{X} > k|p = p_0) = P\left(\frac{n\overline{X} - np_0}{\sqrt{np_0(1-p_0)}} > \frac{k - np_0}{\sqrt{np_0(1-p_0)}}\right)$$

에서 $k = np_0 + \sqrt{np_0(1-p_0)}\, z_\alpha$이다. 따라서 기각역은

$$R^* = \left\{\overline{X} > p_0 + \sqrt{p_0(1-p_0)/n}\, z_\alpha\right\} = \left\{\frac{\overline{X} - p_0}{\sqrt{p_0(1-p_0)/n}} > z_\alpha\right\}$$

이다. ■

균일최강력 검정은 항상 존재하는 것이 아니다. 일반적으로 대립가설의 형태가 단측가설(one-sided hypothesis)인 경우는 균일최강력 검정법이 존재하지만 양측가설(two-sided hypothesis)인 경우는 균일최강력 검정법이 존재하지 않는다.

예제 7.11 $X_1, \cdots, X_n \sim N(\mu, 1)$에서 추출한 랜덤표본일 때

$$H_0 : \mu = \mu_0 \text{ 대 } H_1 : \mu \neq \mu_0$$

의 유의수준 α 균일최강력 기각역이 존재하는가?

풀이 [정리 7.2]에 의해 균일최강력 기각역의 형태는 결정된다. 만약 $\mu_1 > \mu_0$인 경우의 가능도비는

$$\lambda = \frac{L(\mu_0)}{L(\mu_1)} = \exp\left\{\frac{1}{2}\sum(x_i - \mu_1)^2 - \frac{1}{2}\sum(x_i - \mu_0)^2\right\}$$

$$= \exp\left\{n(\mu_0 - \mu_1)\overline{x} - \frac{1}{2}n(\mu_1^2 - \mu_0^2)\right\}$$

이다. 따라서 균일최강력 기각역의 형태는

$$\{\lambda \le k\} \Leftrightarrow \left\{(\mu_0 - \mu_1)\overline{X} \le k'\right\} \Leftrightarrow \{\overline{X} \le k''\}$$

이다.

한편 $\mu_1 > \mu_0$ 인 경우에도 마찬가지로 기각역의 형태가

$$\{\lambda \le k\} \Leftrightarrow \left\{(\mu_0 - \mu_1)\overline{X} \le k'\right\} \Leftrightarrow \{\overline{X} \ge k''\}$$

이다. 즉 H_1 하에서 두 영역 $\mu_1 < \mu_0$ 또는 $\mu_1 > \mu_0$ 에 따라 균일최강력 검정법의 기각역의 형태가 달라지기 때문에 균일최강력 검정법은 존재하지 않는다. ■

7.4 일반화가능도비 검정법

네이만-피어슨 정리를 이용하여 최강력 검정법 및 단조가능도비 성질에 바탕한 최강력 검정법은 유용하다. 그러나 실제의 많은 경우에 장애모수 등의 이유로 적용할 수 없다. 예를 들어 분산이 알려지지 않은 경우 모평균의 검정은 최강력 검정법을 구할 수 없다.

정의 7.7 랜덤표본 $X_1, \cdots, X_n$ 의 가능도함수가 $L(\theta)$ 일 때

$$H_0 : \theta \in \Omega_0 \text{ 대 } H_1 : \theta \in \Omega_1 = \Omega - \Omega_0$$

에 대하여

$$\lambda = \frac{\max_{\Omega_0} \mathrm{L}(\theta)}{\max_{\Omega} \mathrm{L}(\theta)} = \frac{L(\hat{\theta_0})}{L(\hat{\theta})}$$

를 일반화가능도비(generalized likelihood ratio)라고 한다. 여기에서 $\hat{\theta}_0$ 은 Ω_0 의 최대가능도추정량이고, $\hat{\theta}$ 는 Ω 의 최대가능도추정량이다.

[정의 7.7]에서 λ 는 표본이 $x_1, \cdots, x_n$ 일 때의 통계량 값이며, 확률변수로 대체하면 $\Lambda(X_1, \cdots, X_n)$ 는 확률변수이다. $0 < \Lambda \le 1$ 이고 Λ 의 분자가 커지면, 즉 1에 가까우면 H_0 가 참임을 의미한다. 역으로 Λ 가 0에 가까우면 H_0 가 거짓임을 의미한다. 다시 말하면 H_0 을 기각하게 된다.

정리 7.3 유의수준 α인 일반화가능도비 검정법의 기각역은

$$R^* = \{(X_1, \cdots, X_n) \mid \Lambda(X_1, \cdots, X_n) \le \lambda^*\}$$

이며, λ^*는 $\max P(R^* \mid H_0) = \alpha$를 만족한다.

예제 7.12 $X_1, \cdots, X_n \sim N(\mu, 1)$에서 추출한 랜덤표본일 때

$$H_0 : \mu = 1 \text{ 대 } H_1 : \mu \ne 1$$

의 유의수준 α 일반화가능도비 검정법을 구하라.

풀이 모평균 μ의 최대가능도추정량은 $\hat{\mu}_{mle} = \overline{X}$이므로

$$\lambda = \frac{L(1)}{L(\overline{x})} = \frac{\exp\left\{-\frac{1}{2}\sum(x_i - 1)^2\right\}}{\exp\left\{-\frac{1}{2}\sum(x_i - \overline{x})^2\right\}} = \exp\left\{-\frac{n}{2}(\overline{x} - 1)^2\right\}$$

로부터 $\lambda \le k$를 만족하는 영역은 다음과 같다.

$$\left\{(\overline{x} - 1)^2 \ge -\frac{2}{n}\ln k\right\} \Leftrightarrow \{\sqrt{n}\,|\overline{x} - 1| \ge k'\}$$

또한 유의수준 α는

$$\alpha = P(\sqrt{n}\,|\overline{X} - 1| \ge k' \mid \mu = 1) = P(|Z| \ge k')$$

로부터 $k' = z_{\alpha/2}$이므로 일반화가능도비 검정법의 기각역은

$$R^* = \{\sqrt{n}\,|\overline{X} - 1| \ge z_{\alpha/2}\} = \left\{|\overline{X} - 1| \ge \frac{z_{\alpha/2}}{\sqrt{n}}\right\}$$

이다. ■

[예제 7.12]에서 정규모집단에서 추출한 랜덤표본 $X_1, \cdots, X_n \sim N(\mu, \sigma^2)$ (σ^2은 알려진 값)에 대해 가설에서 1 대신에 임의의 μ_0를 대체하여 가설

$$H_0 : \mu = \mu_0 \text{ 대 } H_1 : \mu \ne \mu_0$$

에 대한 유의수준 α 일반화가능도비 검정법의 기각역은

$$R^* = \left\{ \frac{|\overline{X} - \mu_0|}{\sigma/\sqrt{n}} \ge z_{\alpha/2} \right\}$$

이다.

예제 7.13 $X_1, \cdots, X_n \sim B(1,p)$에서 추출한 랜덤표본일 때

$$H_0 : p = p_0 \text{ 대 } H_1 : p \ne p_0$$

의 유의수준 α 일반화가능도비 검정법을 구하라.

풀이 p의 최대가능도추정량은 $\overline{X}$이므로

$$\lambda = \frac{L(p_0)}{L(\overline{x})} = \frac{p_0^{n\overline{x}}(1-p_0)^{n-n\overline{x}}}{\overline{x}^{n\overline{x}}(1-\overline{x})^{n-n\overline{x}}}$$

이다. [정리 7.3]에 의해 일반화가능도비 검정법의 기각역은

$$\{\lambda \le k\} \Leftrightarrow \left\{ \left(\frac{\overline{x}}{p_0}\right)^{\overline{x}} \left(\frac{1-\overline{x}}{1-p_0}\right)^{1-\overline{x}} \ge k' \right\}$$

이다. 만약 $y = \left(\frac{\overline{x}}{p_0}\right)^{\overline{x}} \left(\frac{1-\overline{x}}{1-p_0}\right)^{1-\overline{x}}$ 이면 y를 $\overline{x}$로 미분하여 $\overline{x} = p_0$에서 최솟값을 가지므로 일반화가능도비 검정법의 기각역은

$$\{|\overline{X} - p_0| \ge k''\}$$

이다.

이제 k''은 이산형 확률변수에 대한 확률화 검정법이나 근사화를 통하여 기각역을 구할 수 있다. 정규근사화에 의한 유의수준 α 기각역은

$$R^* = \left\{ |\overline{X} - p_0| \ge \sqrt{\frac{p_0(1-p_0)}{n}}\, z_{\alpha/2} \right\}$$

이다. ■

예제 7.14 $X_1, \cdots, X_n \sim N(\mu, \sigma^2)$에서 추출한 랜덤표본에 대해 모분산 σ^2이 알려지지 않은

경우에

$$H_0 : \mu = \mu_0 \text{ 대 } H_1 : \mu \neq \mu_0$$

의 일반화가능도비 검정법을 구하라.

풀이 모분산 σ^2이 알려지지 않은 경우 모수벡터 (μ, σ^2)의 최대가능도추정량은

$$(\hat{\mu}, \hat{\sigma}^2) = \left(\overline{X}, \frac{1}{n} \sum_{i=1}^{n} (X_i - \overline{X})^2 \right)$$

이고 H_0하에서 모수의 추정량은

$$(\hat{\mu}_0, \hat{\sigma}_0^2) = \left(\mu_0, \ \frac{1}{n} \sum_{i=1}^{n} (X_i - \mu_0)^2 \right)$$

이다. 따라서 일반화가능도비는

$$\Lambda(X_1, \cdots, X_n) = \frac{(2\pi\hat{\sigma}_0^2)^{-n/2} \exp\left\{ -\sum_{i=1}^{n} (X_i - \hat{\mu}_0)^2 / (2\hat{\sigma}_0^2) \right\}}{(2\pi\hat{\sigma}^2)^{-n/2} \exp\left\{ -\sum_{i=1}^{n} (X_i - \hat{\mu})^2 / (2\hat{\sigma}^2) \right\}}$$

$$= \left\{ \frac{\sum_{i=1}^{n} (X_i - \overline{X})^2}{\sum_{i=1}^{n} (X_i - \mu_0)^2} \right\}^{n/2}$$

이다. 다음의 관계식

$$\sum_{i=1}^{n} (X_i - \mu_0)^2 = \sum_{i=1}^{n} (X_i - \overline{X})^2 + n(\overline{X} - \mu_0)^2$$

을 위 식의 분자에 대입하면

$$\Lambda = \left\{ 1 + \frac{n(\overline{X} - \mu_0)^2}{\sum_{i=1}^{n} (X_i - \overline{X})^2} \right\}^{-n/2} = \left\{ 1 + \frac{T^2}{n-1} \right\}^{-n/2}$$

이다. 여기에서 $T = \dfrac{\overline{X} - \mu_0}{S/\sqrt{n}}$, $S^2 = \dfrac{1}{n-1} \sum_{i=1}^{n} (X_i - \overline{X})^2$이다.

기각역은

$$\{\Lambda \le k\} \Leftrightarrow \{T^2 \ge k'\}$$

의 관계로부터

$$R^* = \left\{(X_1, \cdots, X_n) | T^2 \ge k''\right\}$$

이다. 단 $\alpha = P(R^* | \mu_0)$를 만족한다. H_0하에서 $T \sim t(n-1)$이므로 $k' = t^2_{\alpha/2, n-1}$이다. 따라서 일반화가능도비의 기각역은

$$R^* = \left\{T \le -t_{\alpha/2, n-1} \text{ 또는 } T \ge t_{\alpha/2, n-1}\right\}$$

이다. ■

예제 7.15 $X_1, \cdots, X_n \sim N(\mu, \sigma^2)$에서 추출한 랜덤표본에 대해 모분산 σ^2이 알려지지 않은 경우에

$$H_0 : \sigma^2 = \sigma_0^2 \text{ 대 } H_1 : \sigma^2 \neq \sigma_0^2$$

의 일반화가능도비 검정법을 구하라.

⊕풀이 모수벡터 (μ, σ^2)의 최대가능도추정량은

$$(\hat{\mu}, \widehat{\sigma^2}) = \left(\overline{X}, \frac{1}{n}\sum_{i=1}^{n}(X_i - \overline{X})^2\right)$$

이고 H_0에서 모수의 추정량은

$$(\widehat{\mu_0}, \widehat{\sigma_0^2}) = \left(\overline{X}, \sigma_0^2\right)$$

이다. 따라서 일반화가능도비는

$$\begin{aligned}\Lambda(X_1, \cdots, X_n) &= \left(\frac{\widehat{\sigma^2}}{\sigma_0^2}\right)^{\frac{n}{2}} \exp\left[-\frac{1}{2}\sum_{i=1}^{n}(X_i - \overline{X})^2\left\{\frac{1}{\sigma_0^2} - \frac{1}{\widehat{\sigma^2}}\right\}\right] \\ &= \left(\frac{\hat{\sigma}^2}{\sigma_0^2}\right)^{n/2} \exp\left\{-\frac{n}{2}\left(\frac{\hat{\sigma}^2}{\sigma_0^2}\right) + \frac{n}{2}\right\}\end{aligned}$$

이다. $W = \dfrac{\hat{\sigma}^2}{\sigma_0^2}$ 이라고 하면

$$\Lambda = W^{n/2}\exp\left\{-\frac{n}{2}W + \frac{n}{2}\right\}$$

이므로 기각역의 형태는

$$\{\Lambda \le k\} \Leftrightarrow \{W\exp(-W) \le k^{2/n}\exp(-1)\} \Leftrightarrow \{W \le a \text{ 또는 } W \ge b\}$$

이다. 함수 $y = w\exp(-w)$의 그래프를 그리면 [그림 7.4]와 같고

$$\{y \le k''\} \Leftrightarrow \{W \le a \text{ 또는 } W \ge b\}$$

이다. 따라서 기각역

$$R^* = \left\{(X_1, \cdots, X_n) \,\middle|\, \left(\frac{\hat{\sigma}^2}{\sigma_0^2}\right) \le a \text{ 또는 } \left(\frac{\hat{\sigma}^2}{\sigma_0^2}\right) \ge b\right\}$$

이다.

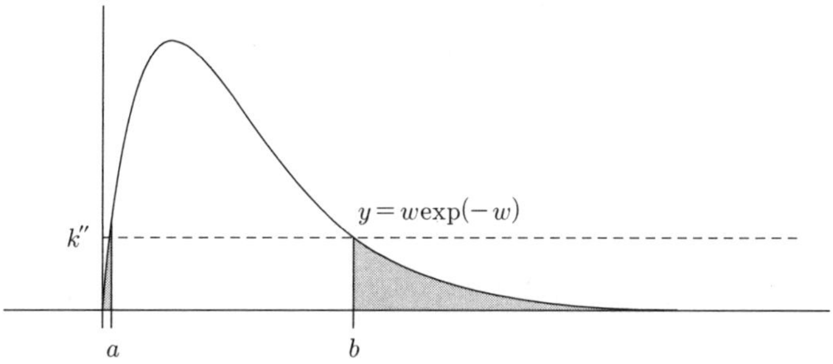

[그림 7.4] $y = w\exp(-w)$의 그래프

귀무가설 H_0하에서

$$\frac{1}{\sigma_0^2}\sum_{i=1}^{n}(X_i - \overline{X})^2 \sim \chi^2(n-1)$$

이므로

$$\alpha = P(R^* | \sigma_0^2)$$

를 만족하는 a, b는

$$a = \frac{1}{n}\chi^2_{1-\alpha/2,\, n-1},\ b = \frac{1}{n}\chi^2_{\alpha/2,\, n-1}$$

으로 설정하면 된다. 따라서 유의수준 α 일반화가능도비 검정법의 기각영역은

$$R^* = \left\{ \frac{1}{\sigma_0^2} \sum_{i=1}^{n} (X_i - \overline{X})^2 \le \chi^2_{1-\alpha/2, n-1} \text{ 또는 } \frac{1}{\sigma_0^2} \sum_{i=1}^{n} (X_i - \overline{X})^2 \ge \chi^2_{\alpha/2, n-1} \right\}$$

이다.

기각값은 $\alpha_1 + \alpha_2 = \alpha$를 만족하는 α_1, α_2에 대하여 $\chi^2_{1-\alpha_1, n-1}$, $\chi^2_{\alpha_2, n-1}$로 설정할 수 있다. 그러나 등꼬리확률을 사용하는 것이 편리하기 때문에 일반적으로 상위확률과 하위확률이 각각 $\frac{\alpha}{2}$가 되게 하여 기각값으로 $\chi_{\alpha/2, n-1}$, $\chi_{1-\alpha/2, n-1}$을 사용한다. ■

위에서 살펴본 예들은 일반화가능도비를 적절한 변환을 사용하여 검정통계량의 분포를 구하였다. 그러나 이러한 변환이 항상 가능하지는 않다. 따라서 근사적인 결과를 사용하는 것이 변환을 사용하지 않아도 되므로 유용하다.

정리 7.4 $-2\log\Lambda$는 귀무가설하에서 자유도가 m인 카이제곱분포를 근사적으로 따른다. 단, 자유도 m는 모수공간 Ω와 Ω_0에서 독립인 모수의 개수의 차이다.

$-2\log\Lambda$가 감소함수이므로 기각역이 $\{\Lambda \le k\}$은 $\{-2\log\Lambda \ge k'\}$와 동치이다. [정리 7.4]는 통계패키지에서 사용하는 일반적인 방법의 근거이다.

예제 7.16 [예제 7.15]에서 유의수준 α의 근사적인 일반화가능도비 검정법을 구하라.

풀이 유의수준 α의 근사적인 일반화가능도비 검정법의 기각역은

$$R^* = \{-2\log\Lambda \ge k\}$$

이다. 여기에서 k는 $\alpha = P(-2\log\Lambda \ge k)$를 만족해야 하므로 $k = \chi^2_{\alpha,1}$이다. 여기에서 자유도는 Ω 상의 독립인 모수의 개수는 $(\mu,\ \sigma^2)$의 2개이고, Ω_0 상에서 독립인 모수의 개수는 μ의 1개이므로 $m = 2 - 1 = 1$이다. 기각역은 [정리 7.4]에서

$$R^* = \left\{-2\log\Lambda \ge \chi^2_{\alpha,1}\right\}$$

이다. ■

7.5 이표본 검정

이 절에서는 두 개의 모집단에 대한 모평균 검정 및 모비율 검정에 대하여 알아보고자 한다.

7.5.1 정규분포

서로 독립인 랜덤표본 $X_1,\cdots,X_n$과 $Y_1,\cdots,Y_m$이 각각 정규분포 $N(\mu_1,\sigma_1^2)$, $N(\mu_2,\sigma_2^2)$에서 추출하였다고 하자. 먼저 모분산 σ_1^2, σ_2^2은 미지이나 동등하다고 가정하기로 한다. $\sigma_1^2=\sigma_2^2=\sigma^2$이며 추정량으로 합동추정량

$$S_p^2=\frac{(n-1)S_1^2+(m-1)S_2^2}{n+m-2}$$

를 사용한다. 만약 $\sigma_1^2\neq\sigma_2^2$이면 문제는 매우 복잡해지는데 이러한 경우를 평균 검정에 관한 문제인 베렌스-피셔(Behrens-Fisher) 문제라고 한다. 베렌스-피셔 문제는 근사해만 존재한다.

다음의 가설에 대한 유의수준 α 검정법을 구하고자 한다.

$$H_0:\mu_1=\mu_2 \text{ 대 } H_1:\mu_1\neq\mu_2$$

정규모집단의 결합확률밀도함수는

$$\left(\frac{1}{2\pi\sigma^2}\right)^{n/2}\exp\left[-\frac{1}{2}\sum_{i=1}^{n}\left(\frac{x_i-\mu_1}{\sigma}\right)^2\right]\left(\frac{1}{2\pi\sigma^2}\right)^{m/2}\exp\left[-\frac{1}{2}\sum_{i=1}^{m}\left(\frac{y_i-\mu_2}{\sigma}\right)^2\right]$$

이므로 최대가능도추정량은

$$\hat{\mu}_1=\overline{X},\hat{\mu}_2=\overline{Y},\hat{\sigma}^2=\frac{1}{n+m}\left\{\sum_{i=1}^{n}(X_i-\hat{\mu}_1)^2+\sum_{i=1}^{m}(Y_i-\hat{\mu}_2)^2\right\}$$

이다. 또한 귀무가설하에서 최대가능도추정량을 구하면

$$\hat{\mu}_0=\frac{1}{n+m}\left(\sum_{i=1}^{n}X_i+\sum_{i=1}^{m}Y_i\right),\hat{\sigma}_0{}^2=\frac{1}{n+m}\left[\sum_{i=1}^{n}(X_i-\hat{\mu}_0)^2+\sum_{i=1}^{m}(Y_i-\hat{\mu}_0)^2\right]$$

이다. 그런데 분해식

$$\sum_{i=1}^{n}(X_i-\hat{\mu}_0)^2=\sum_{i=1}^{n}(X_i-\overline{X})^2+\frac{m^2n}{(n+m)^2}(\overline{X}-\overline{Y})^2$$

$$\sum_{i=1}^{m}(Y_i-\hat{\mu}_0)^2=\sum_{i=1}^{m}(Y_i-\overline{Y})^2+\frac{n^2m}{(n+m)^2}(\overline{X}-\overline{Y})^2$$

으로부터 귀무가설하에서 분산추정량은

$$\hat{\sigma}_0{}^2=\frac{1}{n+m}\left[\sum_{i=1}^{n}(X_i-\overline{X})^2+\sum_{i=1}^{m}(Y_i-\overline{Y})^2+\frac{nm}{n+m}(\overline{X}-\overline{Y})^2\right]$$

이다. 그러므로 일반화가능도비는

$$\Lambda=\frac{f(X_1,\cdots,X_n,Y_1,\cdots,Y_m,\hat{\mu}_0,\hat{\sigma}_0^2)}{f(X_1,\cdots,X_n,Y_1,\cdots,Y_m,\hat{\mu}_1,\hat{\mu}_2,\hat{\sigma}^2)}$$

$$=\left[1+\frac{\{nm/(n+m)\}(\overline{X}-\overline{Y})}{\sum_{i=1}^{n}(X_i-\overline{X})^2+\sum_{i=1}^{m}(Y_i-\overline{Y})^2}\right]^{-(n+m)/2}$$

이다. 만약 통계량

$$T=\frac{\sqrt{\frac{nm}{n+m}}(\overline{X}-\overline{Y})}{\sqrt{\frac{\sum_{i=1}^{n}(X_i-\overline{X})^2+\sum_{i=1}^{m}(Y_i-\overline{Y})^2}{n+m-2}}}$$

이라고 하면 일반화가능도비는

$$\Lambda=\left[\frac{1}{1+T^2/(n+m-2)}\right]^{(n+m)/2}$$

이다. 따라서 일반화가능도비 Λ는 T^2의 단조감소함수가 된다. 따라서 기가역의 형태는

$$\{\Lambda\le k\}\Leftrightarrow\{|T|\ge k'\}$$

이다. 그런데 귀무가설 H_0하에서

$$T = \frac{(\overline{X} - \overline{Y})/\sigma(\sqrt{1/n+1/m})}{\sqrt{S_p^2/\sigma^2}} = \frac{\overline{X} - \overline{Y}}{S_p\sqrt{1/n+1/m}}$$

의 분자는 표준정규분포를 따르며 분모의 근호 안은 자유도가 $n+m-2$인 카이제곱분포를 따르므로 $T \sim t(n+m-2)$이다. 따라서 기각역 $\alpha = P(|T| \geq k'|H_0)$에서 $k' = t_{\alpha/2, n+m-2}$이다. 결론적으로 기각역은

$$T \leq -t_{\alpha/2, n+m-2} \text{ 또는 } T \geq t_{\alpha/2, n+m-2}$$

이다.

만일 모분산 σ_1^2, σ_2^2 이 알려진 값이면, 검정통계량 T는

$$Z = \frac{(\overline{X} - \overline{Y})}{\sqrt{\sigma_1^2/n + \sigma_2^2/m}}$$

이 되고 H_0하에서 $Z \sim N(0,1)$이므로 기각역은

$$Z \leq -z_{\alpha/2} \text{ 또는 } Z \geq z_{\alpha/2}$$

이다.

7.5.2 이항분포

서로 독립인 랜덤표본 $X_1, \cdots, X_n \sim B(1, p_1)$, $Y_1, \cdots, Y_m \sim B(1, p_2)$에서

$$H_0: p_1 = p_2 \text{ 대 } H_1: p_1 \neq p_2$$

의 일반화가능도비 검정법을 구하고자 한다.

$$X = \sum_{i=1}^{n} X_i \sim B(n, p_1), \quad Y = \sum_{i=1}^{m} Y_i \sim B(n, p_2)$$

이라고 하면 전체모수공간에서 최대가능도추정량을 구하면

$$\hat{p}_1 = \frac{X}{n}, \hat{p}_2 = \frac{Y}{m}$$

이고, H_0하에서 최대가능도추정량

$$\hat{p}=\frac{X+Y}{n+m}$$

이다. 일반화가능도비는

$$\Lambda(X,Y)=\frac{\left(\frac{X+Y}{n+m}\right)^{X+Y}\left(1-\frac{X+Y}{n+m}\right)^{n+m-X-Y}}{\left(\frac{X}{n}\right)^{X}\left(1-\frac{X}{n}\right)^{n-X}\left(\frac{Y}{m}\right)^{Y}\left(1-\frac{Y}{m}\right)^{m-Y}}$$

이다. 그러나 위 식은 간단한 형태로 변환이 쉽지 않다. 따라서 [정리 7.4]의 근사화에서 $-2\log\Lambda \sim \chi^2(1)$을 이용한다. 즉 기각역은

$$\left\{-2\log\Lambda(X,Y)\le \chi^2_{1-\alpha/2,1} \text{ 또는 } -2\log\Lambda(X,Y)\ge \chi^2_{\alpha/2,1}\right\}$$

이다.

한편 이항분포의 정규분포 근사화

$$\frac{X}{n}\dot{\sim} N\left(p_1, \frac{1}{n}p_1(1-p_1)\right),\ \ \frac{Y}{m}\dot{\sim} N\left(p_2, \frac{1}{m}p_2(1-p_2)\right)$$

로부터

$$Z=\frac{\left(\frac{X}{n}-\frac{Y}{m}\right)-(p_1-p_2)}{\sqrt{\frac{1}{n}p_1(1-p_1)+\frac{1}{m}p_2(1-p_2)}}\dot{\sim} N(0,1)$$

이다. 귀무가설 $H_0: p_1=p_2$하에서 Z의 분모는 $\sqrt{p(1-p)\left(\frac{1}{n}+\frac{1}{m}\right)}$ 이다. p가 알려져 있지 않기 때문에 추정한 값 $\hat{p}=\frac{X+Y}{n+m}$을 대입하면

$$Z=\frac{\left(\frac{X}{n}-\frac{Y}{m}\right)}{\sqrt{\hat{p}(1-\hat{p})\left(\frac{1}{n}+\frac{1}{m}\right)}}\dot{\sim} N(0,1)$$

으로부터 기각역은 $\{|Z|\ge z_{\alpha/2}\}$이다.

연습문제

1 랜덤표본 $X_1,\cdots,X_n$을 $N(\mu,1)$에서 추출하였을 때

$$H_0: \mu = 0 \text{ 대 } H_1: \mu = 1$$

을 검정하려 한다. 자료를 $n = 16$개 추출하며 검정통계량은 $Z = \dfrac{\overline{X} - 0}{\sqrt{1/16}} = 4\overline{X}$를 사용할 때 다음 물음에 답하라.

가. 유의수준 $\alpha = 0.05$에서 기각역을 $\overline{X}$로 나타내라.

나. 유의수준 $\alpha = 0.05$에서 검정할 때 제2종 오류확률의 크기를 구하라.

다. $\overline{x} = 0.7$이라면 $p-$값을 구하라.

2 이산형 확률변수 X의 확률밀도함수가

	1	2	3	4	5
$P(x,\theta_0)$	0.02	0.03	0.05	0.10	0.70
$P(x,\theta_1)$	0.05	0.07	0.10	0.20	0.58

로 주어졌다.

$$H_0: \theta = \theta_0 \text{ 대 } H_1: \theta = \theta_1$$

을 검정하고자 한다.

가. 유의수준 $\alpha = 0.1$인 모든 기각역을 구하라.

나. '가'에서 제시한 기각역 가운데 제2종 오류확률이 가장 작은 것을 구하라.

3 만약 $X|p \sim B(5,p)$를 따른다면, 다음 가설을 통계적 검정을 시행한다.

$$H_0: p = \frac{1}{2} \quad H_1: p = \frac{3}{5}.$$

사전확률이 $P(H_0) = 0.7, P(H_1) = 0.3$일 때, 확률 $P(H_0|X = x)$을 구하라.

4 꼬마전구의 수명은 $N(\mu,5^2)$을 따른다고 한다.

$$H_0: \mu = 100 \text{ 대 } H_1: \mu < 100$$

을 검정하기 위하여 $n = 16$개의 표본을 사용하였다.

가. 검정통계량과 유의수준 $\alpha = 0.05$에서 기각역을 구하라.

나. $\mu = 95$에서 제2종 오류확률의 크기를 구하라.

다. $\overline{x} = 97$이라면 $p-$값을 구하라.

라. 검정력 함수 $\pi(\mu)$를 구하라.

5 통계적 가설

$$H_0 : p = 0.5 \text{ 대 } H_1 : p > 0.5$$

에서 H_0을 유의수준 $\alpha = 0.05$에서 기각하였다면 $\alpha = 0.01$에서 기각해야 하는가? 역으로 $\alpha = 0.01$에서 기각하였다면 $\alpha = 0.05$에서 기각해야 하는가?

6 랜덤표본 $X_1, \cdots, X_n$을 $B(1, p)$에서 추출하였을 때

$$H_0 : p = 0.5 \text{ 대 } H_1 = 0.75$$

을 검정하려고 한다.

가. 최강력 검정의 기각역의 형태를 구하라.

나. 유의수준 $\alpha = 0.05$에서 $n = 10$일 때 최강력 검정을 구하라.

7 랜덤표본 $X_1, \cdots, X_n$을 $N(\mu, 1)$에서 추출하였다.

가. 가설 $H_0 : \mu = 0$ 대 $H_1 : \mu = 1$에 대한 유의수준 $\alpha = 0.05$의 최강력 기각역을 구하라.

나. 가설 $H_0 : \mu = 0$ 대 $H_1 : \mu = 2$에 대한 유의수준 $\alpha = 0.05$의 최강력 기각역은 어떻게 변화하는가?

다. 위의 각 경우에 $\beta = 0.1$ 이하가 되기 위한 최소의 표본크기를 구하라.

8 랜덤표본 $X_1, \cdots, X_n$을 $N(\mu, \sigma^2)$에서 추출하였을 때

$$H_0 : \mu = \mu_0 \text{ 대 } H_1 : \mu < \mu_0$$

에 대한 균일최강력 검정법을 구하라.

9 랜덤표본 $X_1, \cdots, X_n$을 $N(\mu, \sigma^2)$에서 추출하였다.

가. 모분산 σ^2이 알려지지 않은 경우에

$$H_0 : \mu = \mu_0 \text{ 대 } H_1 : \mu > \mu_0$$

에 대한 유의수준 α 일반화가능도비 검정하라.

나. 모평균 μ가 알려지지 않은 경우에

$$H_0 : \sigma^2 = \sigma_0^2 \text{ 대 } H_1 : \sigma^2 > \sigma_0^2$$

에 대한 유의수준 α 일반화가능도비 검정하라.

10 랜덤표본 $X_1, \cdots, X_n$을 $N(\mu, \sigma^2)$에서 추출하였다. 모분산 σ^2이 알려진 경우

$$H_0 : \mu = \mu_0 \text{ 대 } H_1 : \mu > \mu_0$$

에 대한 유의수준 α 일반화가능도비 검정하라.

11 서로 독립인 랜덤표본 $X_1, \cdots, X_n \sim N(\mu_1, 4)$, $Y_1, \cdots, Y_m \sim N(\mu_2, 4)$일 때

$$H_0 : \mu_1 = \mu_2 \text{ 대 } H_1 : \mu_1 \neq \mu_2$$

에 대한 유의수준 α 일반화가능도비 검정하라.

부록

부록 1: 누적이항분포표

$X \sim B(n,p)$일 때 $P(X \le c) = \sum_{x=0}^{c} \binom{n}{r} p^{x}(1-p)^{n-x}$의 값을 표시한다.

						p						
		.05	.10	.20	.30	.40	.50	.60	.70	.80	.90	.95
	c											
$n=1$	0	.950	.900	.800	.700	.600	.500	.400	.300	.200	.100	.050
	1	1.000	1.000	1.000	1.000	1.000	1.000	1.000	1.000	1.000	1.000	1.000
$n=2$	0	.902	.810	.640	.490	.360	.250	.160	.090	.040	.010	.002
	1	.997	.990	.960	.910	.840	.750	.640	.510	.360	.190	.097
	2	1.000	1.000	1.000	1.000	1.000	1.000	1.000	1.000	1.000	1.000	1.000
$n=3$	0	.857	.729	.512	.343	.216	.125	.064	.027	.008	.001	.000
	1	.993	.972	.896	.784	.648	.500	.352	.216	.104	.028	.007
	2	1.000	.999	.992	.973	.936	.875	.784	.657	.448	.271	.143
	3	1.000	1.000	1.000	1.000	1.000	1.000	1.000	1.000	1.000	1.000	1.000
$n=4$	0	.815	.656	.410	.240	.130	.063	.026	.008	.002	.000	.000
	1	.986	.948	.819	.652	.475	.313	.179	.084	.027	.004	.000
	2	1.000	.996	.973	.916	.821	.688	.525	.348	.181	.052	.014
	3	1.000	1.000	.998	.992	.974	.938	.870	.760	.590	.344	.185
	4	1.000	1.000	1.000	1.000	1.000	1.000	1.000	1.000	1.000	1.000	1.000
$n=5$	0	.774	.590	.328	.168	.078	.031	.010	.002	.000	.000	.000
	1	.977	.919	.737	.528	.337	.188	.087	.031	.007	.000	.000
	2	.999	.991	.942	.837	.683	.500	.317	.163	.058	.009	.001
	3	1.000	1.000	.993	.969	.913	.813	.663	.472	.263	.081	.023
	4	1.000	1.000	1.000	.998	.990	.969	.922	.832	.672	.410	.226
	5	1.000	1.000	1.000	1.000	1.000	1.000	1.000	1.000	1.000	1.000	1.000
$n=6$	0	.735	.531	.262	.118	.047	.016	.004	.001	.000	.000	.000
	1	.967	.886	.665	.420	.233	.109	.041	.011	.002	.000	.000
	2	.998	.984	.901	.744	.544	.344	.179	.070	.017	.001	.000
	3	1.000	.999	.983	.930	.821	.656	.456	.256	.099	.016	.002
	4	1.000	1.000	.998	.989	.959	.891	.767	.580	.345	.114	.033
	5	1.000	1.000	1.000	.999	.996	.984	.953	.882	.738	.469	.265
	6	1.000	1.000	1.000	1.000	1.000	1.000	1.000	1.000	1.000	1.000	1.000
$n=7$	0	.689	.478	.210	.082	.028	.008	.002	.000	.000	.000	.000
	1	.956	.850	.577	.329	.159	.063	.019	.004	.000	.000	.000
	2	.996	.974	.852	.647	.420	.227	.096	.029	.005	.000	.000
	3	1.000	.997	.967	.874	.710	.500	.290	.126	.033	.003	.000
	4	1.000	1.000	.995	.971	.904	.773	.580	.353	.148	.026	.004

		p										
		.05	.10	.20	.30	.40	.50	.60	.70	.80	.90	.95
	c											
	5	1.000	1.000	1.000	.996	.981	.938	.841	.671	.423	.150	.044
	6	1.000	1.000	1.000	1.000	.998	.992	.972	.918	.790	.522	.302
	7	1.000	1.000	1.000	1.000	1.000	1.000	1.000	1.000	1.000	1.000	1.000
$n=8$	0	.663	.430	.168	.058	.017	.004	.001	.000	.000	.000	.000
	1	.943	.813	.503	.255	.106	.035	.009	.001	.000	.000	.000
	2	.994	.962	.797	.552	.315	.145	.050	.011	.001	.000	.000
	3	1.000	.995	.944	.806	.594	.363	.174	.058	.010	.000	.000
	4	1.000	1.000	.990	.942	.826	.637	.406	.194	.056	.005	.000
	5	1.000	1.000	.999	.989	.950	.855	.685	.448	.203	.038	.006
	6	1.000	1.000	1.000	.999	.991	.965	.894	.745	.497	.187	.057
	7	1.000	1.000	1.000	1.000	.999	.996	.983	.942	.832	.570	.337
	8	1.000	1.000	1.000	1.000	1.000	1.000	1.000	1.000	1.000	1.000	1.000
$n=9$	0	.630	.387	.134	.040	.010	.002	.000	.000	.000	.000	.000
	1	.929	.775	.436	.196	.071	.020	.004	.000	.000	.000	.000
	2	.992	.947	.738	.463	.232	.090	.025	.004	.000	.000	.000
	3	.999	.992	.914	.730	.483	.254	.099	.025	.003	.000	.000
	4	1.000	.999	.980	.901	.733	.500	.267	.099	.020	.001	.000
	5	1.000	1.000	.997	.975	.901	.746	.517	.270	.086	.008	.001
	6	1.000	1.000	1.000	.996	.975	.910	.768	.537	.262	.053	.008
	7	1.000	1.000	1.000	1.000	.996	.980	.929	.804	.564	.225	.071
	8	1.000	1.000	1.000	1.000	1.000	.998	.990	.960	.866	.613	.370
	9	1.000	1.000	1.000	1.000	1.000	1.000	1.000	1.000	1.000	1.000	1.000
$n=10$	0	.599	.349	.107	.028	.006	.001	.000	.000	.000	.000	.000
	1	.914	.736	.376	.149	.046	.011	.002	.000	.000	.000	.000
	2	.988	.930	.678	.383	.167	.055	.012	.002	.000	.000	.000
	3	.999	.987	.879	.650	.382	.172	.055	.011	.001	.000	.000
	4	1.000	.998	.967	.850	.633	.377	.166	.047	.006	.000	.000
	5	1.000	1.000	.994	.953	.834	.623	.367	.150	.033	.002	.000
	6	1.000	1.000	.999	.989	.945	.828	.618	.350	.121	.013	.001
	7	1.000	1.000	1.000	.998	.988	.945	.833	.617	.322	.070	.012
	8	1.000	1.000	1.000	1.000	.998	.989	.954	.851	.624	.264	.086
	9	1.000	1.000	1.000	1.000	1.000	.999	.994	.972	.893	.651	.401
	10	1.000	1.000	1.000	1.000	1.000	1.000	1.000	1.000	1.000	1.000	1.000
$n=15$	0	.463	.206	.035	0.005	.000	.000	.000	.000	.000	.000	.000
	1	.829	.549	.167	.035	.005	.000	.000	.000	.000	.000	.000
	2	.964	.816	.398	.127	.027	.004	.000	.000	.000	.000	.000
	3	.995	.944	.648	.297	.091	.018	.002	.000	.000	.000	.000

						p						
		.05	.10	.20	.30	.40	.50	.60	.70	.80	.90	.95
	c											
	4	.999	.987	.836	.515	.217	.059	.009	.001	.000	.000	.000
	5	1.000	.998	.939	.722	.403	.151	.034	.004	.000	.000	.000
	6	1.000	1.000	.982	.869	.610	.304	.095	.015	.001	.000	.000
	7	1.000	1.000	.996	.950	.787	.500	.213	.050	.004	.000	.000
	8	1.000	1.000	.999	.985	.905	.696	.390	.131	.018	.000	.000
	9	1.000	1.000	1.000	.996	.966	.849	.597	.278	.016	.002	.000
	10	1.000	1.000	1.000	.999	.991	.941	.783	.485	.164	.013	.001
	11	1.000	1.000	1.000	1.000	.998	.982	.909	.703	.352	.056	.005
	12	1.000	1.000	1.000	1.000	1.000	.996	.973	.873	.602	.184	.036
	13	1.000	1.000	1.000	1.000	1.000	1.000	.995	.965	.833	.451	.171
	14	1.000	1.000	1.000	1.000	1.000	1.000	1.000	.995	.965	0.794	.537
	15	1.000	1.000	1.000	1.000	1.000	1.000	1.000	1.000	1.000	1.000	1.000
$n=20$	0	.358	.122	.012	.001	.000	.000	.000	.000	.000	.000	.000
	1	.736	.392	.069	.008	.001	.000	.000	.000	.000	.000	.000
	2	.925	.677	.206	.035	.004	.000	.000	.000	.000	.000	.000
	3	.984	.867	.411	.107	.016	.001	.000	.000	.000	.000	.000
	4	.997	.957	.630	.238	.051	.006	.000	.000	.000	.000	.000
	5	1.000	.989	.804	.416	.126	.021	.002	.000	.000	.000	.000
	6	1.000	.998	.913	.608	.250	.058	.006	.000	.000	.000	.000
	7	1.000	1.000	.968	.772	.416	.132	.021	.001	.000	.000	.000
	8	1.000	1.000	.990	.887	.596	.252	.057	.005	.000	.000	.000
	9	1.000	1.000	.997	.952	.755	.412	.128	.017	.001	.000	.000
	10	1.000	1.000	.999	.983	.872	.588	.245	.048	.003	.000	.000
	11	1.000	1.000	1.000	.995	.943	.748	.404	.113	.010	.000	.000
	12	1.000	1.000	1.000	.999	.979	.868	.584	.228	.032	.000	.000
	13	1.000	1.000	1.000	1.000	.994	.942	.750	.392	.087	.002	.000
	14	1.000	1.000	1.000	1.000	.998	.979	.874	.584	.196	.011	.000
	15	1.000	1.000	1.000	1.000	1.000	.994	.949	.762	.370	.043	.003
	16	1.000	1.000	1.000	1.000	1.000	.999	.984	.893	.589	.133	.016
	17	1.000	1.000	1.000	1.000	1.000	1.000	.996	.965	.794	.323	.075
	18	1.000	1.000	1.000	1.000	1.000	1.000	.999	.992	.931	.608	.264
	19	1.000	1.000	1.000	1.000	1.000	1.000	1.000	.999	.988	.878	.642
	20	1.000	1.000	1.000	1.000	1.000	1.000	1.000	1.000	1.000	1.000	1.000
$n=25$	0	.277	.072	.004	.000	.000	.000	.000	.000	.000	.000	.000
	1	.642	.271	.027	.002	.000	.000	.000	.000	.000	.000	.000
	2	.873	.537	.098	.009	.000	.000	.000	.000	.000	.000	.000
	3	.966	.764	.234	.033	.002	.000	.000	.000	.000	.000	.000

	p										
	.05	.10	.20	.30	.40	.50	.60	.70	.80	.90	.95
c											
4	.993	.902	.421	.090	.009	.000	.000	.000	.000	.000	.000
5	.999	.967	.617	.193	.029	.002	.000	.000	.000	.000	.000
6	1.000	.991	.780	.341	.074	.007	.000	.000	.000	.000	.000
7	1.000	.998	.891	.512	.154	.022	.001	.000	.000	.000	.000
8	1.000	1.000	.953	.677	.274	.054	.004	.000	.000	.000	.000
9	1.000	1.000	.983	.811	.425	.115	.013	.000	.000	.000	.000
10	1.000	1.000	.994	.902	.586	.212	.034	.002	.000	.000	.000
11	1.000	1.000	.998	.956	.732	.345	.078	.006	.000	.000	.000
12	1.000	1.000	1.000	.983	.846	.500	.154	.017	.000	.000	.000
13	1.000	1.000	1.000	.994	.922	.655	.268	.044	.002	.000	.000
14	1.000	1.000	1.000	.998	.966	.788	.414	.098	.006	.000	.000
15	1.000	1.000	1.000	1.000	.987	.885	.575	.189	.017	.000	.000
16	1.000	1.000	1.000	1.000	.996	.946	.726	.323	.047	.000	.000
17	1.000	1.000	1.000	1.000	.999	.978	.846	.488	.109	.002	.000
18	1.000	1.000	1.000	1.000	1.000	.993	.926	.659	.220	.009	.000
19	1.000	1.000	1.000	1.000	1.000	.998	.971	.807	.383	.033	.001
20	1.000	1.000	1.000	1.000	1.000	1.000	.991	.910	.579	.098	.007
21	1.000	1.000	1.000	1.000	1.000	1.000	.998	.967	.766	.236	.034
22	1.000	1.000	1.000	1.000	1.000	1.000	1.000	.991	.902	.463	.127
23	1.000	1.000	1.000	1.000	1.000	1.000	1.000	.998	.973	.729	.358
24	1.000	1.000	1.000	1.000	1.000	1.000	1.000	1.000	.996	.928	.723
25	1.000	1.000	1.000	1.000	1.000	1.000	1.000	1.000	1.000	1.000	1.000

부록 2: 누적포아송분포표

$X \sim Poisson(\lambda)$일 때 $P(X \leq c) = \sum_{x=0}^{c} \frac{e^{-x}\lambda^{x}}{x!}$의 값을 표시한다.

	λ									
c	.1	.2	.3	.4	.5	.6	.7	.8	.9	1.0
0	.905	.819	.741	.670	.607	.549	.497	.449	.407	.368
1	.995	.982	.963	.938	.910	.878	.844	.809	.772	.736
2	1.000	.999	.996	.992	.986	.977	.966	.953	.937	.920
3	1.000	1.000	1.000	.999	.998	.997	.994	.991	.987	.981
4	1.000	1.000	1.000	1.000	1.000	1.000	.999	.999	.998	.996
5	1.000	1.000	1.000	1.000	1.000	1.000	1.000	1.000	1.000	.999
6	1.000	1.000	1.000	1.000	1.000	1.000	1.000	1.000	1.000	1.000

c	1.1	1.2	1.3	1.4	1.5	1.6	1.7	1.8	1.9	2.0
0	.333	.301	.273	.247	.223	.202	.183	.165	.150	.135
1	.699	.663	.627	.592	.558	.525	.493	.463	.434	.406
2	.900	.879	.857	.833	.809	.783	.757	.731	.704	.677
3	.974	.966	.957	.946	.934	.921	.907	.891	.875	.857
4	.995	.992	.989	.986	.981	.976	.970	.964	.954	.947
5	.999	.998	.998	.997	.996	.994	.992	.990	.987	.983
6	1.000	1.000	1.000	.999	.999	.999	.998	.997	.997	.995
7	1.000	1.000	1.000	1.000	1.000	1.000	1.000	.999	.999	.999
8	1.000	1.000	1.000	1.000	1.000	1.000	1.000	1.000	1.000	1.000

c	2.1	2.2	2.3	2.4	2.5	2.6	2.7	2.8	2.9	3.0
0	.122	.111	.100	.091	.082	.074	.067	.061	.055	.050
1	.380	.355	.331	.308	.287	.267	.249	.231	.215	.199
2	.650	.623	.596	.570	.544	.518	.494	.469	.446	.423
3	.839	.819	.799	.779	.758	.736	.714	.692	.670	.647
4	.938	.928	.916	.904	.891	.877	.863	.848	.832	.815
5	.980	.975	.970	.964	.958	.951	.943	.935	.926	.916
6	.994	.993	.991	.988	.986	.983	.979	.976	.971	.966
7	.999	.998	.997	.997	.996	.995	.993	.992	.990	.988
8	1.000	1.000	.999	.999	.999	.999	.998	.998	.997	.996
9	1.000	1.000	1.000	1.000	1.000	1.000	.999	.999	.999	.999
10	1.000	1.000	1.000	1.000	1.000	1.000	1.000	1.000	1.000	1.000

	λ									
c	3.1	3.2	3.3	3.4	3.5	3.6	3.7	3.8	3.9	4.0
0	.045	.041	.037	.033	.030	.027	.025	.022	.020	.018
1	.185	.171	.159	.147	.136	.126	.116	.107	.099	.092
2	.401	.380	.359	.340	.321	.303	.285	.269	.253	.238
3	.625	.603	.580	.558	.537	.515	.494	.473	.453	.433
4	.798	.781	.763	.744	.725	.706	.687	.668	.648	.629
5	.906	.895	.883	.871	.858	.844	.830	.816	.801	.785
6	.961	.955	.949	.942	.935	.927	.918	.909	.899	.889
7	.986	.983	.980	.977	.973	.969	.965	.960	.955	.949
8	.995	.994	.993	.992	.990	.988	.986	.984	.981	.979
9	.999	.998	.998	.997	.997	.996	.995	.994	.993	.992
10	1.000	1.000	.999	.999	.999	.999	.998	.998	.998	.997
11	1.000	1.000	1.000	1.000	1.000	1.000	1.000	.999	.999	.999
12	1.000	1.000	1.000	1.000	1.000	1.000	1.000	1.000	1.000	1.000

c	4.5	5.0	5.5	6.0	6.5	7.0	7.5	8.0	8.5	9.0
0	.011	.007	.004	.002	.002	.001	.001	.000	.000	.000
1	.061	.040	.027	.017	.011	.007	.005	.003	.002	.001
2	.174	.125	.008	.062	.043	.030	.020	.014	.009	.006
3	.342	.265	.202	.151	.112	.082	.059	.042	.030	.021
4	.532	.440	.358	.285	.224	.173	.132	.100	.074	.055
5	.703	.616	.529	.446	.369	.301	.241	.191	.150	.116
6	.831	.762	.686	.606	.527	.450	.378	.313	.256	.207
7	.913	.867	.809	.744	.673	.599	.525	.453	.386	.324
8	.960	.932	.894	.847	.792	.729	.662	.593	.523	.456
9	.983	.968	.946	.916	.877	.830	.776	.717	.653	.587
10	.993	.986	.975	.957	.933	.901	.862	.816	.763	.706
11	.998	.995	.989	.980	.966	.947	.921	.888	.849	.803
12	.999	.998	.966	.991	.984	.973	.957	.936	.909	.876
13	1.000	.999	.998	.996	.993	.987	.978	.966	.949	.926
14	1.000	1.000	.999	.999	.997	.994	.990	.983	.973	.959
15	1.000	1.000	1.000	.999	.999	.998	.995	.992	.986	.978
16	1.000	1.000	1.000	1.000	1.000	.999	.998	.996	.993	.989
17	1.000	1.000	1.000	1.000	1.000	1.000	.999	.998	.997	.995
18	1.000	1.000	1.000	1.000	1.000	1.000	1.000	.999	.999	.998
19	1.000	1.000	1.000	1.000	1.000	1.000	1.000	1.000	.999	.999
20	1.000	1.000	1.000	1.000	1.000	1.000	1.000	1.000	1.000	1.000

부록 3: 표준정규분포표

$Z \sim N(0,1)$일 때 $P(Z \le z) = \int_{-\infty}^{z} \frac{1}{\sqrt{2\pi}} e^{-t^2/2} dt$의 값을 표시한다.

z	.00	.01	.02	.03	.04	.05	.06	.07	.08	.09
.0	.5000	.5040	.5080	.5120	.5160	.5199	.5239	.5279	.5319	.5359
.1	.5398	.5438	.5478	.5517	.5557	.5596	.5636	.5675	.5714	.5753
.2	.5793	.5832	.5871	.5910	.5948	.5987	.6026	.6064	.6103	.6141
.3	.6179	.6217	.6255	.6293	.6331	.6368	.6406	.6443	.6480	.6517
.4	.6554	.6591	.6628	.6664	.6700	.6536	.6772	.6808	.6844	.6879
.5	.6915	.6950	.6985	.7019	.7054	.7088	.7123	.7157	.7190	.7224
.6	.7257	.7291	.7324	.7357	.7389	.7422	.7454	.7486	.7517	.7549
.7	.7580	.7611	.7642	.7673	.7703	.7734	.7764	.7794	.7823	.7852
.8	.7881	.7910	.7939	.7967	.7995	.8023	.8051	.8078	.8106	.8133
.9	.8159	.8186	.8212	.8238	.8264	.8289	.8315	.8340	.8365	.8389
1.0	.8413	.8438	.8461	.8485	.8508	.8531	.8554	.8577	.8599	.8621
1.1	.8643	.8665	.8686	.8708	.8729	.8749	.8770	.8790	.8810	.8830
1.2	.8849	.8869	.8888	.8907	.8925	.8944	.8962	.8980	.8997	.9015
1.3	.9032	.9049	.9066	.9082	.9099	.9115	.9131	.9147	.9162	.9177
1.4	.9192	.9207	.9222	.9236	.9251	.9265	.9279	.9292	.9306	.9319
1.5	.9332	.9345	.9357	.9370	.9382	.9394	.9406	.9418	.9429	.9441
1.6	.9452	.9463	.9474	.9484	.9495	.9505	.9515	.9525	.9535	.9545
1.7	.9554	.9564	.9573	.9582	.9591	.9599	.9608	.9616	.9625	.9633
1.8	.9641	.9649	.9656	.9664	.9671	.9678	.9686	.9693	.9699	.9706
1.9	.9713	.9719	.9726	.9732	.9738	.9744	.9750	.9756	.9761	.9767
2.0	.9772	.9778	.9783	.9788	.9793	.9798	.9803	.9808	.9812	.9817
2.1	.9821	.9826	.9830	.9834	.9838	.9842	.9846	.9850	.9854	.9857
2.2	.9861	.9864	.9868	.9871	.9875	.9878	.9881	.9884	.9887	.9890
2.3	.9893	.9896	.9898	.9901	.9904	.9906	.9909	.9911	.9913	.9916
2.4	.9918	.9920	.9922	.9925	.9927	.9929	.9931	.9932	.9934	.9936
2.5	.9938	.9940	.9941	.9943	.9945	.9946	.9948	.9949	.9951	.9952
2.6	.9953	.9955	.9956	.9957	.9959	.9960	.9961	.9962	.9963	.9964
2.7	.9965	.9966	.9967	.9968	.9969	.9970	.9971	.9972	.9973	.9974
2.8	.9974	.9975	.9976	.9977	.9977	.9978	.9979	.9979	.9980	.9981
2.9	.9981	.9982	.9982	.9983	.9984	.9984	.9985	.9985	.9986	.9986
3.0	.9987	.9987	.9987	.9988	.9988	.9989	.9989	.9989	.9990	.9990
3.1	.9990	.9991	.9991	.9991	.9992	.9992	.9992	.9992	.9993	.9993
3.2	.9993	.9993	.9994	.9994	.9994	.9994	.9994	.9995	.9995	.9995
3.3	.9995	.9995	.9995	.9996	.9996	.9996	.9996	.9996	.9996	.9997
3.4	.9997	.9997	.9997	.9997	.9997	.9997	.9997	.9997	.9997	.9998

부록 4: t분포표

$T \sim t(n)$일 때 $P\left(T > t_{\alpha,n}\right) = \alpha$의 값을 표시한다.

	α					
n	.25	.10	.05	.025	.01	.005
1	1.000	3.078	6.314	12.706	31.821	63.657
2	.817	1.886	2.920	4.303	6.965	9.925
3	.765	1.638	2.353	3.182	4.541	5.841
4	.741	1.533	2.132	2.776	3.747	4.604
5	.727	1.476	2.015	2.571	3.365	4.032
6	.718	1.440	1.943	2.447	3.143	3.707
7	.711	1.415	1.895	2.365	2.998	3.499
8	.706	1.397	1.860	2.306	2.896	3.355
9	.703	1.383	1.833	2.262	2.821	3.250
10	.700	1.372	1.812	2.228	2.764	3.169
11	.697	1.363	1.796	2.201	2.718	3.106
12	.696	1.356	1.782	2.179	2.681	3.055
13	.694	1.350	1.771	2.160	2.650	3.012
14	.692	1.345	1.761	2.145	2.624	2.977
15	.691	1.341	1.753	2.131	2.602	2.947
16	.690	1.337	1.746	2.120	2.583	2.921
17	.689	1.333	1.740	2.110	2.567	2.898
18	.688	1.330	1.734	2.101	2.552	2.878
19	.687	1.328	1.729	2.093	2.539	2.861
20	.687	1.325	1.725	2.086	2.528	2.845
21	.686	1.323	1.721	2.080	2.518	2.831
22	.686	1.321	1.717	2.074	2.508	2.819
23	.685	1.319	1.714	2.069	2.500	2.807
24	.685	1.318	1.711	2.064	2.492	2.797
25	.684	1.316	1.708	2.060	2.485	2.787
26	.684	1.315	1.706	2.056	2.479	2.779
27	.684	1.314	1.703	2.052	2.473	2.771
28	.683	1.313	1.701	2.048	2.467	2.763
29	.683	1.311	1.699	2.045	2.462	2.756
30	.683	1.310	1.697	2.042	2.457	2.750
40	.681	1.303	1.684	2.021	2.423	2.704
60	.679	1.296	1.671	2.000	2.390	2.660
120	.677	1.289	1.658	1.980	2.358	2.617
∞	.677	1.282	1.645	1.960	2.326	2.576

부록 5: χ^2 분포표

$X \sim \chi^2(n)$일 때 $P(X > \chi^2_{\alpha,n}) = \alpha$의 값을 표시한다.

	α							
n	.995	.990	.975	.950	.050	.025	.01	.005
1	.000093	.0001	.001	.004	3.842	5.024	6.635	7.879
2	.010	.020	.051	.103	5.992	7.378	9.210	10.597
3	.072	.115	.216	.352	7.815	9.348	11.345	12.838
4	.207	.297	.484	.711	9.488	11.143	13.277	14.860
5	.412	.554	.831	1.145	11.071	12.833	15.086	16.750
6	.676	.872	1.237	1.635	12.592	14.449	16.812	18.548
7	.989	1.239	1.690	2.167	14.067	16.013	18.475	20.278
8	1.344	1.646	2.180	2.733	15.507	17.535	20.090	21.955
9	1.735	2.088	2.700	3.325	16.919	19.023	21.666	23.589
10	2.156	2.558	3.247	3.940	18.307	20.483	23.209	25.188
11	2.603	3.053	3.816	4.575	19.675	21.920	24.725	26.757
12	3.074	3.571	4.404	5.226	21.026	23.337	26.217	28.300
13	3.565	4.107	5.009	5.892	22.362	24.736	27.688	29.820
14	4.075	4.660	5.629	6.571	23.685	26.119	29.141	31.319
15	4.601	5.229	6.262	7.261	24.996	27.488	30.578	32.801
16	5.142	5.812	6.908	7.962	26.296	28.845	32.000	34.267
17	5.697	6.408	7.564	8.672	27.587	30.191	33.409	35.719
18	6.265	7.015	8.231	9.390	28.869	31.526	34.805	37.157
19	6.844	7.633	8.907	10.117	30.144	32.852	36.191	38.582
20	7.434	8.260	9.591	10.851	31.410	34.170	37.566	39.997
21	8.034	8.897	10.283	11.591	32.671	35.479	38.932	41.401
22	8.643	9.542	10.982	12.338	33.924	36.781	40.289	42.796
23	9.260	10.196	11.689	13.091	35.173	38.076	41.638	44.181
24	9.886	10.856	12.401	13.848	36.415	39.364	42.980	45.559
25	10.520	11.524	13.120	14.611	37.653	40.647	44.314	46.928
26	11.160	12.198	13.844	15.379	38.885	41.923	45.642	48.290
27	11.808	12.879	14.573	16.151	40.113	43.195	46.963	49.645
28	12.461	13.565	15.308	16.928	41.337	44.461	48.278	50.993
29	13.121	14.256	16.047	17.708	42.557	45.722	49.588	52.336
30	13.787	14.953	16.791	18.493	43.773	46.979	50.892	53.672
40	20.707	22.164	24.433	26.509	55.759	59.342	63.691	66.766
50	27.991	29.707	32.357	34.764	67.505	71.420	76.154	79.490
60	35.535	37.485	40.482	43.188	79.082	83.298	88.379	91.952
70	43.275	45.442	48.758	51.739	90.531	95.023	100.425	104.215
80	51.172	53.540	57.153	60.391	101.880	106.629	112.329	116.321
90	59.196	61.754	65.647	69.126	113.145	118.136	124.116	128.300
100	67.328	70.065	74.222	77.929	124.342	129.561	135.807	140.170

부록 6: F분포표

$F \sim F(n,m)$일 때 $P(F>F_{\alpha,n,m})=\alpha$의 값을 표시한다.

$\alpha=0.1$

m \ n	1	2	3	4	5	6	7	8	9	10	11	12	15	20	24	30	40	60	120	∞
1	39.86	49.50	53.59	55.83	57.24	58.20	58.91	59.44	59.86	60.19	60.47	60.71	61.22	61.74	62.00	62.26	62.53	62.79	63.06	63.33
2	8.53	9.00	9.16	9.24	9.29	9.33	9.35	9.37	9.38	9.39	9.40	9.41	9.42	9.44	9.45	9.46	9.47	9.47	9.48	9.49
3	5.54	5.46	5.39	5.34	5.31	5.28	5.27	5.25	5.24	5.23	5.22	5.22	5.20	5.18	5.18	5.17	5.16	5.15	5.14	5.13
4	4.54	4.32	4.19	4.11	4.05	4.01	3.98	3.95	3.94	3.92	3.91	3.90	3.87	3.84	3.83	3.82	3.80	3.79	3.78	3.76
5	4.06	3.78	3.62	3.52	3.45	3.40	3.37	3.34	3.32	3.30	3.28	3.27	3.24	3.21	3.19	3.17	3.16	3.14	3.12	3.10
6	3.78	3.46	3.29	3.18	3.11	3.05	3.01	2.98	2.96	2.94	2.92	2.90	2.87	2.84	2.82	2.80	2.78	2.76	2.74	2.72
7	3.59	3.26	3.07	2.96	2.88	2.83	2.78	2.75	2.72	2.70	2.68	2.67	2.63	2.59	2.58	2.56	2.54	2.51	2.49	2.47
8	3.46	3.11	2.92	2.81	2.73	2.67	2.62	2.59	2.56	2.54	2.52	2.50	2.46	2.42	2.40	2.38	2.36	2.34	2.32	2.29
9	3.36	3.01	2.81	2.69	2.61	2.55	2.51	2.47	2.44	2.42	2.40	2.38	2.34	2.30	2.28	2.25	2.23	2.21	2.18	2.16
10	3.29	2.92	2.73	2.61	2.52	2.46	2.41	2.38	2.35	2.32	2.30	2.28	2.24	2.20	2.18	2.16	2.13	2.11	2.08	2.06
11	3.23	2.86	2.66	2.54	2.45	2.39	2.34	2.30	2.27	2.25	2.23	2.21	2.17	2.12	2.10	2.08	2.05	2.03	2.00	1.97
12	3.18	2.81	2.61	2.48	2.39	2.33	2.28	2.24	2.21	2.19	2.17	2.15	2.10	2.06	2.04	2.01	1.99	1.96	1.93	1.90
13	3.14	2.76	2.56	2.43	2.35	2.28	2.23	2.20	2.16	2.14	2.12	2.10	2.05	2.01	1.98	1.96	1.93	1.90	1.88	1.85
14	3.10	2.73	2.52	2.39	2.31	2.24	2.19	2.15	2.12	2.10	2.07	2.05	2.01	1.96	1.94	1.91	1.89	1.86	1.83	1.80
15	3.07	2.70	2.49	2.36	2.27	2.21	2.16	2.12	2.09	2.06	2.04	2.02	1.97	1.92	1.90	1.87	1.85	1.82	1.79	1.76
20	2.97	2.59	2.38	2.25	2.16	2.09	2.04	2.00	1.96	1.94	1.91	1.89	1.84	1.79	1.77	1.74	1.71	1.68	1.64	1.61
30	2.88	2.49	2.28	2.14	2.05	1.98	1.93	1.88	1.85	1.82	1.79	1.77	1.72	1.67	1.64	1.61	1.57	1.54	1.50	1.46
40	2.84	2.44	2.23	2.09	2.00	1.93	1.87	1.83	1.79	1.76	1.74	1.71	1.66	1.61	1.57	1.54	1.51	1.47	1.42	1.38
60	2.79	2.39	2.18	2.04	1.95	1.87	1.82	1.77	1.74	1.71	1.68	1.66	1.60	1.54	1.51	1.48	1.44	1.40	1.35	1.29
120	2.75	2.35	2.13	1.99	1.90	1.82	1.77	1.72	1.68	1.65	1.63	1.60	1.55	1.48	1.45	1.41	1.37	1.32	1.26	1.19
∞	2.71	2.30	2.08	1.94	1.85	1.77	1.72	1.67	1.63	1.60	1.57	1.55	1.49	1.42	1.38	1.34	1.30	1.24	1.17	1.00

$\alpha = 0.05$

m \ n	1	2	3	4	5	6	7	8	9	10	11	12	15	20	24	30	40	60	120	∞
1	161.5	199.5	215.7	224.6	230.2	234.0	236.8	238.9	240.5	241.9	243.0	243.9	244.7	245.4	249.1	250.1	251.1	252.2	253.3	254.3
2	18.51	19.00	19.16	19.25	19.30	19.33	19.35	19.37	19.38	19.40	19.40	19.41	19.43	19.45	9.45	19.46	19.47	19.48	19.49	19.50
3	10.13	9.55	9.28	9.12	9.01	8.94	8.89	8.85	8.81	8.79	8.76	8.74	8.70	8.66	8.64	8.62	8.59	8.57	8.55	8.53
4	7.71	6.94	6.59	6.39	6.26	6.16	6.09	6.04	6.00	5.96	5.94	5.91	5.86	5.80	5.77	5.75	5.72	5.69	5.66	5.63
5	6.61	5.79	5.41	5.19	5.05	4.95	4.88	4.82	4.77	4.74	4.70	4.68	4.62	4.56	4.53	4.50	4.46	4.43	4.40	4.36
6	5.99	5.14	4.76	4.53	4.39	4.28	4.21	4.15	4.10	4.06	4.03	4.00	3.94	3.87	3.84	3.81	3.77	3.74	3.70	3.67
7	5.59	4.74	4.35	4.12	3.97	3.87	3.79	3.73	3.68	3.64	3.60	3.57	3.51	3.44	3.41	3.38	3.34	3.30	3.27	3.23
8	5.32	4.46	4.07	3.84	3.69	3.58	3.50	3.44	3.39	3.35	3.31	3.28	3.22	3.15	3.12	3.08	3.04	3.01	2.97	2.93
9	5.12	4.26	3.86	3.63	3.48	3.37	3.29	3.23	3.18	3.14	3.10	3.07	3.01	2.94	2.90	2.86	2.83	2.79	2.75	2.71
10	4.96	4.10	3.71	3.48	3.33	3.22	3.14	3.07	3.02	2.98	2.94	2.91	2.85	2.77	2.74	2.70	2.66	2.62	2.58	2.54
11	4.84	3.98	3.59	3.36	3.20	3.09	3.01	2.95	2.90	2.85	2.82	2.79	2.72	2.65	2.61	2.57	2.53	2.49	2.45	2.40
12	4.75	3.89	3.49	3.26	3.11	3.00	2.91	2.85	2.80	2.75	2.72	2.69	2.62	2.54	2.51	2.47	2.43	2.38	2.34	2.30
13	4.67	3.81	3.41	3.18	3.03	2.92	2.83	2.77	2.71	2.67	2.63	2.60	2.53	2.46	2.42	2.38	2.34	2.30	2.25	2.21
14	4.60	3.74	3.34	3.11	2.96	2.85	2.76	2.70	2.65	2.60	2.57	2.53	2.46	2.39	2.35	2.31	2.27	2.22	2.18	2.13
15	4.54	3.68	3.29	3.06	2.90	2.79	2.71	2.64	2.59	2.54	2.51	2.48	2.40	2.33	2.29	2.25	2.20	2.16	2.11	2.07
20	4.35	3.49	3.10	2.87	2.71	2.60	2.51	2.45	2.39	2.35	2.31	2.28	2.20	2.12	2.08	2.04	1.99	1.95	1.90	1.84
30	4.17	3.32	2.92	2.69	2.53	2.42	2.33	2.27	2.21	2.16	2.13	2.09	2.01	1.93	1.89	1.84	1.79	1.74	1.68	1.62
40	4.08	3.23	2.84	2.61	2.45	2.34	2.25	2.18	2.12	2.08	2.04	2.00	1.92	1.84	1.79	1.74	1.69	1.64	1.58	1.51
60	4.00	3.15	2.76	2.53	2.37	2.25	2.17	2.10	2.04	1.99	1.95	1.92	1.84	1.75	1.70	1.65	1.59	1.53	1.47	1.39
120	3.92	3.07	2.68	2.45	2.29	2.18	2.09	2.02	1.96	1.91	1.87	1.83	1.75	1.66	1.61	1.55	1.50	1.43	1.35	1.25
∞	3.84	3.00	2.60	2.37	2.21	2.10	2.01	1.94	1.88	1.83	1.79	1.75	1.67	1.57	1.52	1.46	1.40	1.32	1.23	1.00

$\alpha = 0.025$

m \ n	1	2	3	4	5	6	7	8	9	10	11	12	15	20	24	30	40	60	120	∞
1	647.8	799.5	864.2	899.6	921.9	937.1	948.2	956.7	963.3	968.6	973.0	976.7	984.9	993.1	997.3	1001	1006	1010	1014	1018
2	38.51	39.00	39.17	39.25	39.30	39.33	39.36	39.37	39.39	39.40	39.41	39.41	39.43	39.45	39.46	39.46	39.47	39.48	39.49	39.50
3	17.44	16.04	15.44	15.10	14.88	14.73	14.62	14.54	14.47	14.42	14.37	14.34	14.25	14.17	14.12	14.08	14.04	13.99	13.95	13.90
4	12.22	10.65	9.98	9.60	9.36	9.20	9.07	8.98	8.90	8.84	8.79	8.75	8.66	8.56	8.51	8.46	8.41	8.36	8.31	8.26
5	10.01	8.43	7.76	7.39	7.15	6.98	6.85	6.76	6.68	6.62	6.57	6.52	6.43	6.33	6.28	6.23	6.18	6.12	6.07	6.02
6	8.81	7.26	6.60	6.23	5.99	5.82	5.70	5.60	5.52	5.46	5.41	5.37	5.27	5.17	5.12	5.07	5.01	4.96	4.90	4.85
7	8.07	6.54	5.89	5.52	5.29	5.12	4.99	4.90	4.82	4.76	4.71	4.67	4.57	4.47	4.41	4.36	4.31	4.25	4.20	4.14
8	7.57	6.06	5.42	5.05	4.82	4.65	4.53	4.43	4.36	4.30	4.24	4.20	4.10	4.00	3.95	3.89	3.84	3.78	3.73	3.67
9	7.21	5.71	5.08	4.72	4.48	4.32	4.20	4.10	4.03	3.96	3.91	3.87	3.77	3.67	3.61	3.56	3.51	3.45	3.39	3.33
10	6.94	5.46	4.83	4.47	4.24	4.07	3.95	3.85	3.78	3.72	3.66	3.62	3.52	3.42	3.37	3.31	3.26	3.20	3.14	3.08
11	6.72	5.26	4.63	4.28	4.04	3.88	3.76	3.66	3.59	3.53	3.47	3.43	3.33	3.23	3.17	3.12	3.06	3.00	2.94	2.88
12	6.55	5.10	4.47	4.12	3.89	3.73	3.61	3.51	3.44	3.37	3.32	3.28	3.18	3.07	3.02	2.96	2.91	2.85	2.79	2.72
13	6.41	4.97	4.35	4.00	3.77	3.60	3.48	3.39	3.31	3.25	3.20	3.15	3.05	2.95	2.89	2.84	2.78	2.72	2.66	2.60
14	6.30	4.86	4.24	3.89	3.66	3.50	3.38	3.29	3.21	3.15	3.09	3.05	2.95	2.84	2.79	2.73	2.67	2.61	2.55	2.49
15	6.20	4.77	4.15	3.80	3.58	3.41	3.29	3.20	3.12	3.06	3.01	2.96	2.86	2.76	2.70	2.64	2.59	2.52	2.46	2.40
20	5.87	4.46	3.86	3.51	3.29	3.13	3.01	2.91	2.84	2.77	2.72	2.68	2.57	2.46	2.41	2.35	2.29	2.22	2.16	2.09
30	5.57	4.18	3.59	3.25	3.03	2.87	2.75	2.65	2.57	2.51	2.46	2.41	2.31	2.20	2.14	2.07	2.01	1.94	1.87	1.79
40	5.42	4.05	3.46	3.13	2.90	2.74	2.62	2.53	2.45	2.39	2.33	2.29	2.18	2.07	2.01	1.94	1.88	1.80	1.72	1.64
60	5.29	3.93	3.34	3.01	2.79	2.63	2.51	2.41	2.33	2.27	2.22	2.17	2.06	1.94	1.88	1.82	1.74	1.67	1.58	1.48
120	5.15	3.80	3.23	2.89	2.67	2.52	2.39	2.30	2.22	2.16	2.10	2.05	1.94	1.82	1.76	1.69	1.61	1.53	1.43	1.31
∞	5.02	3.69	3.12	2.79	2.57	2.41	2.29	2.19	2.11	2.05	2.00	1.94	1.83	1.71	1.64	1.57	1.48	1.39	1.27	1.00

연습문제 풀이

1장 확률의 개념

1.1 가. $\Omega = \{HHH, HHT, HTH, HTT, THH, THT, TTH, TTT\}$

나. $A = \{HHT, HTH, THH\}$

다. $B = \{TTT\}$: 앞면이 한 번도 나타나지 않을 사건,

B^c: 앞면이 적어도 한 번 나타날 사건

라. $C = \{TTT, TTH, THT, HTT\}$

1.2 0부터 9까지의 수 가운데 3개를 뽑는 방법의 수는 $\binom{10}{3}$이고, 0,1이 포함되지 않는 사건은 2,3,⋯,9 가운데에서 3개를 뽑으면 되므로 $\binom{8}{3}$이다. 따라서 사건이 발생할 확률은 $\dfrac{\binom{8}{3}}{\binom{10}{3}} = \dfrac{7}{15}$이다.

1.3 표본공간은 $\Omega = \{(1,1,1),(1,1,2),\cdots (6,6,6)\}$이고, 사건 A를 최소한 한 개의 주사위의 눈이 1이라고 하면 A^c는 3개의 주사위가 1을 포함하고 있지 않아야 하므로 2,3,⋯,6 에서 3개를 중복하여 순서를 허용하므로 중복순열이다. 그 경우의 수는 5^3이므로 $P(A^c) = \dfrac{5^3}{6^3}$이고 $P(A) = 1 - P(A^c) = 1 - \dfrac{5^3}{6^3}$이다.

1.4 부울의 부등식은 수학적 귀납법을 이용하여 구할 수 있다.

(i) $n=2$인 경우

$P(A_1 \cup A_2) = P(A_1) + P(A_2) - P(A_1 \cap A_2) \le P(A_1) + P(A_2)$이므로 준식은 성립한다.

(ii) $n=k$인 경우

$P(\cup_{i=1}^{k} A_i) \le \sum_{i=1}^{k} P(A_i)$를 만족한다면

$n=k+1$인 경우

$$\begin{aligned}
P(\cup_{i=1}^{k+1} A_i) &= P(\cup_{i=1}^{k} A_i \cup A_{k+1}) \\
&= P(\cup_{i=1}^{k} A_i) + P(A_{k+1}) - P(\cup_{i=1}^{k} A_i \cap A_{k+1}) \\
&\le P(\cup_{i=1}^{k} A_i) + P(A_{k+1}) \le \sum_{i=1}^{k} P(A_i) + P(A_{k+1}) \\
&= \sum_{i=1}^{k+1} P(A_i)
\end{aligned}$$

를 만족한다. 따라서 모든 n에 대해서 준부등식은 만족한다.

1.5 카드의 숫자가 5 이상이라는 사실을 알고 있다면 표본공간은 {5, 6, ..., 10}이고 카드의 숫자가 10일 확률은 $\frac{1}{6}$이다.

1.6 $\Omega = \{(1,1),(1,2),\cdots,(6,6)\}$

$A = \{(4,1),(4,2),\cdots,(4,6)\}$

$B = \{(1,2),(1,4),(1,6),(2,1),(2,3),(2,5),\cdots,(6,5)\}$

여기서 Ω는 표본공간, A는 첫 번째 주사위의 눈이 4가 나올 사건, B는 두 주사위의 눈의 합이 홀수인 사건을 나타낸다.

$A \cap B = \{(4,1),(4,3),(4,5)\}$ 이고 표본공간이 등확률모형이 적용되므로

$P(A) = \frac{6}{36}, P(B) = \frac{18}{36}, P(A \cap B) = \frac{3}{36}$ 이다.

$P(A)P(B) = P(A \cap B) = \frac{1}{12}$를 만족하므로 사건 A, B는 서로 독립이다.

1.7 사건 B_i를 i번째 검은 공이 나오는 사건, 사건 W_i를 i번째 흰 공이 나오는 사건이라고 하면 $P(B_1) = \frac{3}{10}$이다. 이제 첫 번째 공이 검은 공일 때 두 번째 공이 검은 공일 사건은 $B_2|B_1$이라고 할 수 있으며 $P(B_2|B_1) = \frac{2}{9}$이다. 또한 첫 번째 공이 흰 공일 때 두 번째 공이 검은 공일 사건은 $B_2|W_1$이고 그 확률은 $P(B_2|W_1) = \frac{3}{9}$이다. 마찬가지로 $P(W_2|W_1) = \frac{6}{9}$, $P(W_2|B_1) = \frac{7}{9}$이다. 확률의 곱 법칙에 의해 $P(W_1 \cap W_2) = P(W_2|W_1)P(W_1) = \frac{4}{90}$이다.

$$\begin{aligned} P(B_3) &= P(B_3 \cap W_2 \cap W_1) + P(B_3 \cap W_2 \cap B_1) + P(B_3 \cap B_2 \cap W_1) + P(B_3 \cap B_2 \cap B_1) \\ &= P(B_3|W_2 \cap W_1)P(W_2 \cap W_1) + P(B_3|W_2 \cap B_1)P(W_2 \cap B_1) \\ &\quad + P(B_3|B_2 \cap W_1)P(B_2 \cap W_1) + P(B_3|B_2 \cap B_1)P(B_2 \cap B_1) \\ &= \frac{3}{8} \times \frac{42}{90} + \frac{2}{8} \times \frac{21}{90} + \frac{2}{8} \times \frac{21}{90} + \frac{1}{8} \times \frac{6}{90} = \frac{3}{10} \end{aligned}$$

1.8 B_i를 i번째 상자에서 파란 공일 사건, W_i 를 i번째 상자에서 흰 공일 사건이라고 하면 $P(W_1) = \frac{5}{9}, P(B_1) = \frac{4}{9}$이고

$P(B_2) = P(B_2 \cap B_1) + P(B_2 \cap W_1)$

$$= P(B_2|B_1)P(B_1) + P(B_2|W_1)P(W_1)$$

$$= \frac{6}{10}\times\frac{4}{9}+\frac{5}{10}\times\frac{5}{9}=\frac{49}{90}$$ 이다.

1.9 가게 A, B, C의 한 종업원이 A, B, C 가게의 여자종업원일 확률은 각각 $P(A) = 0.5, P(B) = 0.6, P(C) = 0.7$이다. D는 퇴직한 여종업원일 사건이라 하면 구하고자 하는 사건은 $C|D$이고 확률은

$$P(C|D) = \frac{P(D|C)P(C)}{P(D|A)P(A)+P(D|B)P(B)+P(D|C)P(C)}$$
$$= \frac{P(C)}{P(A)+P(B)+P(C)} = \frac{0.7}{1.8} = \frac{7}{18}$$

이다. 왜냐하면 문제의 조건에서 $P(D|A) = P(D|B) = P(D|C)$이기 때문이다.

1.10 $$P(A_1 \cup A_2 \cup \ldots \cup A_{10}) = \sum_{i=1}^{10} P(A_i) - \sum_{i_1 < i_2} P(A_{i_1} \cap A_{i_2}) + \sum_{i_1 < i_2 < i_3} P(A_{i_1} \cap A_{i_2} \cap A_{i_3})$$
$$- \ldots + (-1)^{k+1} \sum_{i_1 < i_2 \cdots < i_k} P(A_{i_1} \cap A_{i_2} \cap \ldots \cap A_{i_k})$$
$$+ \cdots + (-1)^{11} P(A_1 \cap A_2 \cap \ldots \cap A_{10})$$
$$= \sum_{i=1}^{10} P(A_i) - \binom{10}{2} P(A_1 \cap A_2) + \binom{10}{3} P(A_1 \cap A_2 \cap A_3) + \ldots - P(A_1)^{10}$$
$$= 10*0.1 - \binom{10}{2} 0.1^2 + \binom{10}{3} 0.1^3 - \cdots - 0.1^{10}$$

이항정리에서 $(a+b)^n = \sum_{x=0}^{n} \binom{n}{x} a^x b^{n-x}$이다. 여기서 $a = 0.1,\ b = -1$을 대입하면

$$(0.1-1)^{10} = \sum_{x=0}^{10} \binom{10}{x} 0.1^x (-1)^{10-x}$$
$$= 1 - 10 \times 0.1 + \binom{10}{2} \times 0.1^2 - \binom{10}{3} \times 0.1^3 + \cdots + + 0.1^{10}$$

에서 구하고자 하는 값은 $1 - (0.1-1)^{10} = 0.6513$이다.

2장 확률변수와 기댓값

2.1 확률변수 X를 두 주사위의 눈의 합이라고 하자.

가.

x	2	3	4	…	12
$P(X=x)$	$\frac{1}{36}$	$\frac{2}{36}$	$\frac{4}{36}$	…	$\frac{1}{36}$

나. $P(X<10)=P(X=2,3,\cdots,9)=1-P(X\geq 10)$

$$=1-(\frac{3}{36}+\frac{2}{36})=\frac{10}{36}$$

다. $E(X)=2\times\frac{1}{36}+\cdots+12\times\frac{1}{36}=7$

$E(X^2)=2^2\times\frac{1}{36}+\cdots+12^2\times\frac{1}{36}=54.83$

라. $E(Y)=2E(X)-1=2\times 7-1=13$

2.2 가. 연속형 확률변수이므로

$$f(x)=\frac{dF(x)}{dx}=\begin{cases}0 & x\leq 0\\ \frac{1}{2} & 0<x<1\\ x-1 & 1\leq x<2\\ 0 & x\geq 2\end{cases}$$

이다. 따라서

$$f(x)=\frac{dF(x)}{dx}=\begin{cases}\frac{1}{2} & 0<x<1\\ x-1 & 1\leq x<2\\ 0 & \text{그 외}\end{cases}$$

이다.

나. $P(\frac{1}{2}<X<\frac{3}{2})=\int_{1/2}^{3/2}f(x)dx=\int_{1/2}^{1}\frac{1}{2}dx+\int_{1}^{3/2}(x-1)dx=\frac{3}{8}$

또는 $P(\frac{1}{2}<X<\frac{3}{2})=F(\frac{3}{2})-F(\frac{1}{2})=[\frac{1}{2}(\frac{3}{2})^2-\frac{3}{2}+1]-[\frac{1}{2}(\frac{1}{2})]$

$=\frac{3}{8}$

다. $E(X)=\int xf(x)dx=\int_0^1 x\cdot\frac{1}{2}dx+\int_1^2 x\cdot(x-1)dx=\frac{13}{12}$

$E(X^2)=\int_0^1 x^2\cdot\frac{1}{2}dx+\int_1^2 x^2\cdot(x-1)dx=\frac{19}{12}$

$Var(X)=E(X^2)-E^2(X)=\frac{19}{12}-\left(\frac{13}{12}\right)^2=\frac{59}{144}$

라. [정리 2.7]에 의하여 $g^{-1}(y)=\frac{1}{2}(y-3)$이므로

$$f_Y(y)=f_X(g^{-1}(y))\left|\frac{dg^{-1}(y)}{dy}\right|=\begin{cases}\frac{1}{4}, & 3<y<5\\ \frac{1}{4}y-\frac{5}{4}, & 5\le y<7\\ 0, & \text{그 외}\end{cases}$$

이다. 또한 [정리 2.13]에 의해

$$E(Y)=2E(X)+3=2\times\frac{13}{12}+23=\frac{31}{6}$$

이다.

2.3 가. 이산형 확률변수의 적률생성함수 형태는 $M_X(t)=\sum_x P(X=x)e^{tx}$이므로 X의 확률분포표는 다음과 같다.

x	-1	0	1
$P(X=x)$	$\frac{1}{4}$	$\frac{1}{4}$	$\frac{1}{2}$

나. $M'(t)=\frac{1}{2}e^t-\frac{1}{4}e^{-t}$, $M''(t)=\frac{1}{2}e^t+\frac{1}{4}e^{-t}$이므로 일반적으로

$M^{(2k)}(t)=\frac{1}{2}e^t+\frac{1}{4}e^{-t}$, $M^{(2k+1)}(t)=\frac{1}{2}e^t-\frac{1}{4}e^{-t}$이다. 따라서

$E(X^5)=M^{(5)}(t)|_{t=0}=\frac{1}{2}-\frac{1}{4}=\frac{1}{4}$이다.

2.4 결합확률밀도함수는 $X=1,2,3; Y=1,2$에서 정의되므로 다음과 같은 확률분포표를 작성할 수 있다.

$y\setminus x$	1	2	3	계
1	$\frac{1}{5}$	$\frac{1}{5}$	$\frac{1}{5}$	$\frac{3}{5}$
2	$\frac{1}{5}$	$\frac{1}{5}$	0	$\frac{2}{5}$
계	$\frac{2}{5}$	$\frac{2}{5}$	$\frac{1}{5}$	1

가. 행별 합계가 주변확률밀도함수 $f_Y(y)$가 되고, 열별 합계가 $f_X(x)$가 된다.

y	1	2	계
$f_Y(y)$	$\frac{3}{5}$	$\frac{2}{5}$	1

x	1	2	3	계
$f_X(x)$	$\frac{2}{5}$	$\frac{2}{5}$	$\frac{1}{5}$	1

나. $P(X<2, Y\le 2) = P(X=1, Y=1) + P(X=1, Y=2) = \frac{2}{5}$

($\because f_{X,Y}(x,y)$로부터)

$$P(X<2) = P(X=1) = \frac{2}{5}(\because\ f_X(x)\text{로부터})$$

$$P(Y\le 2) = P(Y=1) + P(Y=2) = 1(\because\ f_Y(y)\text{로부터})$$

다. $\frac{1}{5} = P(X=1, Y=1) \neq P(X=1)P(Y=1) = \frac{2}{5}\times\frac{3}{5}$ 이므로 X, Y는 서로 독립이 아니다.

라. $E(XY) = \sum_{x,y} xyP(X=x, Y=y) = 1\times1\times\frac{1}{5} + 1\times2\times\frac{1}{5} + \cdots = \frac{12}{5}$

$E(X) = \sum_{x} xP(X=x) = 1\times\frac{2}{5} + 2\times\frac{2}{5} + 3\times\frac{1}{5} = \frac{9}{5}$,

$E(X^2) = \frac{19}{5}$, $Var(X) = \frac{14}{25}$

$E(Y) = \sum_{y} yP(Y=y) = 1\times\frac{3}{5} + 2\times\frac{2}{5} = \frac{7}{5}$,

$E(Y^2) = \frac{11}{5}$, $Var(Y) = \frac{10}{25}$

$Cov(X, Y) = E(XY) - E(X)E(Y) = \frac{12}{5} - \frac{9}{5}\times\frac{7}{5} = -\frac{3}{25}$

$Cor(X, Y) = \frac{Cov(X, Y)}{\sqrt{Var(X)Var(Y)}} = \frac{-3}{\sqrt{20\times14}}$

마. $M_{X,Y}(t_1,t_2) = E(e^{t_1x+t_2y}) = \sum_{x,y} e^{t_1x+t_2y}P(X=x, Y=y)$

$$= \frac{1}{5}e^{t_1+t_2} + \frac{1}{5}e^{t_1+2t_2} + \frac{1}{5}e^{2t_1+t_2} + \frac{1}{5}e^{2t_1+2t_2} + \frac{1}{5}e^{3t_1+t_2}$$

이고 X의 주변확률분포에서

$$M_X(t_1) = \frac{2}{5}e^{t_1} + \frac{2}{5}e^{2t_1} + \frac{1}{5}e^{3t_1}$$

이고, Y의 주변확률분포에서

$$M_Y(t_2) = \frac{3}{5}e^{t_2} + \frac{2}{5}e^{2t_2}$$

이다. 한편 $M_{X,Y}(t_1, 0) = M_X(t_1)$, $M_{X,Y}(0, t_2) = M_Y(t_2)$임을 알 수 있다. 그러나 $M_{X,Y}(t_1, t_2) \neq M_X(t_1)M_Y(t_2)$이다. 이는 X, Y가 서로 독립이 아니기 때문이다.

바. $P(X = x | Y = 1) = \dfrac{P(X = x, Y = 1)}{P(Y = 1)}$이므로

$$P(X = 1|1) = P(X = 2|1) = P(X = 3|1) = \frac{1}{3}$$

이다.

사. 확률변수 $X|y$는 y에 따라 확률질량함수가 달라진다. $y = 1$일 때는 문제 바에서 확률질량함수를 구하였다. $y = 2$일 때 확률질량함수는

$$P(X = 1|2) = \frac{1}{2}, P(X = 2|2) = \frac{1}{2}, P(X = 3|2) = 0$$

이다. 따라서 기댓값을 구하면

$$E(X|1) = \sum_x xP(X = x|1) = 1 \times \frac{1}{3} + 2 \times \frac{1}{3} + 3 \times \frac{1}{3} = 2$$

이고,

$$E(X|2) = \sum_x xP(X = x|2) = 1 \times \frac{1}{2} + 2 \times \frac{1}{2} + 3 \times 0 = \frac{3}{2}$$

이다. 이를 통합하면 $Y = 1, 2$이므로 $E(X|y) = ay + b$라 설정하고 $E(X|1) = 2, E(X|2) = \dfrac{3}{2}$의 이원일차연립방정식을 풀면 $a = -\dfrac{1}{2}, b = \dfrac{5}{2}$이다.

따라서 $E(X|y) = -\dfrac{1}{2}y + \dfrac{5}{2}$이다.

아. $E(E(X|Y)) = \sum_y E(X|y)P(Y = y) = \sum_y (-\frac{1}{2}y + \frac{5}{2})P(Y = y)$

$$= 2 \times \frac{3}{5} + \frac{3}{2} \times \frac{2}{5} = \frac{9}{5}$$

또한 이중기댓값정리에 의해

$$E(E(X|Y)) = E(X) = \frac{9}{5} (\because \text{ (라)의 결과})$$

이다.

자. $E(X^2|y)=\begin{cases} 1^2\times\frac{1}{3}+2^2\times\frac{1}{3}+3^2\times\frac{1}{3}=\frac{14}{3}, & y=1 \\ 1^2\times\frac{1}{2}+2^2\times\frac{1}{2}+3^2\times 0=\frac{5}{2}, & y=2 \end{cases}$

$$E^2(X|y)=\begin{cases} 2^2 & y=1 \\ \left(\frac{3}{2}\right)^2 & y=2 \end{cases}$$

이므로

$$Var(X|Y)=E(X^2|y)-E^2(X|y)=\begin{cases} \frac{14}{3}-2^2=\frac{2}{3}, & y=1 \\ \frac{5}{2}-\left(\frac{3}{2}\right)^2=\frac{1}{4}, & y=2 \end{cases}$$

이다.

한편,

$$\begin{aligned} E(Var(X|Y)) &= \sum_y Var(X|y)P(Y=y) \\ &= \frac{2}{3}P(Y=1)+\frac{1}{4}P(Y=2)=\frac{1}{2} \end{aligned}$$

이므로

$$E(Var(X|Y)) \le Var(X)$$

로 [정리 2.19]를 확인할 수 있다.

또한,

$$E(X|Y)=\begin{cases} 2 & y=1 \\ \frac{3}{2} & y=2 \end{cases} \quad ((\text{사})\text{의 결과})$$

로부터

$$\begin{aligned} Var(E(X|Y)) &= E(E(X|Y)-E(E(X|Y)))^2 = E(E(X|Y)-\frac{9}{5})^2 \\ &= (2-\frac{9}{5})^2P(Y=1)+(\frac{3}{2}-\frac{9}{5})^2P(Y=2)=\frac{3}{50} \end{aligned}$$

따라서

$$E(Var(X|Y)) + Var(E(X|Y)) = \frac{14}{25} = Var(X)$$

이다.

2.5 가. $f_X(x) = \int f(x,y)dy = 1, 0 < x < 1$ $f_Y(y) = 1, 0 < y < 1$

나. $P(\frac{1}{2} < X < 1, 0 < Y < \frac{1}{4}) = \int_0^{1/4}\int_{1/2}^{1} 1dxdy = \frac{1}{8}$

$P(\frac{1}{2} < X < 1) = \int_{1/2}^{1} 1dx = \frac{1}{2}$

$P(0 < Y < \frac{1}{4}) = \int_0^{1/4} 1dy = \frac{1}{4}$

$\therefore P(\frac{1}{2} < X < 1)P(0 < Y < \frac{1}{4}) = \frac{1}{2} \times \frac{1}{4} = \frac{1}{8}$

다. (나)처럼 특정한 x, y 경우에만 성립하는 것이 아니라 일반적인 경우에도 성립한다. 왜냐하면 $f_{X,Y}(x,y) = f_X(x)f_Y(y), \forall x, y$로 X, Y가 서로 독립이기 때문이다.

라. $E(XY) = \int\int xyf_{X,Y}(x,y)dxdy = \int_0^1\int_0^1 xydxdy = \frac{1}{4}$ 이고,

$E(X) = \int_0^1 xdx = \frac{1}{2,} E(Y) = E(X) = \frac{1}{2}$ 이다. 따라서

$$Cov(X, Y) = E(XY) - E(X)E(Y) = \frac{1}{4} - \frac{1}{2} \times \frac{1}{2} = 0$$

이다. 또한 (다)에서 X, Y가 서로 독립이므로 $Cov(X, Y) = 0$ 이다.

마. $M_{X,Y}(t_1, t_2) = \int_0^1\int_0^1 e^{t_1x + t_2y} \times 1dxdy = \int_0^1 e^{t_2y}dy \int_0^1 e^{t_1x}dx$
$= \frac{1}{t_1t_2}(e^{t_1 + t_2} - e^{t_1} - e^{t_2} + 1)$

$$\lim_{t_2 \to 0} M_{X,Y}(t_1, t_2) = M_X(t_1) = \frac{1}{t_1}(e^{t_1} - 1)(\because \lim_{t_2 \to 0} \frac{e^{t_2} - 1}{t_2} = 1)$$

마찬가지로 $\lim_{t_1 \to 0} M_{X,Y}(t_1, t_2) = M_Y(t_2) = \frac{1}{t_2}(e^{t_2} - 1)$ 이다. 따라서

$M_{X,Y}(t_1, t_2) = M_X(t_1)M_Y(t_2)$ 이다. [정리 2.28]을 확인할 수 있다.

바. $f_{X|\frac{1}{2}}(x|\frac{1}{2}) = \dfrac{f_{X,Y}(x,\frac{1}{2})}{f_Y(\frac{1}{2})} = \dfrac{1}{1} = 1, \quad 0 < x < 1$

또한 X, Y는 서로 독립이므로 $f_{X|\frac{1}{2}}(x|\frac{1}{2}) = f_X(x)$이다.

사. $E(X|y) = \int x f_{X|y}(x|y)dx = \int_0^1 x \cdot 1dx = \frac{1}{2}$이다. 또한 X, Y는 서로 독립이므로 $E(X|y) = E(X)$이다.

아. $E(E(X|Y)) = E(X) = \frac{1}{2}$ (이중기댓값정리)

자. $E(Var(X|Y)) = E(Var(X)) = Var(X) = \frac{1}{12}$

또한 직접 계산하면

$$Var(X|y) = E(X^2|y) - E^2(X|y) = \int x^2 f_{X|y}(x|y)dx - \left(\frac{1}{2}\right)^2 = \frac{1}{3} - \frac{1}{4} = \frac{1}{12}$$

이다.

2.6 가. $P(X+Y<a) = \int_{x+y<a} e^{-x-y}dxdy$

$$= \int_{0^a}\int_0^{a-y} e^{-x-y}dxdy = 1 - e^{-a} - ae^{-a}$$

나. $U = X+Y, V = X$라 하면

$$f_{U,V}(u,v) = f_{X,Y}(v, u-v)|\det(J)|$$

단, $J = \begin{pmatrix} \frac{\partial x}{\partial u} & \frac{\partial x}{\partial v} \\ \frac{\partial y}{\partial u} & \frac{\partial y}{\partial v} \end{pmatrix} = \begin{pmatrix} 0 & 1 \\ 1 & -1 \end{pmatrix}$, $\det(J) = -1$이다. 따라서

$$f_{U,V}(u,v) = e^{-v-(u-v)} \times 1 = e^{-u}, u > v$$

이고,

$$f_U(u) = \int_0^v f_{U,V}(u,v)dv = e^{-u}\int_0^u 1dv = ue^{-u}, u > 0$$

이다. 따라서

$$P(U<a) = \int_0^a f_U(u)du = \int_0^a ue^{-u}du = 1 - e^{-a} - ae^{-a}$$

이다. 여기서 마지막 등호는 부분적분을 적용하면 구할 수 있다.

또 다른 풀이법으로 (가)에서 $P(X+Y<a)=P(U<a)=F_U(a)$이므로

$$F_U(a)=-ae^{-a}-e^{-a}+1$$

에서 미분하면

$$f_U(a)=-e^{-a}+ae^{-a}+e^{-a}=ae^{-a}$$

이다.

따라서

$$E(U^2)=\int u^2 f_{U(u)}du=\int_0^\infty u^3e^{-u}du=6$$

이다. 마지막 등호는 부분적분을 여러번 적용하여 구할 수 있다.

다. $M_U(t)=\int e^{tu}f_U(u)du$

$$=\int_0^\infty e^{tu}ue^{-u}du=\int_0^\infty ue^{(t-1)u}du=\frac{1}{(t-1)^2}$$

마지막 등호는 부분적분을 적용한다. 따라서 적률생성함수를 미분하면

$$M_U'(t)=-2(t-1)^{-3}$$
$$M_U''(t)=6(t-1)^{-4}$$
$$M_U'''(t)=-24(t-1)^{-5},\quad M_U'''(0)=24=E(U^3)$$

을 구할 수 있다.

라. $f_{X,Y}(x,y)=f_X(x)f_Y(y)=e^{-x}e^{-y}$이므로 X, Y는 서로 독립이다.

2.7 가. $P(Y\le y)=P(2X+1\le y)=P(X\le \frac{1}{2}(y-1))=\int_0^{\frac{1}{2}(y-1)}2xdx$

$$=\frac{1}{4}(y-1)^2,\quad 1\le y\le 3$$

나. $P(Y\le y)=P(X^2\le y)=P(0\le X\le \sqrt{y})=\int_0^{\sqrt{y}}2xdx$

$F_Y(y)=y, 0\le y\le 1$이므로 미분하면 $f_Y(y)=1, 0\le y\le 1$이다. 또는

$$f_Y(y)=f_X(\sqrt{y})\left|\frac{d\sqrt{y}}{dy}\right|=2\sqrt{y}\times\frac{1}{2\sqrt{y}}=1,\quad 0<y<1$$

이다. $E(Y)=\int_0^1 yf_Y(y)dy=\frac{1}{2}$, $E(Y)=E(X^2)=\int_0^1 x^2\times 2xdx=$

$\frac{1}{2}$이다.

2.8 확률변수 X가 1에 관해 대칭이므로 $P(1 < X < 10) = \frac{1}{2}P(-8 < X < 10)$ 이다.

$$P(1 < X < 10) = \frac{1}{2}P(-8 < X < 10) = \frac{1}{2}P(|X-1| < 9)$$
$$= \frac{1}{2}P(|X-1| < k\sqrt{3})$$

단 $k = \frac{9}{\sqrt{3}} = 3\sqrt{3}$, $\sqrt{3} = sd(X)$이다. 따라서 체비세프 확률부등식에 의해

$$\text{준식} \geq \frac{1}{2}(1-\frac{1}{k^2}) = \frac{1}{2}(1-\frac{1}{27}) = \frac{13}{27} > \frac{9}{27}$$

이다. 따라서 $P(1 < X < 10) > \frac{1}{3}$이므로 $P(1 < X < 10) \neq \frac{1}{3}$이다.

3장 이산형 확률변수

3.1 가. $X = 0,1,2$이고 $\{X=0\}$이라는 사건은 두 개의 공을 꺼낼 때 흰 공이 0개, 파란 공이 2개를 꺼내는 사건이다. 따라서 그 확률은

$$P(X=0) = \frac{\binom{3}{0}\binom{5}{2}}{\binom{8}{2}} = \frac{10}{28}$$

이다. 마찬가지로 모든 확률을 구하면

x	0	1	2	계
$f_X(x)$	$\frac{10}{28}$	$\frac{15}{28}$	$\frac{3}{28}$	1

이다. 확률변수 Y의 확률분포표도 마찬가지로 $P(Y=0) = \frac{5^2}{8^2} = \frac{25}{64}$로 계산될 수 있으므로

y	0	1	2	계
$f_Y(y)$	$\frac{25}{64}$.	$\frac{30}{64}$	$\frac{9}{64}$	1

이다.

나. $E(X) = 0 \times \frac{10}{28} + 1 \times \frac{15}{28} + 2 \times \frac{3}{28} = \frac{3}{4}$

$E(X^2) = \frac{27}{28}$, $Var(X) = \frac{45}{112}$

$E(Y) = \frac{3}{4}$, $E(Y^2) = \frac{33}{32}$, $Var(Y) = \frac{15}{32}$

다. 비복원추출 시 흰 공의 개수 X는 복원추출 시의 흰 공의 개수 Y와 평균은 같으나 분산은 더 작다. 이는 공을 추출 이전의 원래 상태이면 변이가 많이 발생할 수 있기 때문이다.

3.2 $X \sim B(100, \frac{1}{2})$, $E(X) = 100 \times \frac{1}{2} = 50$, $\hat{p} = \frac{X}{100}$

$$P\left(\left|\frac{X}{100} - \frac{1}{2}\right| < \frac{1}{10}\right) = P\left(|\hat{p} - p| < \frac{1}{10}\right) \geq 1 - \frac{pq}{n \times (1/10)^2} = \frac{3}{4}$$

3.3 $M_X(t) = (0.8 + 0.2e^t)^{10} = (q + pe^t)^n$ 꼴에서 $q = 0.8, p = 0.2, n = 10$인 이항분포의 적률생성함수이다. 즉 $X \sim B(10, 0.2)$이다. 따라서 부록 1에서

$$P(X < 5) = \sum_{x \leq 4} P(X = x) = 0.967$$

이다. 또한 $E(X) = np = 2$, $Var(X) = npq = 1.6$이다.

3.4 $X \sim B(1000, 0.01)$일 때 $P(X \leq 10)$의 확률을 부록 1에서 구할 수 없다. 왜냐하면 $p = 0.01$로 0에 매우 가깝고 $n = 1000$으로 너무 크다. 따라서 포아송근사를 이용하면 $P(X \leq 10) \approx P(Y \leq 10) = 0.583$이다. 단, $Y \sim Poisson(10)$, $10 = n \times p = 1000 \times 0.01$이다.

3.5 $X \sim B(n, p)$는 성공률이 p인 실험을 n번 독립적으로 반복시행했을 때 성공횟수에 관한 분포이다. $Y = n - X$는 성공률이 p인 실험을 n번 독립적으로 반복시행했을 때 실패횟수에 관한 분포이다. 따라서 $Y \sim B(n, q)$은 실패율이 q인 실험에서 실패횟수에 관한 분포이다. 한편,

$$M_Y(t) = e^{tn} M_X(-t) = e^{tn}(p + qe^{-t})^n = (q + pe^t)^n$$

이므로 $Y \sim B(n, q)$이다.

3.6 흰 공이 나오는 사건을 성공이라 하면 성공률은 $\frac{3}{8}$이다. 따라서 이 실험의 시도횟수는 $GEOM(\frac{3}{8})$이다.

가. $X \sim GEOM(\frac{3}{8})$, $P(X \geq 3) = 1 - P(X \leq 2)$

$= 1 - \left(\frac{3}{8} + \frac{5}{8} \times \frac{3}{8} + \left(\frac{5}{8}\right)^2 \times \frac{3}{8}\right) = \frac{125}{512}$

나. $P(X \leq x) \geq \frac{2}{3}$을 만족하는 최소의 x를 구하는 문제이다.

$$P(X \leq x) = \sum_{y=0}^{x-1}\left(\frac{5}{8}\right)^{y-1}\frac{3}{8} = 1 - \left(\frac{5}{8}\right)^{x-1} \geq \frac{2}{3}$$

$$x - 1 \geq \frac{\log(\frac{1}{3})}{\log(\frac{5}{8})} = 2.33$$

$$x \geq 3.33$$

이므로 $x = 4$이다.

3.7 $E(X+1)^2 = E(X^2 + 2X + 1) = E(X^2) + 2E(X) + 1 = (\lambda + \lambda^2) + 2\lambda + 1$
$= \lambda^2 + 3\lambda + 1$

3.8 한 시간 동안 고장이 나는 횟수를 X라 하면 $P(X=0) = 0.99$이다. 따라서 만약 $X \sim Poisson(\lambda)$를 따른다고 가정하면

$$P(X=0) = 0.99 = \frac{e^{-\lambda}\lambda^0}{0!} \text{에서 } \lambda = -\log 0.99 = 0.01$$

이다. 만약 Y를 3시간 동안 고장나는 횟수를 나타낸다면

$$Y \sim Poisson(3\lambda) = Poisson(0.03)$$

을 따르게 되므로

$$P(Y=0) = \frac{e^{-3\lambda}(3\lambda)^0}{0!} = e^{-0.03} = 0.97$$

이다.

4장 연속형 확률변수

4.1 $X \sim U(1,3)$, $Y = \frac{1}{2}(X-1)$

가. $f_Y(y) = f_X(2y+1)\left|\frac{d}{dy}(2y+1)\right| = \begin{cases} 2\times\frac{1}{2} & \text{if } 0 < y < 1 \\ 0 & \text{그외} \end{cases}$

여기서 y의 범위는 $1 < 2y+1 < 3$으로부터 구할 수 있다. 이를 정리하면

$$f_Y(y) = \begin{cases} 1, & 0 < y < 1 \\ 0 & \text{그외} \end{cases}$$

나. $M_Y(t) = \frac{e^t - 1}{t}(\because Y \sim U(0,1)\ \&\ [\text{정리}4.1])$

다. $E(Y) = M_Y'(t)|_{t=0} = \frac{1}{2}, Var(Y) = \frac{1}{12}$

4.2 $X, Y \sim U(0,1)$; $U = X - Y, V = X$라 하면 $x = v, y = v - u$이므로 $f_{U,V}(u, v) = f_{X,Y}(x,y)|J|$이다. [정리 2.10] 참조

먼저 $J = \left|\begin{pmatrix} \frac{\partial x}{\partial u} & \frac{\partial x}{\partial v} \\ \frac{\partial y}{\partial u} & \frac{\partial y}{\partial v} \end{pmatrix}\right| = \left|\begin{pmatrix} 0 & 1 \\ -1 & 1 \end{pmatrix}\right| = 1$이고 X, Y는 서로 독립이므로 $f_{X,Y}(x,y) = f_X(x)f_Y(y)$이다. 따라서

$$f_{U,V}(u,v) = f_X(x)f_Y(y)\times 1 = 1, 0 \le v \le 1, v-1 \le u \le v$$

이다.

$f_U(u) = \int f_{U,V}(u,v)dv = \int_u^{u+1} 1dv$이다. $-1 \le u \le 1$이므로

$$\begin{aligned} -1 \le u \le 0 &\Rightarrow 0 \le v \le 1+u \\ 0 \le u \le 1 &\Rightarrow u \le v \le 1 \end{aligned}$$

이다. 따라서

$$f_U(u) = \begin{cases} \int_0^{1+u} 1dv = 1+u, & -1 \le u \le 0 \\ \int_u^1 1dv = 1-u, & 0 \le u \le 1 \end{cases}$$

이다.

4.3 $X \sim N(100, 25)$

가. $$\begin{aligned} P(95 < X < 110) &= P\left(\frac{95-100}{5} < \frac{X-100}{5} < \frac{110-100}{5}\right) \\ &= P(-1 < Z < 2) = P(Z < 2) - (1 - P(Z < 1)) \\ &= \Phi(2) + \Phi(1) - 1 = 0.818 \end{aligned}$$

나. $0.95 = P(|X-100| < c) = P(\frac{|X-100|}{5} < \frac{c}{5}) = P(|Z| < \frac{c}{5})$를 만족하

는 c는 부록의 표로부터 $\frac{c}{5} = 1.96$이므로 $c = 9.8$이다.

4.4 $X \sim N(\mu, \sigma^2)$이면 $M_X(t) = e^{\mu t + \frac{1}{2}\sigma^2 t^2}$이다. 한편 미분도함수를 구하면

$$M_X'(t) = M_X(t)(\mu + \sigma^2 t),\ M_X''(t) = M_X(t)\{(\mu + \sigma^2 t)^2 + \sigma^2\}$$
$$M_X'''(t) = M_X'(t)\{(\mu + \sigma^2)^2 + \sigma^2\} + 2\sigma^2 M_X(t)\{\mu + \sigma^2 t\}$$
$$M_X''''(t) = M_X''(t)\{(\mu + \sigma^2)^2 + \sigma^2\} + 4\sigma^2 M_X'(t)\{\mu + \sigma^2 t\} + 2\sigma^4 M_X(t)$$

이다. 여기서

$$M_X(0) = 1,\ M_X'(0) = \mu,\ M_X''(0) = \mu^2 + \sigma^2,\ M_X'''(0) = \mu^3 + 3\mu\sigma^2,$$
$$M_X''''(0) = (\mu^2 + \sigma^2)^2 + 2\sigma^2(\sigma^2 + 2\mu^2) = \mu^4 + 6\mu^2\sigma^2 + 3\sigma^4$$

이다.

가. $E(X^3) = M_X'''(0) = \mu^3 + \mu\sigma^2$

나. $E((X-\mu)^3) = E(X^3 - 3\mu X^2 + 3\mu^2 X - \mu^3)$

$$= E(X^3) - 3\mu E(X^2) + 3\mu^2 E(X) - \mu^3$$
$$= (\mu^3 + 3\mu\sigma^2) - 3\mu(\mu^2 + \sigma^2) + 3\mu^2\mu - \mu^3 = 0$$

다. $E(X^4) = M_X''''(0) = \mu^4 + 6\mu^2\sigma^2 + 3\sigma^4$

라. $E(X-\mu)^4 = 3\sigma^4$ ($\because E(X^4)$에서 $\mu = 0$ 대입, $X - \mu \sim N(0, \sigma^2)$이기 때문에)

$E\left(\frac{X-4}{3}\right)^4 = 3$ 이것을 첨도라 한다.

4.5 $M_X(t) = e^{2t + t^2}$이므로 $X \sim N(2, 2)$이다. 따라서

$$P(1 < X < 3) = P\left(\frac{1-2}{\sqrt{2}} < \frac{X-2}{\sqrt{2}} < \frac{3-2}{\sqrt{2}}\right)$$
$$= P\left(-\frac{1}{\sqrt{2}} < Z < \frac{1}{\sqrt{2}}\right) = 0.52$$

이다.

4.6 $X \sim N(\mu_1, \sigma_1^2),\ Y \sim N(\mu_2, \sigma_2^2)$이고 서로 독립이므로

$$M_{X-Y}(t) = E(e^{tX-tY}) = E(e^{tX})E(e^{-tY}) = e^{\mu_1 t + \frac{1}{2}\sigma_1^2 t^2} e^{-\mu_2 t + \frac{1}{2}\sigma_2^2 t^2}$$
$$= e^{(\mu_1 - \mu_2)t + \frac{1}{2}(\sigma_1^2 + \sigma_2^2)t^2}$$

이므로 $X-Y \sim N(\mu_1 - \mu_2, \sigma_1^2 + \sigma_2^2)$이다. 따라서 $X-Y$의 확률밀도함수는

$$f_{X-Y}(u) = \frac{1}{\sqrt{2\pi}\sqrt{\frac{1}{2}(\sigma_1^2+\sigma_2^2)}} e^{-\frac{1}{2(\sigma_1^2+\sigma_2^2)}(u-(\mu_1-\mu_2))^2}$$

이다.

4.7 $P(X<4) = \int_4^\infty \frac{1}{3}e^{-x/3}dx = \frac{1}{3}\left[-3e^{-x/3}\right]_4^\infty = e^{-4/3}$

$P(X>8|X>4) = P(X>8-4) = P(X>4) = e^{-4/3}$ ($\because$ 지수분포의 무기억성)

4.8 X_i를 i번째 퓨즈의 수명이라고 한다면 $X_i \sim EXP(\frac{1}{100})$이므로 직렬연결을 한다면 10개의 퓨즈의 수명이 모두 100보다 커야 하므로

$$P(X_1 > 100)P(X_2 > 100)\cdots P(X_{10} > 100)$$
$$= \left[\int_{100}^\infty \frac{1}{100}e^{-x/100}dx\right]^{10} = (e^{-1})^{10} = e^{-10}$$

이다. 또한 병렬연결을 한다면 10개 중 하나라도 수명이 100보다 크면 되므로

$$P((X_1 > 100)\cup(X_2 > 100)\cdots\cup(X_{10} > 100))$$
$$= 1 - P((X_1 < 100)\cap(X_2 < 100)\cap\cdots\cap(X_{10} < 100))$$
$$= 1 - \left[\int_0^{100} \frac{1}{100}e^{-x/100}dx\right]^{10} = 1-(1-e^{-1})^{10} = 0.99$$

이다.

4.9 $M_X(t) = (1-2t)^{-6}, t < \frac{1}{2}$은 [정리 4.14]에 의해 $X \sim \chi^2(12)$이다. 따라서 X의 확률밀도함수는 [정의 4.6]에 의해

$$f_X(x) = \frac{1}{\Gamma(6)2^6}x^5 e^{-x/2}, x > 0$$

이고, [정리 4.14]에서 $E(X) = 12, Var(X) = 24$이다.

5.1 $X_1 \sim N(1,9), X_2 \sim N(-1,16)$은 서로 독립이다.

가. $Y = X_1 + X_2$이라 하면 Y의 적률생성함수는 X_1, X_2가 서로 독립이므로

$$M_Y(t) = M_{X_1}(t)M_{X_2}(t) = e^{0 \cdot t + \frac{25}{2}t^2}$$

이다. 왜냐하면

$$M_{X_1}(t) = e^{t + \frac{9}{2}t^2}, M_{X_2}(t) = e^{-t + \frac{16}{2}t^2}$$

이기 때문이다.

나. 적률생성함수의 형태를 살펴보면 $Y \sim N(0,25)$이다.

5.2 $X_1 \sim N(5,50)$, $X_2 \sim N(1,50)$은 서로 독립이다. $Y = X_1 - X_2$이라 하면

$$M_Y(t) = E(e^{t(X_1 - X_2)}) = M_{X_1}(t)M_{X_2}(-t) = e^{5t + 25t^2}e^{-t + 25t^2} = e^{4t + 50t^2}$$

이므로 $Y \sim N(4,100)$이다. 따라서

$$\begin{aligned} P(X_2 < X_1) &= P(X_1 - X_2 > 0) = P(Y > 0) = P(\frac{Y-4}{10} > \frac{0-4}{10}) \\ &= P(Z > -0.4) = 1 - \Phi(-0.4) = 0.6554 \end{aligned}$$

이다. 단 $Z \sim N(0,1)$이다.

5.3 $X_i \sim Poisson(3)$이고 서로 독립이므로 $Y = X_1 + \cdots + X_{10}$에 대한 적률생성함수를 구하면

$$M_Y(t) = [M_{X_1}(t)]^{10} = [e^{3(e^t - 1)}]^{10} = e^{30(e^t - 1)}$$

이므로 $Y \sim Poisson(30)$이다. 왜냐하면 $M_{X_1}(t) = e^{3(e^t - 1)}$일 때 $X_1 \sim Poisson(3)$이기 때문이다.

5.4 중심극한정리를 이용하기 위하여 X_1의 평균과 분산을 구하면

$$E(X_1) = \int_{-1}^{1} x \times \frac{3}{2}x^2 dx = 0, E(X_1^2) = \int_{-1}^{1} x^2 \times \frac{3}{2}x^2 dx = \frac{3}{5},$$

$$Var(X_1) = \frac{3}{5}$$

이다. 따라서

$$E(Y) = 15E(X_1) = 0,\ Var(Y) = 15\,Var(X_1) = 9$$

이므로 중심극한정리에 의해 $Y \dot{\sim} N(0,9)$이다. 따라서

$$P(-4.5 < Y < 4.5) \approx P(\frac{-4.5-0}{\sqrt{9}} < Z < \frac{4.5-0}{\sqrt{9}})$$
$$= P(-1.5 < Z < 1.5) = 2\times\Phi(1.5) - 1 = 0.8664$$

이다.

5.5 $X \sim N(4,4)$ 이므로 $\frac{X-4}{2} \sim N(0,1)$이고 $(\frac{X-4}{2})^2 \sim \chi^2(1)$이다. 따라서

$$P(\frac{2}{5} < (X-4)^2 < \frac{9}{5}) = P(\frac{1}{10} < \frac{(X-4)^2}{4} < \frac{9}{20}) = 0.5 - 0.25 = 0.25$$

이다. 부록 5 카이제곱확률분포표를 참조한다.

5.6 정규모집단으로 표본이 추출되었으므로

$$\frac{14S^2}{4} = \frac{1}{4}\sum_i (X_i - \overline{X})^2 \sim \chi^2(14)$$

이다. 따라서

$$P(2.08 < \frac{1}{15}\sum_{i=1}^{15}(X_i-\overline{X})^2 < 3.56) = P(2.08\times\frac{15}{4} < \frac{1}{4}\sum_{i=1}^{15}(X_i-\overline{X})^2 < 3.56\times\frac{15}{4})$$
$$= P(7.8 < Y < 13.35) = 0.5 - 0.1 = 0.4$$

이다. 단, $Y \sim \chi^2(14)$이다.

5.7 Basu의 정리에 의해 $\overline{X}, S^2$은 서로 독립이므로

$$P(0 < \overline{X} < 6, 2.62 < \frac{1}{50}\sum_{i=1}^{16}(X_i-\overline{X})^2 < 5.52)$$
$$= P(0 < \overline{X} < 6)P(2.62\times 2 < \frac{1}{25}\sum_{i=1}^{16}(X_i-\overline{X})^2 < 5.52\times 2)$$
$$= P(\frac{0-5}{\sqrt{25/16}} < \frac{\overline{X}-5}{25/16} < \frac{6-5}{\sqrt{25/16}})P(5.24 < Y < 11.04)$$
$$= P(-4 < Z < 0.8)P(5.24 < Y < 11.04)$$
$$= 0.7881\times(0.25 - 0.01)$$
$$= 0.19$$

이다. 단, $Y \sim \chi^2(15)$이다.

5.8 정규확률분포의 합 또는 차의 분포는 정규분포를 따른다.

가. $X_2 - X_5 \sim N(0,2)$이므로 $Y \sim N(0,2)$라 하면

$$P(X_2 - X_5 < 2) = P(Y < 2) = P(\frac{Y-0}{\sqrt{2}} < \frac{2-0}{\sqrt{2}})$$
$$= P(Z < 1.41) = 0.921$$

나. $X_1 + X_3 \sim N(0,2)$이므로 $Y \sim N(0,2)$라 하면 가.에서

$$P(X_1 + X_3 < 2) = P(Y < 2) = 0.921$$

다. $X_i^2 \sim \chi^2(1)$이고 서로 독립이므로 $X_1^2 + \cdots + X_{25}^2 \sim \chi^2(25)$이다.

$$P(X_1^2 + \cdots + X_{25}^2 < 14.61) = 0.05$$

라. $P[0.559 < \frac{1}{50}(X_1^2 + \cdots + X_{50}^2) < 1.263]$

$= P[0.559 \times 50 < Y < 1.263 \times 50]$

$= P(27.95 < Y < 63.15) = 0.9 - 0.005 = 0.89$

마. $50 + c = \chi^2_{0.1,50} = 63.17$으로부터 $c = 13.17$

5.9 정규모집단으로부터 $\frac{\overline{X}-\mu}{S/\sqrt{n}} \sim t(n-1)$이므로 $4\frac{\overline{X}-\mu}{S} \sim t(15)$이다.

$$P(-c < \frac{4(\overline{X}-\mu)}{S} < c) = 0.95$$

를 만족하는 $c = t_{0.025,15} = 2.132$이다.

5.10 $X \dot{\sim} N(50,25)$이므로

$$P(X > 20) = P(\frac{X-50}{\sqrt{25}} > \frac{60-50}{5}) = P(Z > 2) = 0.023$$

이다.

5.11 중심극한정리를 이용하여 $\overline{X} \sim N(\mu, \sigma^2/n)$이다. 단, $\mu = E(X_1)$, $\sigma^2 = Var(X_1)$이다. 카이제곱분포의 성질에 의해 $E(X_1) = 10$, $Var(X_1) = 20$이므로 $\overline{X} \dot{\sim} N(10, 20/50)$이고

$$P(9 < \overline{X} < 11) = P(\frac{9-10}{\sqrt{2/5}} < \frac{\overline{X}-10}{\sqrt{2/5}} < \frac{11-10}{\sqrt{2/5}})$$
$$= P(-1.58 < Z < 1.58) = 0.89$$

이다.

6.1 $E(\hat{\theta}_3) = aE(\hat{\theta}_1) + (1-a)E(\hat{\theta}_2) = a\theta + (1-a)\theta = \theta$ 이므로 $\hat{\theta}_3$은 θ의 불편추정량이다. 또한

$$\begin{aligned} Var(\hat{\theta}_3) &= Var(a\hat{\theta}_1 + (1-a)\hat{\theta}_2) \\ &= a^2 Var(\hat{\theta}_1) + (1-a)^2 Var(\hat{\theta}_2) + 2a(1-a)Cov(\hat{\theta}_1, \hat{\theta}_2) \\ &= a^2\sigma_1^2 + (1-a)^2\sigma_2^2 \quad \because \hat{\theta}_1, \hat{\theta}_2 \text{는 서로 독립} \\ &= (\sigma_1^2 + \sigma_2^2)a^2 - 2\sigma_2^2 a + \sigma_2^2 \end{aligned}$$

에서

$$\frac{d\,Var(\hat{\theta}_3)}{da} = 2(\sigma_1^2 + \sigma_2^2) - 2\sigma_2^2 = 0$$

에서 $a = \dfrac{\sigma_2^2}{\sigma_1^2 + \sigma_2^2}$ 일 때 $Var(\hat{\theta}_3)$은 최소가 된다.

6.2 $X_i \sim EXP(1/\theta)$일 때 $E(X_i) = \theta$, $Var(X_i) = \theta^2$이다.

(1) $X_{(1)}$의 분포를 구해 보자. $X_i \sim EXP(1/\theta)$의 cdf는 $F(x) = 1 - e^{-x/\theta}$이므로 [정리 5.15]에서 $X_{(1)}$의 pdf는

$$\begin{aligned} f_{(1)}(x) &= 2\frac{1}{\theta}e^{-x/\theta}\binom{1}{0}(1-e^{-x/\theta})^{1-1}(1-(1-e^{-x/\theta}))^{2-1} \\ &= \frac{2}{\theta}e^{-2x/\theta} \end{aligned}$$

이므로 $X_{(1)} \sim EXP(2/\theta)$이다. 따라서

$$E(X_{(1)}) = 1/(2/\theta)) = \theta/2, \; Var(X_{(1)}) = (\theta/2)^2 = \theta^2/4$$

이다.

각 추정량의 기댓값을 계산하면

$$E(T_1) = E(X_1) = \theta, E(T_2) = \frac{2\theta}{2} = \theta,$$

$$E(T_3) = \theta, \; E(T_4) = E(X_{(1)}) = \frac{\theta}{2}$$

이므로 T_1, T_2, T_3는 불편추정량이고, T_4는 편의추정량이다.

(2) MSE 측면

$$
\begin{aligned}
MSE(T_1) &= Var(T_1) + bias^2(T_1) = \theta^2 + 0 = \theta^2 \\
MSE(T_2) &= \frac{\theta^2}{2} + 0 = \frac{\theta^2}{2} \\
MSE(T_3) &= \frac{1}{9}\{Var(X_1) + 4Var(X_2)\} = \frac{5}{9}\theta^2 \\
MSE(T_4) &= \frac{\theta^2}{4} + (\frac{\theta}{2} - \theta)^2 = \frac{\theta^2}{2}
\end{aligned}
$$

이므로 MSE 측면에서 T_2, T_4가 최적이다.

6.3 가. $E(T_1) = E(X) = p$, $E(T_2) = E(\frac{1}{2}) = \frac{1}{2}$ 이므로 T_1은 불편추정량, T_2는 편의추정량이다.

나. $MSE(T_1) = Var(T_1) + bias^2(T_1) = p(1-p) + 0^2 = p(1-p)$
$MSE(T_2) = Var(\frac{1}{2}) + bias^2(T_2) = 0 + (\frac{1}{2} - p)^2 = (\frac{1}{2} - p)^2$

이다. 두 MSE를 비교하기 위하여 $MSE(T_2) - MSE(T_1) = 2p^2 - 2p + \frac{1}{4} < 0$인 영역은 $\frac{2-\sqrt{2}}{4} < p < \frac{2+\sqrt{2}}{4}$ 이므로 이 영역에서는 T_2가 T_1보다 좋은 추정량이고, $p < \frac{2-\sqrt{2}}{4}$ 또는 $p > \frac{2+\sqrt{2}}{4}$ 영역에서 T_1이 T_2보다 좋은 추정량이다. 이 경우는 실험을 한 번만 하는 경우이므로 실험의 성공여부에 따라 성공률을 예측한다면 예측된 성공률은 1 또는 0이다. 따라서 (0.146, 0.854) 영역에서 성공률을 1/2로 예측하는 경우가 더 좋은 경우가 발생한다. 그러나 성공여부의 실험 횟수가 많아지면 분산이 횟수에 반비례하므로 성공률의 매우 큰 영역에서 T_1 형태의 추정량의 MSE가 T_2보다 작을 것이다.

6.4 가. $E(X_1) = \lambda$이므로 $\lambda^{\widehat{MME}} = \overline{X}$, $\hat{\frac{1}{\lambda}} = \frac{1}{\overline{X}}$ 이다.

나. 포아송분포의 pdf는 $f(x) = \frac{e^{-\lambda}\lambda^x}{x!}$ 이므로 가능도함수는

$$
\begin{aligned}
L(\lambda) &= \frac{e^{-n\lambda}\lambda^{\sum_i x_i}}{x_1! \cdots x_n!} \\
l(\lambda) &= -n\lambda + \sum_i x_i \log\lambda - n\sum_i \log(x_i!) \\
\frac{dl(\lambda)}{d\lambda} &= -n + \frac{1}{\lambda}\sum_i x_i = 0
\end{aligned}
$$

으로부터 $\hat{\lambda}^{MLE}=\overline{X}$이다. 따라서 $\dfrac{1}{\hat{\lambda}^{MLE}}=\dfrac{1}{\overline{X}}$이다.

6.5 $X_i \sim f(x,\theta_1,\theta_2)=\dfrac{1}{\theta_2}e^{-(x-\theta_1)/\theta_2},\ x>\theta_1,\ \theta_2>0$

pdf의 정의구역에 제한조건이 있으므로 θ_1에 대한 MLE는 가능도함수를 미분하여 구할 수 없다. 즉, 가능도함수는

$$L(\theta_1,\theta_2)=\left(\frac{1}{\theta_2}\right)^n e^{-\frac{1}{\theta_2}\sum_i(x_i-\theta_1)}=\left(\frac{1}{\theta_2}\right)^n e^{-\frac{n\bar{x}}{\theta_2}+\frac{n\theta_1}{\theta_2}}$$

$$l(\theta_1,\theta_2)=-n\log\theta_2-\frac{n\bar{x}}{\theta_2}+n\frac{\theta_1}{\theta_2}$$

이고, 미분하면

$$\frac{\partial l(\theta_1,\theta_2)}{\partial\theta_1}=\frac{n}{\theta_2}=0,\ \text{해를 구할 수 없음}$$

$$\frac{\partial l(\theta_1,\theta_2)}{\partial\theta_2}=-\frac{n}{\theta_2}+\frac{n\bar{x}}{\theta_2^2}-\frac{n\theta_1}{\theta_2^2}=0$$

에서 $\hat{\theta}_2^{MLE}=\overline{X}-\hat{\theta}_1^{MLE}$이다. 그런데 균등분포와 마찬가지로 θ_1의 MLE는 $X_{(1)}$이므로 $\widehat{\theta_2^{MLE}}=\overline{X}-X_{(1)},\ \widehat{\theta_1^{MLE}}=X_{(1)}$이다.

6.6 가능도함수 및 로그가능도함수를 구하면

$$L(\mu_1,\mu_2,\sigma^2)=\left(\frac{1}{\sqrt{2\pi}\,\sigma}\right)^{n_1} e^{-\frac{1}{2\sigma^2}\sum_i(x_i-\mu_1)^2}\times\left(\frac{1}{\sqrt{2\pi}\,\sigma}\right)^{n_2} e^{-\frac{1}{2\sigma^2}\sum_i(y_i-\mu_2)^2}$$

$l(\mu_1,\mu_2,\sigma^2)$

$$=-\frac{n_1}{2}(\log 2\pi+\log\sigma^2)-\frac{1}{2\sigma^2}\sum_i(x_i-\mu_1)^2-\frac{n_2}{2}(\log 2\pi+\log\sigma^2)-\frac{1}{2\sigma^2}\sum_i(y_i-\mu_2)^2$$

이다. 따라서

$$\frac{\partial l(\mu_1,\mu_2,\sigma^2)}{\partial\mu_1}=n_1\bar{x}-n_1\mu_1=0$$

$$\frac{\partial l(\mu_1,\mu_2,\sigma^2)}{\partial\mu_2}=n_2\bar{y}-n_2\mu_2=0$$

$$\frac{\partial l(\mu_1,\mu_2,\sigma^2)}{\partial\sigma^2}=-\frac{n_1}{\sigma^2}+\frac{1}{2\sigma^4}\sum_i(x_i-\mu_1)^2-\frac{n_2}{2\sigma^2}+\frac{1}{2\sigma^4}\sum_i(y_i-\mu_2)^2=0$$

연립방정식을 풀면

$$\hat{\mu}_1^{MLE} = \overline{X}, \hat{\mu}_2^{MLE} = \overline{Y}, \hat{\sigma}^{2MLE} = \frac{1}{n_1 + n_2}\{\sum_i (X_i - \overline{X})^2 + \sum_i (Y_i - \overline{Y})^2\}$$

이다.

6.7 $X_1, \cdots, X_{15} \sim N(\mu, 4)$일 때 주축량은 $\overline{X} \sim N(\mu, \frac{4}{15})$이므로 $\frac{\overline{X} - \mu}{\sqrt{4/15}} \sim N(0,1)$이다. 한편 $\alpha = 0.05$일 때

$$\begin{aligned} 1 - \alpha &= P(-z_{\alpha/2} \leq \frac{\overline{X} - \mu}{\sqrt{4/15}} \leq z_{\alpha/2}) \\ &= P(\overline{X} - \sqrt{\frac{4}{15}} z_{\alpha/2} \leq \mu \leq \overline{X} + \sqrt{\frac{4}{15}} z_{\alpha/2}) \end{aligned}$$

이므로 μ의 $100(1-\alpha)\%$ 신뢰구간은

$$\left(\overline{X} - \sqrt{\frac{4}{15}} z_{\alpha/2},\ \overline{X} + \sqrt{\frac{4}{15}} z_{\alpha/2}\right)$$

이고 특별히 $\alpha = 0.05$일 때

$$\left(\overline{X} - \sqrt{\frac{4}{15}} 1.96\ ,\ \overline{X} + \sqrt{\frac{4}{15}} 1.96\right)$$

이다.

6.8 $X_i \sim EXP(1/\theta) \Rightarrow \sum_i X_i \sim \Gamma(n, 1/\theta) \because$ [정리4.11] $\Rightarrow \frac{2}{\theta}\sum_i X_i \sim \chi^2(2n)$.

왜냐하면 $T = \sum_i X_i$이면 $M_T(t) = \left(\frac{1/\theta}{1/\theta - t}\right)^n = (1 - \theta t)^{-n},\ t \leq 1/\theta \because$ [정리4.10]이기 때문이다. 따라서 $Y = \frac{2T}{\theta}$일 때 $M_Y(t) = M_{2T/\theta}(t) = M_T(\frac{2t}{\theta}) = (1 - \theta \times \frac{2t}{\theta})^{-n} = (1-2t)^{-n}$이다.

가.
$$\begin{aligned} 1 - \alpha &= P\left(\chi^2_{1-\alpha/2, 2n} < \frac{1}{\theta} 2\sum_i X_i < \chi^2_{\alpha/2, 2n}\right) \\ &= P\left(\frac{2\sum_i X_i}{\chi^2_{\alpha/2, 2n}} < \theta < \frac{2\sum_i X_i}{\chi^2_{1-\alpha/2, 2n}}\right) \end{aligned}$$

이므로 θ에 관한 $100(1-\alpha)\%$ 신뢰구간은 다음과 같다.

$$\left(\frac{2\sum_i X_i}{\chi^2_{\alpha/2, 2n}},\ \frac{2\sum_i X_i}{\chi^2_{1-\alpha/2, 2n}}\right)$$

나. 가에서

$$1-\alpha = P\left((\chi^2_{1-\alpha/2,2n})^2 < \frac{2}{\theta^2}(\sum_i X_i)^2 < (\chi^2_{\alpha/2,2n})^2\right)$$
$$= P\left(\frac{4(\sum_i X_i)^2}{(\chi^2_{\alpha/2,2n})^2} < \theta^2 < \frac{4(\sum_i X_i)^2}{(\chi^2_{1-\alpha/2,2n})^2}\right)$$

이므로 θ^2에 관한 $100(1-\alpha)\%$ 신뢰구간은 다음과 같다.

$$\left(\frac{4(\sum_i X_i)^2}{(\chi^2_{\alpha/2,2n})^2},\ \frac{4(\sum_i X_i)^2}{(\chi^2_{1-\alpha/2,2n})^2}\right)$$

다. 가에서

$$1-\alpha = P\left(-\frac{2\sum_i X_i}{\chi^2_{1-\alpha/2,2n}} < -\theta < -\frac{2\sum_i X_i}{\chi^2_{\alpha/2,2n}}\right)$$
$$= P\left(\exp\left(-\frac{2\sum_i X_i}{\chi^2_{1-\alpha/2,2n}}\right) < \exp(-\theta) < \exp\left(-\frac{2\sum_i X_i}{\chi^2_{\alpha/2,2n}}\right)\right)$$

이므로 θ^2에 관한 $100(1-\alpha)\%$ 신뢰구간은 다음과 같다.

$$\left(\exp\left(-\frac{2\sum_i X_i}{\chi^2_{1-\alpha/2,2n}}\right),\ \exp\left(-\frac{2\sum_i X_i}{\chi^2_{\alpha/2,2n}}\right)\right)$$

6.9 $\hat{p}=\frac{54}{100}=0.54$이고 [정리 6.7]에 의해

$$\left(0.54 - z_{\alpha/2}\sqrt{\frac{0.54\times 0.46}{100}}, 0.54 + z_{\alpha/2}\sqrt{\frac{0.54\times 0.46}{100}}\right)$$

이다. 따라서

$$\alpha = 0.1,\ z_{0.05} = 1.645,\ 90\%\ CI(0.458, 0.622)$$
$$\alpha = 0.05,\ z_{0.025} = 1.96,\ 95\%\ CI\ (0.442, 0.638)$$
$$\alpha = 0.01,\ z_{0.005} = 2.58,\ 99\%\ CI\ (0.411, 0.669)$$

이다. 신뢰도가 높을수록 신뢰구간의 길이는 커진다.

6.10 $X_i \sim Poisson(\lambda)$

가. 포아송분포는 지수족이다.

$$f(x,\lambda)=e^{-\lambda}\frac{\lambda^x}{x!}$$
$$=\exp(-\lambda+x\log\lambda-\log x!)$$

이므로 x는 $T(x)$이다. 그러므로 $\sum_i X_i$는 완비충분통계량이다.

나. $E(X_1)=\lambda$이므로 X_1은 불편추정량이다.

다. 가능도함수는 $L(\lambda)=e^{-n\lambda}\frac{\lambda^{\sum_i x_i}}{\prod_{i=1} x_i!}$이므로 로그가능도함수는

$$l(\lambda)=-n\lambda+\sum_i x_i\log\lambda-\sum_i\log x_i!$$

$$\frac{dl(\lambda)}{d\lambda}=-n+\frac{1}{\lambda}\sum_i x_i=0$$

에서 $\hat{\lambda}^{MLE}=\overline{X}$이다. $\overline{X}$는 $\sum_i X_i$의 함수이고 MLE는 충분통계량이다.

라. $I(\lambda)=-nE\left[\frac{\partial^2}{\partial\lambda^2}logf(X,\lambda)\right]$이므로 다음을 얻는다.

$$\log f(x,\lambda)=-\lambda+x\log\lambda-\log x!$$
$$\frac{\partial\log f(x,\lambda)}{\partial\lambda}=-1+\frac{X}{\lambda}$$
$$\frac{\partial^2\log f(x,\lambda)}{\partial\lambda^2}=-\frac{X}{\lambda^2}$$
$$\therefore E\left(\frac{\partial^2\log f(X,\lambda)}{\partial\lambda^2}\right)=-\frac{1}{\lambda^2}E(X)=-\frac{1}{\lambda^2}\times\lambda=-\frac{1}{\lambda}$$
$$I(\lambda)=-n\times\left(-\frac{1}{\lambda}\right)=\frac{n}{\lambda}$$

마. $Var(\overline{X})=\frac{1}{n}Var(X_1)=\frac{\lambda}{n}=\frac{1}{I(\lambda)}=\frac{\lambda}{n}$이므로 $\overline{X}$는 최소분산성을 가진다. 또한 $E(\overline{X})=E(X_1)=\lambda$이므로 불편추정량이므로 $\overline{X}$는 MVUE 이다.

6.11 $X_i\sim N(0,\sigma^2)$

가. $f(x)=\frac{1}{\sqrt{2\pi}\,\sigma}e^{-\frac{x^2}{2\sigma^2}}=\exp(-\frac{1}{2\sigma^2}x^2-\frac{1}{2}log2\pi\sigma^2)$의 형태에서 σ^2의 충분통계량은 $\sum_i X_i^2$이다.

나. $E(\sum_i X_i^2) = nE(X_1^2) = n\sigma^2 \quad \therefore E(\frac{1}{n}\sum_i X_i^2) = \sigma^2$

$\frac{1}{n}\sum_i X_i^2$은 σ^2의 불편추정량이다.

다. $L(\sigma^2) = \prod_{i=1}^{n} f(x_{i,}\sigma^2) = \left(\frac{1}{\sqrt{2\pi}}\right)^n (\sigma^2)^{-n/2} e^{-\frac{1}{2\sigma^2}\sum_i x_i^2}$

$l(\sigma^2) = -\frac{n}{2}log\sigma^2 - \frac{1}{2\sigma^2}\sum_i x_i^2 - \frac{n}{2}log2\pi$

$\frac{\partial^2 l(\sigma^2)}{\partial\sigma^2} = -\frac{n}{2\sigma^2} + \frac{1}{2\sigma^4}\sum_i x_i^2 = 0$

에서 $\widehat{\sigma^2}^{MLE} = \frac{1}{n}\sum_i X_i^2$이다.

라. $\log f(X,\sigma^2) = -\frac{1}{2}log\sigma^2 - \frac{1}{2\sigma^2}X^2 - \frac{1}{2}log(2\pi)$

$\frac{\partial \log f(X,\sigma^2)}{\partial\sigma^2} = -\frac{1}{2\sigma^2} + \frac{1}{2\sigma^4}X^2$

$\frac{\partial^2 \log f(X,\sigma^2)}{\partial\sigma^4} = \frac{1}{2\sigma^4} - \frac{1}{\sigma^6}X^2$

$E(\frac{\partial^2 \log f(X,\sigma^2)}{\partial\sigma^4}) = -\frac{1}{\sigma^6}E(X^2) = -\frac{1}{\sigma^4}$

이므로

$$I(\sigma^2) = -n\times(-\frac{1}{2\sigma^4}) = \frac{n}{2\sigma^4}$$

이다.

마. $Var(\frac{1}{n}\sum_i X_i^2) = \frac{1}{n}Var(X_i^2) = \frac{2\sigma^4}{n} = \frac{1}{I(\sigma^2)}$이기 때문에 $\frac{1}{n}\sum_i X_i^2$은 MVUE이다. ($\because \frac{X_i^2}{\sigma^2} \sim \chi^2(1) \Rightarrow E\left(\frac{X_i^2}{\sigma^2}\right) = 1,\ Var\left(\frac{X_i^2}{\sigma^2}\right) = 2,\ Var(X_i^2) = 2\sigma^4$)

6.12 $X_i \sim N(\mu, \mu^2)$

$E\left[\frac{1}{n-1}\sum_i (X_i - \overline{X})^2\right] = \mu^2$($\because$ 바수정리)

$E\left[\frac{n}{n+1}\overline{X}^2\right] = \mu^2$($\because \overline{X} \sim N(\mu, \mu^2/n), E(\overline{X}^2) = Var(\overline{X}) + E^2(\overline{X}) = \frac{n+1}{n}\mu^2$

이제

$$E\left[\frac{1}{n-1}\sum_i (X_i-\overline{X})^2-\frac{n}{n+1}\overline{X}^2\right]=0,\quad \frac{1}{n-1}\sum_i (X_i-\overline{X})^2-\frac{n}{n+1}\overline{X}^2\neq 0$$

이다. 따라서 $(\overline{X}, \sum_i (X_i-\overline{X})^2)$은 완비성이 없다.

6.13 $X_i \sim EXP(\lambda)$

가. $f(x,\lambda)=\lambda e^{-\lambda x}=\exp(\log\lambda-\lambda x)$이므로 [정의 6.14]에서 $T(x)=x$인 지수족이다.

나. [정리 6.15]에 의해 랜덤표본의 합통계량 $\sum_i X_i$는 결합완비충분통계량이다. 또한 $E(\sum_i X_i)=\sum_i E(X_i)=\sum_i \frac{1}{\lambda}=\frac{n}{\lambda}$에서 $E(\frac{1}{\overline{X}})=\lambda$이므로 [정리 6.14]에 의해 $\frac{1}{\overline{X}}$는 UMVUE이다.

6.14 랜덤표본 $X_1,\cdots,X_n$의 결합확률밀도함수는

$$\prod_{i=1}^{n} f(x_i,\theta)=\frac{1}{\theta^2}I(\max X_i \le \theta)I(0\le \min X_i)$$

이므로 [정의 6.11]에 의해 $\max X_i = X_{(n)}$은 충분통계량이다.

가. 모수 θ의 최소충분통계량은 $X_{(n)}$이다.

나. 모수 θ의 적률이용추정량은 $\hat{\theta}^{MME}=2\overline{X}$이다. $E(2\overline{X})=\theta$이므로 [정리 6.13]의 라오-블랙웰 정리에 의해 MVUE는

$$\begin{aligned} E(2\overline{X}|X_{(n)}=y) &= \frac{2}{n}E(X_{(1)}+\cdots+X_{(n)}|X_{(n)}=y) \\ &= \frac{2}{n}\left(\sum_{r=1}^{n-1}E(X_{(r)}|X_{(n)}=y)+y\right) \end{aligned}$$

여기서 $X_{(r)}|X_{(n)}=y$의 조건부 확률밀도함수를 구하면

$$f_{r|n}(x|y)=\binom{n-1}{r-1}\left(\frac{x}{y}\right)^{r-1}\left(1-\frac{x}{y}\right)^{n-r-1}\frac{1}{y}I_{(0,y)}(x)$$

이므로

$$E(X_{(r)}|X_{(n)}=y)=\int_0^y x f_{r|n}(x|y)dx=\frac{r}{n}y(1\le r\le n-1)$$

이다. 따라서

$$E(2\overline{X}|X_{(n)})=\frac{2}{n}\left(\sum_{r=1}^{n-1}\frac{r}{n}X_{(n)}+X_{(n)}\right)=\frac{n+1}{n}X_{(n)}$$

이다. 즉 $\frac{n+1}{n}X_{(n)}$은 MVUE이다.

6.15 가. $L(x,\theta)=\prod_{i=1}^{n}\left(\frac{2x_i}{\theta}\right)e^{-\frac{x_i^2}{\theta}}$

$l(x,\theta)=\sum_{i=1}^{n}(\log x_i-\frac{x_i^2}{\theta})-n\log\theta+n\log 2$

$\frac{\partial l(x,\theta)}{\partial\theta}=\sum_i\frac{x_i^2}{\theta}-\frac{n}{\theta}=0$

에서 $\hat{\theta}^{MLE}=\frac{1}{n}\sum_{i=1}^{n}X_i^2$이다.

나. 가능도함수가

$$L(x,\theta)=\prod_{i=1}^{n}2x_i\times exp(-\sum_i x_i^2/\theta-n\log\theta)$$

로 표현할 수 있으므로 [정리 6.9]의 네이만분해정리에 의해 $\sum_i X_i^2$은 θ의 충분통계량이다.

다. 로그확률밀도함수는

$$\log f(x,\theta)=\log 2x-\log\theta-\frac{x^2}{\theta}$$
$$\frac{\partial\log f(x,\theta)}{\partial\theta}=-\frac{1}{\theta}+\frac{x^2}{\theta^2}$$
$$\frac{\partial^2\log f(x,\theta)}{\partial\theta^2}=\frac{1}{\theta^2}-\frac{2}{\theta^3}x^2$$

에서부터

$$I(\theta)=-nE\left[\frac{\partial^2\ln f(X,\theta)}{\partial\theta^2}\right]=-\frac{n}{\theta^2}+\frac{2n}{\theta^3}E(X^2)=\frac{n}{\theta^2}$$

이다. ($\because E(X^2)=Var(X)+E^2(X)=\frac{\theta(4-\pi)}{4}+\frac{\theta\pi}{4}=\theta$) 한편

$$Var(\frac{1}{n}\sum_i X_i^2)=\frac{\theta^2}{n}=\frac{1}{I(\theta)}$$

이므로 크라머-라오 하한과 같으므로 $\frac{1}{n}\sum_i X_i^2$은 MVUE이다.

7.1 가. 기각역은 귀무가설 H_0를 기각하므로 형태는 $\{Z > c\}$이어야 한다. 따라서 제1종 오류를 계산하여 $P(4\overline{X} > c|\mu = 0) = 0.05$이어야 한다. 그런데 $\mu = 0$이라는 조건하에서 $4\overline{X} \sim N(0,1)$이므로 $c = 1.645$이다. 따라서 기각역은 $\{4\overline{X} > 1.645\}$이다.

나. 제2종 오류확률은 H_1하에서 기각역의 여사건의 확률이므로 $P(4\overline{X} < 1.645 |\mu = 1)$이다. $\mu = 1$이라는 조건하에서 $\dfrac{\overline{X}-1}{\sqrt{1/16}} = 4(\overline{X}-1) \sim N(0,1)$이다. 따라서 제2종 오류확률은 $P(4\overline{X}-4 < 1.645-4) = P(Z < -2.355) = 0.0092$이다.

다. $p-$값$= P(4\overline{X} > 4\times 0.7) = P(Z > 2.8) = 0.0026$이므로 유의수준 0.05에서 귀무가설을 기각한다. 문제 가에서 $\overline{x} = 0.7$은 $\{4\times\overline{x} = 2.8 > 1.645\}$로부터 기각역에 속하고, 유의수준 0.05에서 귀무가설을 기각한다.

7.2 가. $\alpha = 0.1$인 기각영역은 H_0일 확률이 0.1과 같아야 하므로 $P(x,\theta_0)$의 값에서 $R_1 = \{X|X = 1,2,3\}, R_2 = \{X|X = 4\}$이다.

나. R_1, R_2의 제2종 오류확률은 $\beta = P(R^C|\theta_1)$이므로 다음과 같다.

$$\beta_1 = P(R_1^C|\theta_1) = 1 - P(X = 1,2,3;\theta_1) = 1-(0.05+0.07+0.10) = 0.78$$
$$\beta_2 = P(R_2^C|\theta_1) = 1 - P(X = 4;\theta_1) = 1-0.20 = 0.8$$

이다. 따라서 기각역 $\{1,2,3\}$이 작은 제2종 오류확률을 가진다.

7.3
$$P(H_0|X = x) = \frac{P(X = x|H_0)P(H_0)}{P(X = x|H_0)P(H_0) + P(X = x|H_1)P(H_1)}$$
$$= \frac{\binom{5}{x}\left(\frac{1}{2}\right)^x\left(1-\frac{1}{2}\right)^{5-x}\frac{7}{10}}{\binom{5}{x}\left(\frac{1}{2}\right)^x\left(1-\frac{1}{2}\right)^{5-x}\frac{7}{10} + \binom{5}{x}\left(\frac{3}{5}\right)^x\left(1-\frac{3}{5}\right)^{5-x}\frac{3}{10}}$$
$$= \frac{1}{1+\left(\frac{3}{2}\right)^x \times \frac{3}{7}\times\frac{2^{10}}{5^5}}$$

7.4 가. 검정통계량은 $Z = \dfrac{\overline{X}-100}{5/\sqrt{16}} = 0.8(\overline{X}-10)$이고, 귀무가설하에서 $Z \sim N(0,1)$이므로 $R = \{Z \le -1.96\}$이 된다. 왜냐하면 $P(R|\mu = 100) =$

0.05이기 때문이다.

나. 제2종 오류확률은 $P(0.8(\overline{X}-100) \geq -1.96 | \mu=95)$이다. 이 확률을 계산하면 $P(Z \geq -1.96+4) = P(Z \geq 2.04) = 0.0207$이다.

다. $p-$값$= P(Z \leq 0.8(97-100)) = P(Z \leq -2.4) = 0.0082$이므로 유의수준 0.05에서 H_0를 기각한다.

라. $$\begin{aligned}\pi(\mu) &= P(0.8(\overline{X}-100) \leq -1.96 | \mu) = P(0.8\overline{X} \leq 78.04 | \mu) \\ &= P(0.8(\overline{X}-\mu) \leq 78.04 - 0.8\mu | \mu) = P(Z \leq 78.04 - 0.8\mu) \\ &= \Phi(78.04 - 0.8\mu)\end{aligned}$$

7.5 유의수준 0.05에서 귀무가설을 기각하였으므로 p · 값이 0.05보다 작다. 그러나 p · 값이 0.01보다 작지 않을 수 있으므로 유의수준 0.01에서 귀무가설을 기각한다고 할 수 없다. 역으로 유의수준 0.01에서 귀무가설을 기각하였다면 p · 값이 0.01보다 작으므로 유의수준 0.05에서 귀무가설을 기각하게 된다.

7.6 가. 최대가능도함수가 $L(p) = p^{\sum x_i}(1-p)^{n-\sum x_i}$이므로 최대가능도비는

$$\lambda = \frac{L(0.5)}{L(0.75)} = \left(\frac{2}{3}\right)^{\sum x_i} 2^{n-\sum x_i} = 2^n \left(\frac{1}{3}\right)^{\sum x_i}$$

이므로 $\lambda \leq k$에 대한 최량 기각역의 형태는 $\{Y \geq c\}$이다. 단, $Y = \sum_{i=1}^{n} X_i$이다.

나. $n=10$이면 $Y = \sum X_i \sim B(10, p)$이므로 이항분포표로부터 다음을 얻는다.

$$P(Y \geq 8 | p=0.5) = 0.055, P(Y \geq 9 | p=0.5) = 0.011$$

따라서 $n\overline{x} = 8$일 때 귀무가설을 기각할 확률을 ϕ라 하면

$$\begin{aligned}0.05 &= P(Y \geq 9) + \phi P(Y=8) \\ &= 0.011 + \phi \times (0.055 - 0.011)\end{aligned}$$

에서 $\phi = 0.886$이므로 최강력 검정은 다음과 같다.

$$\phi(y) = \begin{cases} 1, & y \geq 9 \\ 0.886, & y = 8 \\ 0, & y \leq 7 \end{cases}$$

7.7 가. 최대가능도함수가

$$L(\mu) = \frac{1}{\sqrt{2\pi}} \exp\left[-\frac{1}{2}(x-\mu)^2\right]$$

최대가능도비를 구하면 다음과 같다.

$$\lambda = \frac{L(0)}{L(1)} = \exp\left[\frac{1}{2}\sum(x_i - 1)^2 - \frac{1}{2}\sum(x_i - 0)^2\right] = \exp\left[-n\bar{x} + \frac{n}{2}\right]$$

따라서 $\lambda \le k$에 대한 최강력 기각역은 $\overline{X} \ge k'$이다. 귀무가설하에서 $\sqrt{n}\,\overline{X} \sim N(0,1)$이므로 $R = \{\sqrt{n}\,\overline{X} \ge 1.645\}$이다.

나. 최대가능도비는 $\lambda = \dfrac{L(0)}{L(2)} = \exp[-2n\bar{x} + 2n]$이고, 최강력 기각역은 $\overline{X} \ge k'$이다. 따라서 최강력 기각역은 $R = \{\sqrt{n}\,\overline{X} \ge 1.645\}$로 변화가 없다.

다.
$$\begin{aligned} 0.1 &= P(\sqrt{n}\,\overline{X} < 1.645 | \mu) \\ &= P(\sqrt{n}\,(\overline{X} - \mu) < 1.645 - \sqrt{n}\,\mu | \mu) \\ &= P(Z < 1.645 - \sqrt{n}\,\mu) \\ &\approx P(Z < -1.282) \\ &\Rightarrow n \ge \left(\frac{1.645 + 1.282}{\mu}\right)^2 \end{aligned}$$

따라서 $\mu = 1$인 경우 $n \ge 8.57$이므로 최소의 표본크기는 9이고, $\mu = 2$인 경우 $n \ge 2.14$이므로 최소의 표본크기는 3이다.

7.8 $\mu_1 > \mu_0$를 만족하는 임의의 μ_1에 대한 가능도비는 다음과 같다.

$$\begin{aligned} \lambda = \frac{L(\mu_0)}{L(\mu_1)} &= \exp\left\{\frac{1}{2\sigma^2}\sum(x_i - \mu_1)^2 - \frac{1}{2\sigma^2}\sum(x_i - \mu_0)^2\right\} \\ &= \exp\left\{\frac{1}{2\sigma^2}(\mu_0 - \mu_1)n\bar{x} + c\right\} \end{aligned}$$

한편 가능도비의 관계가

$$\{\lambda \le k\} \Leftrightarrow \left\{(\mu_0 - \mu_1)\bar{x} \le k'\right\} \Leftrightarrow \{\bar{x} \le k''\}$$

이므로 유의수준 α 검정법이기 위해 제1종 오류확률을 구하면

$$\pi(\mu_0) = P\left(\overline{X} \le k'' | \mu_0\right) = P\left(\frac{\overline{X} - \mu_0}{S/\sqrt{n}} \le \frac{k'' - \mu_0}{S/\sqrt{n}}\right) = \alpha$$

를 만족하기 위하여 $\dfrac{k'' - \mu_0}{S/\sqrt{n}} = t_{1-\alpha, n-1} = -t_{\alpha, n-1}$이어야 한다. 따라서 유의수준 α 최강력 검정법의 기각역은

$$R^* = \left\{\overline{X} \le \mu_0 - \frac{S}{\sqrt{n}} t_{\alpha, n-1}\right\} = \left\{\frac{\overline{X} - \mu_0}{S/\sqrt{n}} \le -t_{\alpha, n-1}\right\}$$

이다. 이 기각역이 μ_1에 의존하지 않으므로 균일최강력 검정법이 된다.

7.9 가. 대립가설에 관계없이 귀무가설이 [예제 7.14]와 같으므로 동일한 일반화 가능도비를 가진다. 즉,

$$\Lambda = \left\{1 + \frac{n(\overline{X} - \mu_0)^2}{\sum_{i=1}^{n}(X_i - \overline{X})^2}\right\}^{-n/2} = \left\{1 + \frac{T^2}{n-1}\right\}^{-n/2}$$

이다. 또한 기각역은

$$\{\Lambda \le k\} \Leftrightarrow \{T^2 \ge k'\}$$

의 관계로부터

$$R^* = \left\{(X_1, \cdots, X_n) | T^2 \ge k''\right\}$$

이다. 단 $\alpha = P(R^* | \mu_0)$를 만족한다. H_0하에서 $T \sim t(n-1)$이므로 $k' = t^2_{\alpha, n-1}$이다. 왜냐하면 [예제 7.14]와 다르게 $\{T \le -t_{\alpha, n-1}\}$은 대립가설과 다른 형태이므로 기각역이 될 수 없다. 따라서 일반화가능도비의 기각역은

$$R^* = \left\{T \ge t_{\alpha, n-1}\right\}$$

이다.

나. 문제의 일반화가능도비는 [예제 7.15]와 마찬가지로

$$\Lambda = \left(\frac{\hat{\sigma}^2}{\sigma_0^2}\right)^{n/2} \exp\left\{-\frac{n}{2}\left(\frac{\hat{\sigma}^2}{\sigma_0^2}\right) + \frac{n}{2}\right\}$$

이다. $W = \frac{\hat{\sigma}^2}{\sigma_0^2}$이라 하면

$$\Lambda = W^{n/2} \exp\left\{-\frac{n}{2} W + \frac{n}{2}\right\}$$

이므로 [예제 7.15]와 마찬가지로 기각역은

$$R^* = \left\{(X_1, \cdots, X_n) | \left(\frac{\hat{\sigma}^2}{\sigma_0^2}\right) \le a \text{ 또는 } \left(\frac{\hat{\sigma}^2}{\sigma_0^2}\right) \ge b\right\}$$

이다. 그러나 대립가설의 형태에서 본 문제의 기각역은

$$R^* = \left\{(X_1, \cdots, X_n) | \left(\frac{\hat{\sigma}^2}{\sigma_0^2}\right) \ge b\right\}$$

이다.

귀무가설 H_0하에서

$$\frac{1}{\sigma_0^2}\sum_{i=1}^{n}(X_i - \overline{X})^2 \sim \chi^2(n-1)$$

이므로

$$\alpha = P(R^* | \sigma_0^2)$$

를 만족하는 b는

$$b = \frac{1}{n}\chi^2_{\alpha, n-1}$$

으로 설정하면 된다. 따라서 유의수준 α 일반화가능도비 검정법의 기각영역은

$$R^* = \left\{ \frac{1}{\sigma_0^2}\sum_{i=1}^{n}(X_i - \overline{X})^2 \geq \chi^2_{\alpha, n-1} \right\}$$

이다.

7.10 모수벡터 (μ, σ^2)의 최대가능도추정량은 $(\hat{\mu}, \widehat{\sigma^2}) = (\overline{X}, \sigma^2)$이며, 귀무가설하에서 최대가능도추정량은 $(\hat{\mu}_0, \sigma_0^2) = (\mu_0, \sigma^2)$이다. 따라서 최대가능도비는

$$\Lambda = \exp\left[\frac{1}{2\sigma^2}\left(\sum_{i=1}^{n}(X_i - \overline{X})^2 - \sum_{i=1}^{n}(X_i - \mu_0)^2 \right) \right] = \exp\left[-\frac{1}{2}\left(\frac{\overline{X} - \mu_0}{\sigma/\sqrt{n}} \right)^2 \right]$$

이다. 따라서 기각역의 형태는

$$\{\Lambda \leq k\} \Leftrightarrow \{Z^2 \geq k'\}, Z = \frac{\overline{X} - \mu_0}{\sigma/\sqrt{n}}$$

이다. 대립가설형태를 고려하면 기각역은

$$R^* = \{Z > k''\}$$

이다. 귀무가설하에서 $Z \sim N(0,1)$이므로

$$\alpha = P(Z \geq k'' | Z \sim N(0,1))$$

을 만족하는 $k'' = z_\alpha$이다. 유의수준 α 일반화가능도비 검정법의 기각역은

$$R^* = \left\{ \frac{\overline{X} - \mu_0}{\sigma/\sqrt{n}} \geq z_\alpha \right\}$$

이다. 즉, 균일최강력 검정법과 같은 결과를 얻는다.

7.11 전체모수공간에서 최대가능도추정량은 $\hat{\mu}_1 = \overline{X}$, $\hat{\mu}_2 = \overline{Y}$이다. 귀무가설하에서 최대가능도추정량은 $\hat{\mu}_0 = \dfrac{n\overline{X}+m\overline{Y}}{n+m}$이다.

$$L(\hat{\mu}_1, \hat{\mu}_2) = \left(\frac{1}{8\pi}\right)^{(n+m)/2} \exp\left[-\frac{1}{8}\left(\sum_{i=1}^{n}(x_i-\overline{x})^2 + \sum_{j=1}^{m}(y_j-\overline{y})^2\right)\right]$$

$$\begin{aligned} L(\hat{\mu}_0) &= \left(\frac{1}{8\pi}\right)^{(n+m)/2} \exp\left[-\frac{1}{8}\left(\sum_{i=1}^{n}(x_i-\hat{\mu}_0)^2 + \sum_{j=1}^{m}(y_j-\hat{\mu}_0)^2\right)\right] \\ &= \left(\frac{1}{8\pi}\right)^{(n+m)/2} \exp\left[-\frac{1}{8}\left(\sum_{i=1}^{n}(x_i-\overline{x})^2 + \frac{m^2 n}{(n+m)^2}(\overline{x}-\overline{y})^2 \right.\right. \\ &\qquad \left.\left. + \sum_{j=1}^{m}(y_j-\overline{y})^2 + \frac{mn^2}{(n+m)^2}(\overline{x}-\overline{y})^2\right)\right] \end{aligned}$$

따라서 최대가능도비는

$$\Lambda = \exp\left[-\frac{1}{4}\frac{m^2 n}{(n+m)^2}(\overline{X}-\overline{Y})^2\right]$$

이므로 기각역의 형태는

$$\{\Lambda \le k\} \Leftrightarrow \{(\overline{X}-\overline{Y})^2 \ge k'\} \Leftrightarrow \{|\overline{X}-\overline{Y}| \ge k''\}$$

이다. 그런데 귀무가설하에서 $\dfrac{\overline{X}-\overline{Y}}{2\sqrt{1/n+1/m}} \sim N(0,1)$이므로

$$\alpha = P(|\overline{X}-\overline{Y}| \ge k'') = P\left(\left|\frac{\overline{X}-\overline{Y}}{2\sqrt{1/n+1/m}}\right| \ge \frac{k''}{2\sqrt{1/n+1/m}}\right)$$

에서

$$\frac{k''}{2\sqrt{1/n+1/m}} = z_{\alpha/2}$$

이다. 유의수준 α의 일반화검정법의 기각역은 다음과 같다.

$$R^* = \{|\overline{X}-\overline{Y}| > 2z_{\alpha/2}\sqrt{1/n+1/m}\}$$

참고문헌

1. 김동희 (2007), 기초수리통계학 2판, 교우사.
2. 김우철 (2012), 수리통계학, 민영사.
3. 김현철, 오종철, 윤병인, 정강모 (2014), 통계학의 이해, 2판, 경문사.
4. 박동련 (2013), R과 통계분석, 자유아카데미.
5. 전명식 (2006), 수리통계학 3판, 자유아카데미.
6. 허문열, 송문섭 (1997), 수리통계학, 박영사.
7. Crawley, M. J. (2005), Statistics: An Introduction using R, Wiley.
8. Hogg, R. V., McKean, J. W. and Craig, A. (2005), *Introduction to Mathematical Statistics* 6th Ed., Prentice Hall.
9. Lehmann, E. L. (1986), *Testing Statistical Hypotheses* 2nd Ed., Chapman & Hall.
10. Moore, D., S., McCabe, G. P. and Craig, B. A. (2012), *Introduction to the Practice of Statistics* 7th Ed., Freeman.

찾아보기

| 저자 소개 |

정강모

서울대학교 수학과 (이학사)
KAIST 응용수학과 통계학전공 (이학석사)
KAIST 수학과 통계학전공 (이학박사)
E-mail : kmjung@kunsan.ac.kr

수리통계학 원리

| 저　　자 정강모
| 펴 낸 이 주정희
| 펴 낸 곳 자유아카데미
| 주　　소 경기도 파주시 회동길 37-42
파주출판도시
| 전　　화 031-955-1321
| F A X 031-955-1322
| 홈페이지 www.freeaca.com
| 전자우편 main@freeaca.com(대표)
editor@freeaca.com(편집)
| 등　　록 제406-2003-017호, 1980. 7. 12
| 제1판1쇄 2015년 2월 10일 발행
| 정　　가 25,000원

저자와의
협의하에
인지생략

ISBN 979-11-5808-006-8 93310